供需匹配视域下生活垃圾终端处置方式选择

——基于空间计量与社会福利评估方法的研究

赵连阁　邹剑锋　张志坚　著

中国财经出版传媒集团

经济科学出版社
Economic Science Press

图书在版编目（CIP）数据

供需匹配视域下生活垃圾终端处置方式选择：基于
空间计量与社会福利评估方法的研究/赵连阁，邹剑锋，
张志坚著 . -- 北京：经济科学出版社，2022.7
ISBN 978 - 7 - 5218 - 3894 - 7

Ⅰ.①供… Ⅱ.①赵…②邹…③张… Ⅲ.①生活废
物 - 垃圾处理 - 研究 Ⅳ.①X799.305

中国版本图书馆 CIP 数据核字（2022）第 140670 号

责任编辑：杜　鹏　张立莉　常家凤
责任校对：靳玉环
责任印制：邱　天

供需匹配视域下生活垃圾终端处置方式选择

——基于空间计量与社会福利评估方法的研究

赵连阁　邹剑锋　张志坚　著

经济科学出版社出版、发行　新华书店经销

社址：北京市海淀区阜成路甲 28 号　邮编：100142

总编部电话：010 - 88191217　发行部电话：010 - 88191522

网址：www. esp. com. cn

电子邮箱：esp@ esp. com. cn

天猫网店：经济科学出版社旗舰店

网址：http：//jjkxcbs. tmall. com

北京时捷印刷有限公司印装

710×1000　16 开　20.75 印张　320000 字

2022 年 12 月第 1 版　2022 年 12 月第 1 次印刷

ISBN 978 - 7 - 5218 - 3894 - 7　定价：118.00 元

（图书出现印装问题，本社负责调换。电话：010 - 88191510）

（版权所有　侵权必究　打击盗版　举报热线：010 - 88191661

QQ：2242791300　营销中心电话：010 - 88191537

电子邮箱：dbts@ esp. com. cn）

前　言

　　当前，中国多数城市的生活垃圾终端处置设施均处于超负荷运行状态。逻辑上，终端处置的巨大压力可能来自源头生活垃圾产生量的持续增长，以及管理过程中的减量政策未能将垃圾量控制在处置设施负荷范围内。若该逻辑猜想得到验证，则各城市增加生活垃圾终端处置设施的供给势在必行，但终端处置设施供给在社会总成本收益的地理空间分布上具有鲜明的"邻避"特征，其负外部成本由所在地居民承担，但是收益却由分布更广的社会公众获得，这种成本收益空间不均衡的特征，使得在选择最优生活垃圾终端处置方式时，需要综合考虑供给侧的生产行为及需求侧的偏好信息。在生活垃圾终端处置压力日趋增大及来自社会公众"邻避"的双重压力下，本书尝试采取新的研究视角，拓展相关理论模型，同时弥补现有相关文献对空间因素忽视的缺憾，在实证分析过程中充分考虑不同尺度地理空间上的相关性和异质性，为异质性区域在优化垃圾终端处置设施供给选择、化解生活垃圾终端处置压力、提升社会福利水平的决策中提供可能的量化参考依据及相应的政策启示。

　　首先，在新古典经济增长理论的框架下，将生活垃圾产生量与经济增长之间动态耦合关系的现有理论模型拓展至更一般的理论框架，并构建空间杜宾模型对理论假设进行宏观背景性实证检验。结果表明，生活垃圾产生量与经济增长之间呈现相对解耦状态，且较传统模型而言，考虑空间因素之后，生活垃圾产生量的峰值将会推迟到来，处于超负荷运行状态的终端处置设施在未来相当长的时间中依然会承受较大的压力。此外，通过对比现有政策评估理论，考虑城市间的空间溢出效应及内生性政策选择问题的矫正，提出空间两阶段最小二乘法的框架来评估缓解终端处置压力的减量政策效果。结果表明，垃圾减量政策尚未实现绝对减量，并不能确保生活垃圾产生量下降至终端处置设施可承载的压力负荷下，预期各城市必然增加生活垃圾终端处置设施供给以应对终端处置压力。

其次，借助区域公共物品供给的生产理论对各城市生活垃圾终端处置方式选择供给侧的生产行为理论机制进行阐释，并在实证中考虑各城市生产行为的空间异质性，构建半参地理加权泊松回归模型，从供给侧分析影响终端处置方式选择的因素及其地理空间分布。结果表明，第一，城市人口数量的增加会导致所有生活垃圾终端处置设施供给显著增加，而经济增长仅会导致焚烧厂供给的增加，同时城市人口对填埋场及处置设施总量供给的影响效应具有显著的空间异质性，东北部地区较西南地区城市而言，更倾向于供给除焚烧厂之外的垃圾处置设施来应对城市人口数量的增加；第二，城市生活垃圾终端处置方式呈现由填埋处置转向焚烧处置的趋势，此转变过程存在显著的空间异质性，相对而言，东北部地区转变更慢；第三，城市化率及人口密度更高的城市，由于可能更高的"邻避"情绪，增加垃圾终端处置设施供给更困难，其中南方地区比北方地区的"邻避"情绪更严重；第四，土地财政依赖度越高的城市越不愿意建设占用更多土地的垃圾填埋场，其中北方地区比南方地区更明显。

生活垃圾终端处置设施作为一种公共物品，并没有可供观测的交易市场及价格信号，来自需求侧的信息并不能直接可观测，需要借助福利经济学理论构建基本概念、选择社会福利评估方法，并用随机效用理论对受访者选择行为进行理论建模。本书采取贝叶斯最优实验设计构建用于调研问卷的选择集，运用离散选择实验从需求侧评估社会公众对于不同终端处置方式的偏好及其社会福利影响。结果表明，第一，以传统填埋处置为基准水平，公众对于混合处置的支付意愿为176.02元/人/年，对焚烧处置的支付意愿为 −249.4元/人/年。相对于传统的填埋处置，纯粹依靠焚烧处置给公众造成了净福利损失，而保留填埋处置的情况下，增加焚烧处置则会增加社会福利水平。第二，公众对于环境污染的平均支付意愿在所有属性水平中最大，环境污染在公众对垃圾终端处置方式的选择权重中占比最高，公众决策权重大小依次为环境污染 > 设施离居住点距离 > 处置方式。

第三，公众对于生活垃圾终端处置设施的偏好存在显著的空间异质性，城市居民相较于农村居民，其支付意愿绝对值在各个属性水平上均更高。第四，居民对于处置设施距离居住点的距离偏好存在距离衰减效应，城市居民的距离衰减极值远大于农村居民。第五，以支付意愿为微观基础计算差异化终端处置方式选择的社会福利量化价值，仅依靠填埋处置的城市社会净损失为90.06亿元，仅靠焚烧处置的城市社会净损失为567.87亿元，而混合处置的城市社会净收益为845.54亿元。此外，所有城市的总社会净收益为187.6亿元，表明从全国总体而言，当前城市生活垃圾终端处置方式选择通过了卡尔多希克斯准则的检验，增加了社会福利水平；但社会净收益在空间分布上存在明显的区域异质性，仅依靠焚烧处置的东部地区城市，其净福利损失最大，然后是主要依靠填埋处置的中西部地区及东北地区。

最后，通过匹配供需两侧的研究结论，发现供需两侧存在较大的错配和信息不对称，针对差异化生活垃圾终端处置方式的选择，提出了相应化解生活垃圾终端处置压力的对策建议。

本书是在浙江省哲学社会科学规划课题"经济增长、垃圾减量与最优终端处置方式选择——基于资源有效视角的研究"（编号：22NDQN287YB）、国家自然科学基金项目"农村生活垃圾协同治理集体合作机制：社会资本与制度创新"（编号：71773114）资助下完成的科研成果。本书匹配供给侧空间异质性的各城市生活垃圾终端处置方式选择决策因素及需求侧的社会公众接受意愿，研究如何优化各地方市政当局的生活垃圾终端处置服务供给，化解生活垃圾终端处置困境。在拓展以往研究理论模型的基础上，采用了较为前沿的研究方法和新颖的研究视角，在实证研究上也进行了完善，为优化生活垃圾终端处置设施供给、缓解当前的终端处置设施超负荷运转压力、提升社会福利水平提供了量化的政策决策依据及启示。需要特别说明的是，囿于预算和人力的约束，本书未能在更大范围内进行更精细的抽样调查，虽然本书在焦点小组、预调研、问卷设计、问卷填写等环节均采取了相应的偏误控制方法，在计量分析阶段也进行了敏感性调整和基于受访者自评的有效性检验，但遗憾的是，依旧未能识别出受访者对于差异化生活垃圾处置设施供给偏好的个体异质性，在部分理论模型推演中，也并未考虑各种不同的可能性，这些都有可能影响本书相关结论在更大范围的适用性。鉴于此，对于书中的纰漏之处，还望各位学界同人不吝指正。

本书的部分阶段性成果已经陆续刊发在 *Sustainablity* 及《生态经济》《商业经济与管理》等 CSSCI、SSCI 来源期刊上。书中第 2 章的内容是基于《生态经济》2020 年第 11 期发表的研究成果"生活垃圾管理的最优政策设计——一个文献综述"的扩充和完善；第 4 章的内容主要来源于《商业经济与管理》2019 年第 6 期发表的研究成果"城市生活垃圾的解耦分析——来自空间计量模型的新证据"；第 5 章的内容则来源于 *Sustainability* 2020 年第 12 期第 4 卷刊发的研究成果 "Does China's Municipal Solid Waste Source Separation Program Work? Evidence from the Spatial – Two – Stage – Least Squares models"。

全书由赵连阁教授拟订整体框架大纲并统稿，邹剑锋博士负责撰写，张志坚副教授全程参与研究方向及方法的讨论及审核，赵连阁教授所指导的部分博士、硕士研究生、本科生参与了项目调研。

在本书的撰写过程中，广泛阅读了相关领域内的国内外诸多文献，受到了众多优秀学者的启发，因篇幅所限，不一一列出，特此一并表述感谢，由于笔者学术水平有限，本书一定存在许多不足之处，敬请读者斧正。

赵连阁

2021 年 4 月于杭州

目　录

第 1 章

绪　　论

1.1　研究背景

经济增长与城市化带来的生活垃圾问题预期会是未来全世界面临的一项主要挑战，尤其对于发展中国家而言，问题更加严重。经济增长、消费品种类及数量急剧增加的背后，是大量工业制成品垃圾的产生，垃圾组成成分也愈发复杂。城市生活垃圾总量预计在 2050 年达到 270 亿吨，其中1/3 来自亚洲（Hoornweg and Bhada – Tata，2012）。研究显示，我国农村生活垃圾产生量在 2010 年就已经超过城市，2010 年的农村生活垃圾产生量为 2.34 亿吨，远超过城市当年产生量的 1.57 亿吨，而且农村人均年生活垃圾产生量与部分发达国家不相上下（黄开兴等，2012）。此外，城市生活垃圾也被大量运往农村，这就是所谓的"污染下乡"（康晓梅，2015）。

由于生活垃圾产生量巨大且成分复杂，例如，塑料垃圾，其无法被有机生态循环模式自我消纳，自然降解或者降解时间较长，仅有少部分能够被回收利用（Lebreton et al.，2018）。同时，生活垃圾还具有典型的环境负外部性特征，其外部性表现为两个方面：一是私人处置的外部性，由于无法或者很难对私人差别征收垃圾处置费，多数国家往往通过固定收费的方式来内部化私人处置垃圾的外部私人成本（Kinnaman，2009），因此，对于个人而言，其处置成本几乎为零，导致生活垃圾产生量超过帕累托效率最优量；二是集中处置的外部性，即由市政当局统一进行垃圾收集、运输到终端处置所带来的各种外部性。由于外部性的存在，其对非决策者之外的第三方造成的外部损害无法反映在市场价格中，个人处置或集中处置的社会边际成本超过私人边际成本，垃圾产生量超过帕累托最优水平，造成其典型的"公地悲剧"特征。

生活垃圾产生流量的增加及存量的集聚，主要表现在以下几个方面。

首先，直接表现为对环境生态系统的影响。自 2016 年以来，塑料垃圾污染连续多年成为全球学者研究的热点，例如，对淡水生态系统中塑料小颗粒的研究（Wagner et al.，2018）、对海洋生态系统中塑料污染的研究（Galloway et al.，2017）、对流域洪水导致海洋塑料污染的影响研究（Hurley et al.，2018）、对海洋生态系统中鱼类体内塑料颗粒含量的研究（Tanaka and Takada，2016）、对陆地食物链中塑料污染的研究（Huerta Lwanga et al.，2017）。研究显示，在多数抽样的鱼类、鸡胃、鸡粪便、蚯蚓粪便、土壤及作物中均检测到小塑料和大塑料，塑料颗粒物已经进入海洋及陆地食物网。

其次，对公众健康及社会福利的损害。生活垃圾从源头产生到终端处置的全过程都有潜在的负外部性，尤其是生活垃圾的终端处置。例如，就空气排放物而言，生活垃圾填埋场封场之后的 25 ~ 30 年内依然会持续产生填埋气体（主要是 CO_2 和 CH_4）。而填埋渗滤液通常含有高浓度的有机化合物和重金属，如果得不到妥善的处置，不仅会污染地下水甚至地表水，也可能影响土壤及农作物，还会对人体健康造成伤害，而填埋渗滤液排放会持续几百年（European Commission，2000）。同时，填埋场中的有毒或致癌的挥发性有机化合物（如苯和氯乙烯）可能引起邻近区域公众健康问题（Dummer et al.，2003；Elliott et al.，2001）。焚烧处置也会对健康及福利造成负面影响，埃利奥特等（Elliott et al.，1996）通过使用小区域卫生统计部门所持有的邮编数据库，对英国的 72 个城市生活垃圾焚烧厂附近 7.5 千米范围的 1400 万人的癌症发病率进行调查，结果显示，随着居民离垃圾焚烧厂距离的增加，所有癌症（胃癌、结肠直肠癌、肝癌、肺癌）的混合风险在 0.05 的水平上显著下降。法国和意大利的研究也表明，垃圾焚烧厂会增加罹患非霍奇金淋巴瘤及软组织肉瘤的风险。也有研究表明，生活在露天垃圾焚烧点附近会使婴儿早产率增加4%、低出生体重增加5%～8%（Mouganie et al.，2020），同时，居住在焚烧厂附近会增加先天性畸形的风险（Miyake et al.，2005），尽管对于这种出生异常的结论并不稳健（Porta et al.，2009），但是由于存在这些疾病的潜在风险，焚烧厂及其他垃圾终端处置技术会对居住在附近的人们造成巨大的心理压力（Marques and Lima，2011）。

最后，对经济可持续增长的制约。生活垃圾产生量持续高速增长的背后是大量自然资源的快速消耗，当今，全球面临的诸多环境问题很大程度上源自人类对于自然资源的过度开发，包括化石燃料、矿产、水资源、土地及生态多样性。而这种依靠高强度的资源消耗与环境红利的发展模式在长期是不可持续的，这一认识也越来越成为全球共识。经济发展高度依赖于持续不断的资源投入，而消费时代的快速迭代商业逻辑，导致许多资源只在较短的时期内被使用，接着进入二手市场或者直接进入填埋或焚烧等终端处置环节，最终退出经济体系。这种经济增长与资源消耗模式不仅会影响环境质量与公众健康，还会影响经济竞争力及长期可持续发展能力，随着自然资源全球竞争的加剧，对于自然资源的高度依赖会增加经济长期增长的脆弱性和不确定性（EEA，2017）。

面对日益增长的生活垃圾产生量，以及其对环境、公众健康及经济可持续发展的严重负面影响，如何采取既不影响经济增长又能妥善处置生活垃圾的有效管理策略，是公共事务管理及环境治理的重大议题。而对于这些无法由传统有机生态循环模式自我消纳的生活垃圾，其前端生活垃圾产生量不断增长的一个直接结果就是终端处置压力的不断增加。在城市，一般采取市政当局通过统一规范的集中收集、运输和处置的固体废物系统处置模式。中国当前是以公共服务的形式来由市政当局统一供给生活垃圾终端处置设施，系统处置模式面临着三个问题：首先，终端处置设施处于超负荷运转状态，各城市的生活垃圾终端处置设施实际处置量远高于处置设施的设计处置量（Zhao et al.，2020）；其次，终端处置成本过高，市政固体废物管理体系支出是所有公共服务支出中最贵的一项公共服务（Chifari et al.，2017），一些低收入国家，在固体废物处置上的公共支出大致占可用预算的 20% ~ 50%（World Bank，2011）；最后，社会公众对于生活垃圾终端处置设施的"邻避"情绪（高军波等，2016），对于任何城市而言，供给生活垃圾终端处置设施都是一项耗时耗力的工程，即使在生活垃圾处置终端面临高处置负荷压力的情况下，地方政府宁可扩容现有的垃圾处置设施，也不愿意增加新的终端处置设施（Rogers，1998）。表 1.1 是对中国 569 个设市的城市 2002 ~ 2016 年的生活垃圾终端处置压力进行的描述性统计。①

表 1.1　　2002 ~ 2016 年各城市的生活垃圾终端处置压力的描述性统计

年份	均值	最大值	最小值	中位数	25 百分位数	75 百分位数
2002	0.9634	23.9726	0	0.9272	0.7152	1.0012
2003	1.0555	27.3973	0	0.9314	0.7300	1
2004	1.0384	27.3973	0	0.9278	0.7177	1.0009
2005	1.0254	27.3973	0	0.9132	0.7300	1.0022
2006	0.9609	27.3973	0	0.8884	0.6832	1.0036
2007	1.9547	260.2740	0.0027	0.9024	0.6633	1.0002
2008	1.8603	249.1781	0.0027	0.8829	0.6885	1
2009	1.0112	25.7783	0.1142	0.8773	0.6914	1
2010	0.9187	9.8630	0.0685	0.8750	0.6668	1.0007
2011	0.9520	9.8630	0.0685	0.8750	0.6547	1.0810
2012	1.0291	31.5343	0.0685	0.8921	0.7032	1.0660
2013	0.9197	2.2791	0.0685	0.8838	0.6805	1.0871
2014	0.9193	2.9249	0.0685	0.8758	0.6810	1.0653
2015	0.9292	3.5312	0.0685	0.8769	0.6935	1.0568
2016	0.9160	3.9441	0.1445	0.8839	0.6986	1.0455
合计	1.0969	260.2740	0.0000	0.8959	0.6895	1.0080

资料来源：历年《中国城市建设统计年鉴》。

　　从表 1.1 可以看出，中国各城市的生活垃圾终端处置压力均较大，从中位数来看，半数城市的生活垃圾终端处置负荷处于 85% 以上，而生活垃

———————

　　① 生活垃圾终端处置压力定义为终端处置设施无害化处置能力的利用率，即年生活垃圾产生量除以年生活垃圾无害化处置能力。

圾终端处置设施无害化处置能力的利用率的平均值在 2002～2016 年均超过
90%。生活垃圾终端处置设施在众多年份中都处于超负荷运转状态，2007
年的最大处置负荷甚至出现了年生活垃圾产生量是年生活垃圾无害化处置
能力的 260 多倍的极限状况。而 2002～2016 年总的平均值为 109% 的超负
荷运行状态。如果源头生活垃圾产生量持续增长，而过程减量又未能达到
预期效果，又由于生活垃圾终端处置设施鲜明的"邻避"特征和高建设成
本特性，扩容或者新建生活垃圾终端处置设施对任何城市来说都是异常困
难的事情。

　　发展中国家面临着财政、生态和公众抵触三方面的压力，作为生活垃
圾终端处置设施的供给方，各地方市政当局面对终端处置设施建设的高供
给成本，以及来自需求侧社会公众的"邻避"压力，需要在可能带来各种
差异化环境负外部性的终端处置设施之间进行权衡取舍。在通过供给终端
处置设施来缓解当前终端处置设施的超负荷运行压力时，既要考虑自身城
市的经济水平、区位特征及人口状况，也要兼顾社会公众对不同垃圾终端
处置设施的偏好，努力将社会福利损失降到最低。

　　各地方市政当局迫切需要找到解决处置快速城市化及垃圾产生量增长
带来的城市生活垃圾终端处置问题（Scheinberg et al.，2011；Sembiring
and Nitivattananon，2010）。从生活垃圾全流程逻辑链条来看，终端处置压
力首先是来自源头生活垃圾产生量的持续增长，其次是对于生活垃圾管理
的过程减量未能将垃圾产生量遏制在处置负荷内。面对生活垃圾产生量的
流量及存量的急剧增加、生活垃圾管理过程中的管理失效，以及生活垃圾
终端处置对环境、公众健康、社会福利及经济增长的负外部性，有必要对
中国当前与生活垃圾终端处置相关的如下问题进行系统性思考：作为驱动
生活垃圾产生量增加的主要因素——经济增长[①]，其与生活垃圾产生量之
间的动态耦合关系如何？当前中国生活垃圾产生量与经济增长处于怎样的

[①]　经济增长是众多探究生活垃圾产生量影响因素的实证研究中需考虑的首要解释变量，但
是对于经济增长代理变量的选取并没有统一标准，不同的实证研究采取不同的经济增长代理变量，
有的采用家庭收入（Matthhew A. Cole et al.，1997；Wertz，1976），有的采用 GDP（Mazzanti and
Zoboli，2009），也有的采用家庭消费水平（Rothman，1998）来作为代理变量的。

耦合现状？是否实现了资源有效利用？是相对资源有效还是绝对资源有效？中国当前可缓解生活垃圾终端处置设施压力的垃圾减量政策效果如何？空间异质性区域选择差异化生活垃圾终端处置设施的原因是什么？不同的生活垃圾终端处置设施供给对于环境及公众健康会造成什么影响？这些影响如何用经济成本来度量？会如何影响社会福利水平？解答这些问题，既有利于定量评估现行生活垃圾管理策略态势对长期生态环境的压力，也有利于在一个资源和生态承载能力有限的世界里制定长期可持续发展的经济增长政策，其具有重要的理论价值和政策实践意义。

从源头来看，化解这种终端处置困境的最直接的方法就是提升资源使用效率，换言之，用更少的资源驱动同等的经济增长，甚至用更少的资源投入带来更大的经济增长。具体到生活垃圾这种人类经济、生活的伴生品和自然资源投入使用后的残余物，即经济增长的同时，垃圾产生量的减少。也就是说，通过各种政策和激励从源头遏制垃圾产生量，增加回收及再利用率，把垃圾从终端处置设施转移走。不过，仅仅通过资源效率的提升不一定能够确保终端处置压力的绝对下降，因为资源效率提升仅意味着经济增长的幅度大于垃圾产生量的增加幅度，但并不能确保生活垃圾产生量下降到经济长期可持续增长所要求的环境压力水平。

同时，由于生活垃圾终端处置设施的供给在经济成本收益的空间分布上具有典型的空间分布不均衡的特征。其成本相对集中，由终端处置设施所在地的居民承担，但其社会福利收益却由分布的更广的公众获得（Kunreuther et al.，1987；Mitchell and Carson，1986），因此，生活垃圾终端处置设施的建设往往会遭受到当地居民的抵制，这种类型的设施也被称为"邻避"设施。正是由于"邻避"特征的存在，生活垃圾终端处置设施的供给并不是简单的单方面生产行为，需要匹配作为公共物品的生活垃圾终端处置设施供需两侧特征。

由于生活垃圾产生及管理具有鲜明的地域性特色，而且关于生活垃圾产生、收集、运输及处置过程中搜集的相关数据具有明显的区域性特征。基于地理位置的信息或数据，往往会因为其潜在的空间相关而相互影响，也就是说，观测值之间并不是独立分布的，而是有着基于地理位置的紧密相关关系。例如，空间溢出效应，如果忽略这种空间相关关系，会导致实证研究中模型参数估计产生偏误，空间因素对于环境经济问题起着重要的作用（Anselin, 2001）。此外，传统的计量回归模型仅能够从全局层面识别解释变量与被解释变量之间的影响效应，其假设全部样本的平均参数值能够代表可能存在空间异质性的实际参数，但是基于地理区位搜集的数据，其参数影响效应尺度通常会存在空间波动性，用简单平均参数估计无法识别这种空间异质性（Budziński et al., 2018），而对这种空间异质性参数影响效应进行估计，可以拓展对于因果机制区域分布的认识。因此，在对于以上生活垃圾相关问题的研究中，充分考虑空间相关性及空间异质性，有利于产生更加准确、稳健及有针对性的实证估计结果。

1.2 研究目的及意义

1.2.1 研究目的

在当前中国各城市生活垃圾终端处置压力巨大的背景下，各地方政府在供给生活垃圾终端处置设施这种公共物品的过程中，如何兼顾生态、环保、有效及经济原则是当前社会需要考虑的重大问题。本书研究的主要目的在于，基于生活垃圾终端处置方式选择的"邻避"特征，匹配供给侧空间异质性的各城市生活垃圾终端处置设施供给决策特征及需求侧的社会公众接受意愿，为优化各地方市政当局的生活垃圾终端处置方式选择、化解终端处置压力提供了量化决策依据，同时，在研究过程中尽量充分考虑空间因素，以提升计量估计结果的准确性和针对性。

具体包括以下四个研究目的：第一，对当前源头生活垃圾产生量与经济增长的耦合现状进行宏观背景性逻辑检验；第二，评估缓解终端处置压力的生活垃圾源头减量政策效果；第三，从供给侧探究生活垃圾终端处置设施供给的影响因素；第四，从需求侧评估差异化生活垃圾终端处置供给对社会公众的社会福利影响。

1.2.2 研究意义

经济增长是世界各国实现诸多社会目标的必要路径，但是如何在实现经济增长的过程中，尽量减少自然资源的消耗及对环境的污染已经成为全球发展过程中的重要议题，其中核心要义之一就是实现资源有效。广义的资源有效就是用尽可能少的资源生产同等量的甚至更多的物品或服务，即用更少的资源消耗支撑同等的甚至更高的经济增长，实现资源有效对于长期经济可持续增长具有重要的意义。中国生活垃圾终端处置设施超负荷运转的压力现状集约地反映了当前社会资源利用的无效，而这种终端处置的巨大压力的形成，首先来自随着经济增长的源头生活垃圾产生量的持续增长，但是目前并不清楚两者之间呈现何种耦合状态，是相对解耦还是绝对解耦，因此，对生活垃圾产生量与经济增长的动态演进关系进行定量解耦分析，是判断资源使用效率状况的必要前提，同时也为生活垃圾终端处置设施供给研究提供了宏观背景依据。但由于缺乏可靠一致的生活垃圾产生数量和成本数据，使得调整和优化生活垃圾管理策略极其困难（Hoornweg et al.，2005）。测度经济增长是否快于资源消耗增长的相对解耦（relative decoupling），检验是否出现了经济增长而资源消耗下降的绝对解耦（absolute decoupling），都是评估资源效率的有用工具。对生活垃圾产生量与经济发展间的动态演进过程进行耦合现状分析，可以为理解生态环境与经济发展之间关系的动态变化以及优化缓解终端处置压力的政策提供有用的见解（Copeland and Taylor，2004）。

在经济学最优化问题中，最大的问题就是资源约束，约束条件的放松，相应会带来均衡解的变化，从整个经济体系来看，资源约束直接影响经济的长期可持续增长。在无法避免垃圾产生的情况下，通过各种政策及激励鼓励对生活垃圾的重复使用、循环利用及回收利用，均体现了资源有效的长期目标，即尽量将生活垃圾当作可投入再生产的资源，减轻对于现存原始资源的依赖，增加长期经济增长可持续性。世界各国均采取了各种政策来尽可能对垃圾进行分类、回收、利用,最大化提升资源效率,同时也有益于减轻生活垃圾终端处置压力。评估中国当前主要的生活垃圾减量政策的实际效果,有助于改善和重新制定更优的垃圾管理政策,更大程度上缓解生活垃圾终端处置压力。

生活垃圾终端处置设施的供给决策行为取决于生态、财政及社会公众三方面的因素。生活垃圾产生量与经济增长的耦合状态以及当前主要生活垃圾减量政策的实际效果,均会直接影响终端处置设施的供给决策。同时,差异化终端处置设施供给会带来不同的负外部性,而公众对于各种生活垃圾终端处置方式也有着不同的接受意愿,从而导致不同的社会福利影响。同时考虑生活垃圾终端处置设施供给侧和需求侧,从经济学的视角分析其社会福利影响,是选择合适生活垃圾处置设施供给,从而实现资源有效的关键问题之一。

面对生活垃圾终端处置困境,厘清生活垃圾产生量与经济增长的动态时空耦合背景、评估缓解生活垃圾终端处置压力的减量政策效果、分析生活垃圾终端处置设施供给的影响因素、探究不同生活垃圾终端处置方式选择对于社会公众的经济影响,既有利于定量评估现行生活垃圾管理方式对长期生态环境的压力,也有利于在一个资源和生态承载能力有限的世界里制定保障长期可持续发展的经济增长政策,具有重要的理论价值和政策意义。

1.3　概念界定

1.3.1　生活垃圾

生活垃圾属于日常生活中产生的固体废物(solid waste),《控制危险废物越境转移及其处置的巴塞尔公约》中将"废物"定义为:"废物"是指被处置、拟被处置或须由国家法律规定被处置的物质或物体。在国外研究中，固体废物通常指的就是生活垃圾，故本书对"生活垃圾"与"固体废物"概念不作区分。

1.3.2 邻避

邻避（not in my back yard，NIMBY），指的是当提到建设类如垃圾处置设施或危险废物处置设施时，"不要在我后院"（NIMBY）的反对声音非常强烈（Kunreuther et al.，1987）。公众所抵触的该类设施也通常被称之为"邻避"设施。《牛津英语词典》（*The Oxford English Dictionary*）认为，这个缩写词最早出现在1980年的《基督教科学箴言报》（*The Christian Science Monitor*，November 6，1980）上，文章作者艾米莉·塔夫乐·利维泽（Emilie Travel Livezey）指出，"在他们附近建一个安全的垃圾填埋场的想法对今天的大多数美国人来说都是令人厌恶的"，而实际上该词早已在危险化学废物行业里出现。

1.3.3 固体废物管理金字塔

固体废物管理金字塔（waste management hierarchy），指的是2008年欧共体的固体废物框架指导方针（Directive 2008/98/EC），其中给出了固体废物管理的优先层级框架，要求各成员遵照执行，也是世界范围内比较认可的优先层级原则。最优先的层级是预防（prevention），是指在产品设计和制造过程中，使用尽可能少的资源，让产品生命周期更长，同时使用更少的有害物质；其次是重复使用（reuse），是指对使用过的产品进行检修和翻新以便重新使用；再其次是循环利用（recycling），是指将固体废物变为新的资源或者产品，包括符合标准的堆肥；接着是回收（recovery），是指经过厌氧消化和焚烧等手段将废弃物转化为能源，或者气化、热解废弃物来产生能源（燃料、热能）和资源进行回收；最后才是终端处置（disposal），是指不回收能源的焚烧及填埋。

1.3.4 解耦分析

解耦分析（decoupling/delinking analysis）在环境经济学领域指的是，对与经济活动指标相关的环境指标的动态变化进行分析。解耦分析包括相对解耦状态及绝对解耦状态。相对解耦（relative decoupling）指的是随着经济指标的不断增长，虽然环境压力指标在上升，但是上升的幅度越来越小，呈凹函数形态；绝对解耦（absolute decoupling）指的是随着经济指标的提升，环境压力指标也出现下降，环境质量得到改善。解耦分析（decoupling analysis）被越来越广泛地用于测量与经济活动有关的环境或资源效率的改善（Gupta，2015）。

1.3.5 空间相关

根据地理学第一定理（Tobler，1970），基于地理区位收集的样本数据彼此之间往往并非独立，而是存在空间依赖关系，通常相隔较近的空间单元之间会比相隔较远的空间单元之间的空间依赖关系更强，存在空间相关关系的空间单元之间相互影响，称之为"溢出效应"或者空间相关。空间因素对于环境经济问题起着重要的作用，忽略空间因素可能会遗漏重要变量，从而导致模型估计参数偏误（Anselin，2001）。

1.3.6 空间异质

所谓空间异质性，是类似于标准计量经济学中常见的观测或未观测到的异质性，处理广义空间异质性并不需要像处理空间相关性那样需要专门的方法，唯一的空间特性体现在观测值的空间结构可能会提供额外的估计信息（Anselin，2010）。具体到回归分析中，空间异质性指的是解释变量对被解释变量的影响效应存在随空间地理区位变化而变化的现象，异质性参数效应估计通常采用地理加权回归的方法（geographically weighted regression，GWR）。

1.3.7　支付意愿与接受意愿

支付意愿（willingness to pay，WTP）和接受意愿（willingness to ac-cept，WTA）是福利经济学中评估公共物品质量变化经济价值的指标。WTP 通常与公共物品的改善有关，表示初始公共物品状态朝消费者合意的方向跃迁，而 WTA 往往与公共物品的恶化有关，表示初始公共物品状态向消费者想要避免的方向变动。对于 WTP 或 WTA 的测量，在不同的研究情境中，需要采取不同的方法。具体在环境经济学领域中，WTP 与 WTA 均可用于评估环境质量变化的经济价值，如果环境改善导致个体效用增加，居民的支付意愿（WTP），等同于给多少补偿，居民的接受意愿（WTA）环境不改善。同理，如果环境恶化导致个体效用下降，给多少补偿，居民的接受意愿（WTA）下降，等同于为避免这种恶化居民的支付意愿（WTP）（Atkinson and Mourato，Susana，2008）。

1.3.8　陈述偏好方法

陈述偏好方法（stated preference），通常用于没有可供观测市场交易价格的公共物品价值评估研究中，如自然环境。具体指的是通过设计调查问卷或直接访谈的方式，设计相应格式的问卷，构造假想的交易市场选择环境，要求被调查者直接表达其对于公共物品质量提升或为了避免质量恶化的 WTP 或 WTA，诱导受访者直接陈述其对公共物品质量变化的看法，来揭示利益相关者对于公共物品质量改变的偏好，陈述偏好方法通常包括以调研为基础的条件价值法（contingent valuation，CV）以及离散选择实验（discrete choice experiments，DCEs）。

1.3.9　离散选择实验

离散选择实验是一种基于问卷调研的陈述偏好方法，通过提供一系列假设的选择场景供受访者选择来揭示其偏好。其基本假设是当消费者考虑一个商品的价值时，会综合考虑商品的各项属性及相应水平，换言之，任何商品或服务的价值都是由构成这个商品的多个属性或特征所决定的，因此，商品或服务可以分解为多项属性的集合，消费者在这些属性水平的差异之间进行权衡取舍。离散选择实验最早被用于市场营销研究中，在有限资源的约束下，消费者在不同市场中的权衡取舍研究，例如，对于消费者旅行行为（Louviere and Hensher，1982）及多种消费选择行为的研究（Louviere and Woodworth，1983）。

1.4 研究思路与方法

1.4.1 研究思路

面对中国各城市生活垃圾终端处置设施超负荷运转的典型事实，逻辑上，生活垃圾终端处置压力巨大，源自生活垃圾产生量的持续增长及现有垃圾减量政策未能将垃圾量控制在处置能力范围内。研究表明，驱动垃圾产生量增长的主要因素是经济增长，因此，首先，需要对当前中国生活垃圾产生量与经济增长的耦合现状进行宏观背景性分析，以此判定两者处于何种耦合状态；其次，对当前可缓解生活垃圾终端处置压力的主要垃圾管理减量政策的实际效果进行定量评估。如果源头产生量持续高企，且过程减量政策不尽如人意，增加生活垃圾终端处置设施供给势在必行，事实上，"加强垃圾处置设施建设"已经被正式写入了 2020 年中国政府工作报告的发展目标计划中①。鉴于终端处置设施的显著"邻避"特征，其成本由终端处置设施所在地的居民承担，但社会福利收益却由分布的更广的公

---

① 2020 年 5 月 22 日，在第十三届全国人民代表大会第三次会议上，李克强总理在《2020 年政府工作报告》中明确指出要"加强污水、垃圾处置设施建设……"，在一定程度上反映了终端处置设施供给侧建设的紧迫性。

众获得，呈现空间分布不均衡的特征（Kunreuther et al.，1987；Mitchell and Carson，1986），终端处置设施供给需要同时考虑供需两侧的信息。因此，本书接着对空间异质性的各城市地方政府供给生活垃圾终端处置设施的决策行为进行探索性分析，同时，评估不同生活垃圾终端设施对公众的社会福利影响。此外，在运用地理空间数据与社会调研数据的分析过程中，充分考虑空间相关关系和空间异质性，具体研究思路如下。

第一，生活垃圾产生量与经济增长的耦合现状分析。缓解生活垃圾终端处置压力的根本性办法是从源头上遏制生活垃圾产生量的持续高速增长。大量研究表明其经济增长是驱动垃圾产生量增长的主要因素（Han et al.，2017；Mazzanti and Zoboli，2009），因此，首先需要在长期时间序列上对两者的动态耦合现状进行分析，厘清生活垃圾产生量随经济发展的动态演化过程，对生活垃圾产生量与经济增长的耦合状态进行解释和预测，是缓解终端处置压力的必要前提。

第二，缓解终端处置压力的生活垃圾管理政策减量效果评估。化解生活垃圾终端处置困境，除了在源头上遏制垃圾产生量的增长，核心要义之一是要通过政策激励将垃圾产生量控制在终端处置负荷范围内。目前为止，中国实现城市生活垃圾减量的公共政策主要有垃圾分类与垃圾收费政策，后者以两种方式征收：第一种是将其附征于水、电、燃气等公用事业收费，按照居民消耗的水、电或燃气征收生活垃圾处置费；第二种是通过居民委员会或物管直接向业主收取垃圾处置费，该项收费纳入物业费用。因此，对于家庭的垃圾处置行为而言，收费政策未能起到预期源头减量经济激励的效果（Kinnaman，2009）。在生活垃圾减量政策的制定中，例如，垃圾分类试点城市的选取等政策，并非随机选择，而是具有明显的选择偏误（selection bias），同时，在实证中充分考虑空间因素，采用合适的计量方法控制选择偏误，准确定量估计生活垃圾减量政策是否实现了减量效果，对于修正及重新制定新的生活垃圾减量政策及缓解终端处置压力具有重要的意义。

第三，供给侧生活垃圾终端处置方式选择的影响因素分析。在当前对于生活垃圾处置设施选择决策的研究中，主要侧重于对于生活垃圾处置技术选择的研究（Aghajani Mir et al.，2016；Ekmekçioĝlu et al.，2010；Roy et al.，2016），或者是侧重于从微观决策行为主体出发的最优化一般均衡分析（Fodha and Magris，2015）。生活垃圾的终端处置选择，在不同国家、不同地区、不同社会经济文化下均有差异，而不同的生活垃圾处置方式会产生各异的环境、生态及健康负面影响。因此，厘清选择差异化终端处置方式的影响因素，才能针对差异化处置方式的负面影响制定有针对性的应对政策。

第四，需求侧生活垃圾终端处置方式的选择对社会公众的社会福利评估。当前，国内外相关研究集中在基于成本收益法及环境外部性影响的供给侧来进行生活垃圾处置选择的研究，从需求侧来评估不同生活垃圾处置方式的选择对于社会、经济及公众健康的影响则相对较少。虽然垃圾处置方式的决策者是各地方市政当局，但是垃圾处置方式选择的最终受影响者是社会公众。因此，遴选科学有效无偏的估计方法对不同生活垃圾终端处置方式对社会公众的经济福利影响具有重要意义。作为"邻避"设施的生活垃圾终端处置设施供给绝不是单方面的生产行为，公众的社会福利估计也会影响各地方政府的生活垃圾终端处置设施供给决策行为（Caplan et al.，2007），同时，匹配终端处置设施供给侧和需求侧的信息，可以优化各地方市政当局的生活垃圾终端处置服务供给，缓解终端处置压力，提升社会福利水平。

1.4.2 研究方法

1.4.2.1 理论研究

第一，新古典经济增长理论。对经济增长与生活垃圾产生量之间的动态耦合现状进行背景性考察时，需要在较长的时间序列中进行观测，因此，需要在研究中考虑跨期最优选择。本书在新古典经济增长理论的框架内考虑生活垃圾的流量及存量运动方程，构建最优增长动态理论模型，对生活垃圾产生量与经济增长关系的动态变化进行理论分析，以此为宏观背景实证检验提供基础。

第二，政策评估理论。评估缓解终端处置压力的生活垃圾减量政策效果时，需要根据可用的数据、政策特点，结合当前主要政策评估理论，筛选出合适的政策评估理论及方法，对生活垃圾过程减量政策效果进行评估。

第三，区域公共物品供给的生产理论。在生活垃圾终端处置方式选择的供给侧分析中，构建各城市的终端处置服务供给生产函数，需要借助基本的生产理论，阐释各城市"生产"区域异质性生活垃圾终端处置设施的理论机理，以此推导出计量估计模型设定。

第四，福利经济学理论与随机效用理论。在从需求侧评估生活垃圾终端处置方式选择社会福利的离散选择实验中，基于福利经济学理论进行概念界定和评估方法选择，然后运用随机效用理论对受访者偏好进行理论建模，通过以上理论分析，为实证分析提供理论基础。

1.4.2.2 计量实证

首先，在分析生活垃圾产生量与经济增长的动态耦合现状时，运用解耦分析的思路，基于理论模型的基础上，采取空间杜宾模型（spatial Durbin econometrical model）对经济增长与生活垃圾产生量之间的长期动态耦合关系进行实证分析。

其次，在缓解终端处置压力的生活垃圾减量政策效果评估中，放松个体处理效应稳定假设（stable-unit-treatment-value assumption，SUTVA），考虑城市间的空间溢出效应，同时通过两阶段最小二乘法矫正内生性政策，采取广义空间嵌套计量回归分析模型（generalized nesting spatial model，GNS）来进行垃圾减量政策评估。

再次，从供给侧分析生活垃圾终端处置方式选择的影响因素时，通过构建半参地理加权泊松回归模型（semiparametric geographically weighted poisson regression model，SGWPRM）来控制空间异质性，对影响城市生活垃圾无害化处置设施供给的因素进行异质性量化分析。

最后，从需求侧评估不同生活垃圾终端处置方式选择的外部经济影响时，以问卷调研的形式搜集数据，采取贝叶斯设计方法（Bayesian design method）允许从预调研正交实验设计（orthogonal main-effect designs）中得出的先验信息存在不确定性，再通过最优实验设计（optimal experimental designs）来构建假想的生活垃圾终端处置服务选择场景。采取受限因变量计量回归模型（limited dependent variable regression models）从需求侧定量评估公众对于生活垃圾终端处置服务的偏好。

1.4.2.3 社会调查

由于需求侧社会公众对生活垃圾终端处置方式选择的偏好信息没有可供观测的交易市场和相应的价格信号，需要以问卷调研的形式搜集数据，再利用福利经济学理论来测度和评估社会福利的经济量化价值。本书选取杭州市、上海市各城区作为最基本的抽样框，同时考虑到城乡偏好的空间差异，也将杭州市桐庐县的农村纳入抽样框之中。采用多阶段随机抽样的方法，主要的抽样单位首先选择杭州市、上海市主城区的各区及桐庐县所有的自然村，在每个区域内，随机选择抽样区域。抽样的第二个阶段，在所选择的备选区域中，随机抽取受访者。在问卷调查正式实施前，为了识别那些难以理解的问题及受访者对于问卷措辞、格式及长度的反馈，进行了多次焦点小组及预调研对问卷进行改进。

1.5 研究内容及技术路线

基于中国当前生活垃圾终端处置压力较大、不同地区对于生活垃圾终端处置设施供给选择及其经济成本收益空间分布的鲜明"邻避"特征等可观测典型事实，本书试图弥补当前相关研究中对于空间因素的忽视，在充分考虑空间相关与空间异质的前提下，同时匹配终端处置设施供给的供给侧和需求侧信息，为优化生活垃圾终端处置设施供给，缓解当前的终端处置设施超负荷运转压力，提升社会福利水平提供了量化的政策依据及启示。本书首先对生活垃圾产生量随经济增长的历史演变过程、现状及未来动态演化趋势进行了宏观背景性分析，其次对当前缓解终端处置压力的主要生活垃圾减量政策进行政策效果评估，同时考虑生活垃圾处置设施的供给侧与需求侧，探究不同地区选择不同生活垃圾终端处置设施的原因，评估不同生活垃圾终端处置设施的社会福利影响，在此基础上，提出有针对性的生活垃圾终端处置压力化解对策。具体研究内容包括以下四个方面。

第一，生活垃圾产生量与经济增长的耦合现状分析。充分考虑空间相关，对生活垃圾源头产生量与经济增长之间的长期动态演进关系进行解耦分析（decoupling analysis），构建空间计量模型来定量估计城市生活垃圾产生量与居民实际消费水平之间（经济增长的代理变量）的动态耦合现状，为生活垃圾终端处置设施供给提供了宏观背景性实证支撑和进一步分析的前提。

第二，生活垃圾管理政策的减量效果评估。对我国当前用于缓解生活垃圾终端处置设施压力的主要生活垃圾管理政策的垃圾减量效应进行评估，采用空间两阶段最小二乘法（spatial-two-stage least squares models）的政策评估方法控制内生性，同时纳入空间因素，减少估计偏误，评估政策的实际减量效应，以此判断当前减量政策缓解终端处置压力的实际效果。

第三，从供给侧对影响生活垃圾终端处置方式选择的因素进行量化分析。基于市政当局对于生活垃圾终端处置服务的供给生产函数理论框架，推导计量模型，并采取半参地理加权泊松回归模型（semiparametric geographically weighted poisson regression，SGWPR）来控制参数影响的空间异质性，分析不同城市对于生活垃圾终端处置设施供给的影响机制，识别出影响不同空间区域的城市选择差异化生活垃圾处置设施的主要原因及其空间异质性影响效应和空间分布特征。

第四，从需求侧评估生活垃圾导出区的公众对于在导入区供给不同垃圾终端处置设施的偏好。在当前我国多地正在实施的生活垃圾跨区处置生态补偿政策的背景下，运用陈述偏好方法（stated preference，SP）中的离散选择实验社会福利评估方法，通过贝叶斯最优实验设计方法构建用于问卷调研的假想选择场景，考虑城乡空间异质性，基于随机效用理论（random utility theory，RUT）来揭示生活垃圾导出区的公众对于在生活垃圾导入区采取不同垃圾终端处置方式的支付意愿（willingness to pay，WTP），从而评估垃圾处置方式的社会福利量化价值。接着以估计出的 WTP 作为福利测量的微观基础，基于卡尔多希克斯（Karldor – Hicks）准则，来估计不同生活垃圾终端处置方式的区域异质性社会净收益状况，以此来评价垃圾终端处置服务方式的社会合意性水平。

通过匹配供给侧与需求侧的研究结论，提出相应缓解当前生活垃圾终端处置压力的对策建议。根据以上陈述的研究内容，本书按照如下技术路线开展研究，如图 1.1 所示。

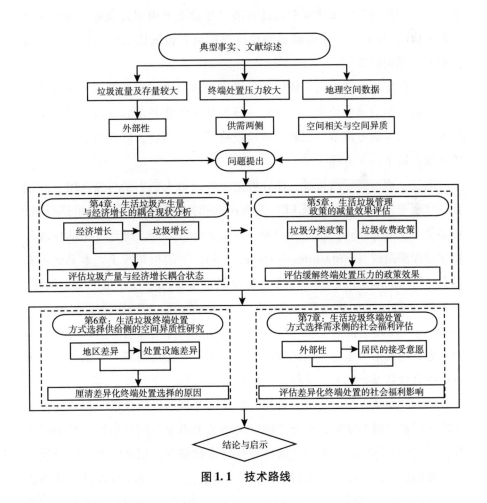

图 1.1　技术路线

1.6 研究难点、创新及不足

研究难点存在于两个方面：其一，如何在地理空间数据与调研数据分析中，纳入合适的空间异质性与空间相关关系，并选择合适的空间计量模型来估计参数值；其二，陈述偏好方法的选用以及假想选择场景的问卷设计，需要综合考虑前期文献、领域专家的研究结论及焦点小组的实践结果，只有选用恰当的最优实验设计方法（尽量准确识别公众对垃圾终端处置设施供给的偏好），才能够得到垃圾终端处置设施供给社会福利量化价值的有效无偏信息。

本书匹配供给侧空间异质性的各城市生活垃圾终端处置方式选择决策因素及需求侧的社会公众接受意愿，研究如何优化各地方市政当局的生活垃圾终端处置服务供给，化解生活垃圾终端处置困境，研究的创新之处具体体现在以下几个方面。

第一，理论模型的拓展。在分析生活垃圾源头产生量与经济增长的耦合现状宏观背景时，现有以 EKC 为理论框架来研究环境质量的解耦分析，更多集中于 CO_2、SO_2、NO_x 和 $PM_{2.5}$ 等流动性污染物，研究"生活垃圾环境库兹涅茨曲线（waste Kuznets curve，WKC）"的相对较少。本书运用新古典经济增长理论的框架，考虑生活垃圾产生量流量及存量的动态演化，对布切金和瓦尔迪吉（Boucekkine and Ouardighi，2016）及瓦尔迪吉等（Ouardighi et al.，2017）的 AK 模型进行拓展，并增加对于人口因素影响的考虑，使其拓展至更一般的理论框架，据此对经济增长与生活垃圾产生量的耦合现状及长期关系进行理论推演。

第二，实证分析的完善。首先，尝试弥补当前生活垃圾问题研究中对于空间因素忽视的缺陷，充分考虑空间相关关系及空间异质性，减少因为存在空间交互作用而可能导致的模型估计参数偏误，拓展因为空间异质而呈现出的影响机制空间分布特征。其次，改进传统正交实验设计未能考虑属性水平相对重要性的局限（Johnson et al.，2007），通过贝叶斯最优实验设计理论设计离散选择集，更加精确测度需求侧偏好的货币价值。

第三，研究视角的创新。相比于现有研究主要集中在生活垃圾的分类回收利用和终端处置技术选择，本书将焦点放在了基于垃圾终端处置设施压力较大这一典型事实所引发的终端处置危机思考上，由于生活垃圾终端处置设施社会总成本收益的空间不均衡，令其具备鲜明的"邻避"特征，弥补现有研究仅考虑供给侧（Swallow et al.，1992）或需求侧（Caplan et al.，2007）的偏颇，通过匹配供给侧生产行为及需求侧偏好信息，来研究如何优化终端处置设施供给。首先，在解耦分析框架内对经济活动与生活垃圾产生量的动态耦合现状进行宏观背景性逻辑检验；其次，放松个体稳定处理效应假设，采用矫正内生性政策的计量估计方法，定量评估当前中国用于缓解终端处置压力的主要生活垃圾减量政策效果；再其次，从供给侧分析生活垃圾终端处置方式选择的影响因素，考虑空间异质性的参数影响效应，分析影响机制的空间分布；再次，从需求侧评估生活终端处置方式选择对社会公众的经济影响，以及公众对差异化垃圾处置方式的接受程度；最后，匹配供需两侧的信息，探究未来异质性区域优化生活垃圾终端处置设施供给的选择。

研究的不足之处主要有以下几个方面。

第一，在经济增长与生活垃圾产生流量的耦合现状分析理论建模中，由于生活垃圾终端处置压力的下降，源头上依赖于垃圾产生量的下降，因此，关注焦点主要在于生活垃圾产生量是否会出现相对量及绝对量的下降，也就是解耦分析中倒"U"型曲线的理论机制，本书仅考察了外生技术进步对于经济增长的影响，而在平衡增长路径上，技术进步也会进入代表性消费者的跨期最优选择欧拉方程中，因此，继续拓展理论模型，考虑人力资本或物质资本的内生增长模型或许会带来新的理论结果。

第二，在研究不同垃圾终端处置设施供给对社会公众的社会福利影响时，采取离散选择实验设计问卷主体，同时也搜集了受访者的社会经济特征和人口统计变量，但是多数个体特征变量在计量估计中并不显著。虽然大量研究仅仅让受访者填写离散选择集，而并不采集个体特征变量（Kanya et al.，2019），同时本书在焦点小组、预调研、问卷设计、问卷填写等环节均采取了相应的偏误控制方法，在计量分析阶段也进行了敏感性调整和基于受访者自评的有效性检验，但是笔者认为，个体特征变量应该会影响受访者对于差异化生活垃圾处置设施供给的偏好，遗憾的是，本书未能识别出这种个体层面异质性偏好。

第 2 章

文 献 综 述

　　生活垃圾问题及其管理在世界范围内既有共同的特征，又有基于不同国家、不同地区、不同文化、经济及社会状况的差异。与此同时，生活垃圾管理本质上是一个全生命周期的管理流程，从源头产生到终端处置紧密地联系在一起。终端处置压力的增加，源头上来自生活垃圾产生量的持续增长，以及管理过程中的减量政策未能将垃圾产生量控制在处置设施承受范围内。面对生活垃圾持续增长及其显著的负外部性特征等事实，首先，经济学家思考的是，垃圾产生量是否是合意的水平？如果不是，为什么？如何引导垃圾产生的行为主体产生社会合意的垃圾产生量？其次，到底是哪些因素驱动了生活垃圾的持续增长？未来发展趋势如何？生活垃圾与经济增长之间是否呈现特定的规律性关系？再次，具有不同负外部性的生活垃圾终端处置方式该如何权衡取舍？最后，在环境经济问题中，如何考虑空间因素？因此，结合本书的具体研究内容，以下将当前对生活垃圾问题的研究分为四部分来进行综述：第一，生活垃圾管理的最优政策设计；第二，经济增长与垃圾产生量之间的动态关系；第三，生活垃圾终端处置方式选择及其社会福利估计；第四，空间计量在经济学中运用的研究。

2.1　生活垃圾减量的最优经济政策设计

　　在经济学的研究视角下，生活垃圾产生量的增加之所以会成为问题，就是其典型的负外部性特征（negative externality）。所谓外部性，指的是个人或者企业的行为对其他行为主体造成了影响，却没有为之承担相应的成本，或者市场交易价格并没有反映全部的社会成本或收益。

史密斯（Smith，1972）和韦茨（Wertz，1976）是最早开始将生活垃圾问题纳入经济学中研究的学者，彼时世界范围内对生活垃圾管理的经济政策要么是通过物业税征收，要么是固定时间周期的固定收费，例如，按月收费，在这样的收费制度下，个人或者家庭每增加一单位的垃圾边际成本为零，但是每多增加一单位的生活垃圾，无论是随意丢弃还是最终进入集中处置环节进行处置，其社会边际成本均大于零，那么也就是说，家庭或者个人会倾向于产生比社会最优水平更多的生活垃圾。

福利经济学的最优生产量或消费量指的是在完全竞争市场状况下，价格得以反映行为主体全部成本或收益的生产量或消费量。在竞争性市场机制中，每一个理性的经济行为人都会根据边际收益等于边际成本来进行经济行为决策。生活垃圾作为人们消费的伴生品，可以简单地将生活垃圾产生量设想为消费量的一部分（Choe and Fraser，1998），这部分垃圾产生量的变化依赖于个人在消费完成后的减量化努力。因此，均衡的垃圾产生量会由消费的边际效用（MU）及消费的边际成本（MC）所决定，消费的边际成本等于商品或服务的价格加上消费完成后产生垃圾被收取的垃圾处置费用。在竞争性市场中，商品或服务的价格、边际收益及边际成本相等，但是由于生活垃圾的产生及处置存在负的外部性，且如果行为人被收取的边际处置费用为零，那么此时的行为人的私人边际成本（MPC）将会小于社会边际成本（MSC），两者之间的差额就是垃圾产生及处置的负外部性，而由于外部性的存在，此时竞争性市场的资源配置状态也不能实现最优。具体如图2.1所示。

由图2.1可知，由于存在无法在价格中反映的成本，竞争性市场配置的私人决策垃圾产生量为Q_P，高于社会最优量水平Q^*，外部性的存在导致私人产生过量的垃圾。消费者的消费决策不仅会影响垃圾产生量，也会影响环境，还会影响地方当局收集和管理家庭生活垃圾所需的政府开支水平。

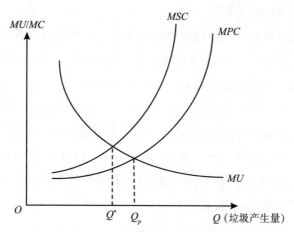

图 2.1 生活垃圾产生量的外部性

对于这种负外部性，如何让市场配置结果导向 Q^*，经济理论有很多种解决办法，其中最著名的论点是庇古（Pigou，1920）在其著作《福利经济学》中提出通过政府征税的方式，使得社会边际成本等于私人边际成本，是解决负外部性问题的主要办法，这种税收又称庇古税（Pigouvian tax），即设计为将个体决策行为的全部社会成本内在化的干预机制。

科斯（Coase，1960）在《社会成本问题》一文中提出了相反的构想，科斯设想了一个没有交易成本、没有财富及收入效应，也没有第三方影响的双边谈判框架，只要产权界定清晰，无论产权界定给谁，那么交易的任何一方拥有产权都能带来同样的资源最优配置结果，这可以通过双方之间的谈判自然实现，产权赋予不同的人只会带来收入分配结果的不同。但是在现实世界里，这种条件通常无法得到满足，因此，相关双方的私人协商通常无法完全实现外部效应的内在化。

具体到生活垃圾的外部性问题，即使培育起垃圾回收交易市场，很多无法被回收的垃圾也不能进行交易，此外，培育市场的前提是界定产权，而对于生活垃圾私人处置及集中处置的外部性而言，很难清晰地将拥有不受垃圾处置影响的产权界定给公众，或者将任意处置的权力界定给个人或集中处置行为人。因此，更具可行性的办法就是通过政府对产品市场或生活垃圾收集服务进行干预。

对于生活垃圾相关的最优政策设计研究，主要是通过理论建模的方式来设计一种或多种政策组合的方式，以期将垃圾处置的外部成本内部化，从而达到最优的生活垃圾产生量、处置量及回收量。当前，关于生活垃圾管理内部化外部性的最优政策设计是基于一个基本的静态一般均衡模型来进行分析。假设有 n 个同质的家庭，每个家庭购买单一复合商品 c，假设对于消费产生的垃圾有两种处置方式：丢弃 g、回收 r。回收的二手物质可以用作生产要素投入再生产，将家庭的以上两种处置方式作为支撑家庭特定消费量的投入品①，家庭的消费量为：

$$Q_d = c(g, r) \qquad (2-1)$$

假设消费函数 c 是连续的拟凹函数，且 $\partial c / \partial g > 0$，$\partial c / \partial r > 0$，$g$ 与 r 是相互替代的关系，也就是说，当消费量给定的情况下，回收更多垃圾会导致丢弃量的减少，反之亦反。代表性家庭的效用函数为：

$$U = U[c(g, r), l, G] \qquad (2-2)$$

其中，l 表示闲暇，$G = ng$ 表示所有家庭的垃圾产生总量，且 $\partial U / \partial c > 0$，$\partial U / \partial l > 0$，$\partial U / \partial G \leqslant 0$，表示家庭效用函数会受到垃圾产生总量的负外部性影响。同时假定只有一种生产要素，即资本 K，并且所有的资本归家庭所有，资本有两种用途，其一是出租给企业生产消费品的原材料投入 K_v，其二是家庭用作闲暇的资源 K_l，则 $K = K_v + K_l$，并且用于闲暇及生产消费品的资源在两个市场上价格相同，即 $P_{K_v} = P_{K_l} = P_K$，家庭享受闲暇的时间 l 与所耗费资源之间是简单的线性关系，即 $l = K_l$。此外，代表性企业的消费品生产函数为：

$$Q_s = f(K_v, r) \qquad (2-3)$$

也就是说，代表性企业的投入要素既可以是原材料，也可以是家庭的回收材料，同时，假设忽略家庭的回收成本及市政垃圾收集服务的成本。

---

① 将生活垃圾产生量 g 及回收量 r 作为消费量的函数更好理解，但是这里也可以将其理解为反函数形式，或者说为了消费特定量的消费品，必须将 g 和 r 的垃圾量及回收量作为支撑（Fullterton and Kinnaman，1995）。

在这个简单的模型中，计划者在资源约束下最大化消费者效用的最优化问题如下所示：

$$\text{Max} \quad U = U[c(g, r), l, G]$$

$$\text{s. t.} \quad l = K_l$$

$$G = ng \tag{2-4}$$

$$K = K_v + K_l$$

$$c(g, r) = f(K_v, r)$$

构造拉格朗日函数：

$$L = U[c(g, r), K_l, G] + \lambda f[(K - K_l, r) - c(g, r)] \tag{2-5}$$

计划者需要选择最优的垃圾丢弃量 g、垃圾回收量 r 及闲暇所耗费的资源 K_l 来最大化代表性家庭的效用，则相应的一阶条件为：

$$\frac{\partial U}{\partial c} \frac{\partial c}{\partial g} = \lambda \frac{\partial c}{\partial g} - n \frac{\partial U}{\partial G} \tag{2-6}$$

$$\frac{\partial U}{\partial c} \frac{\partial c}{\partial r} = \lambda \left[\frac{\partial c}{\partial r} - \frac{\partial f}{\partial r} \right] \tag{2-7}$$

$$\frac{\partial U}{\partial K_l} = \lambda \frac{\partial f}{\partial K_v} \tag{2-8}$$

以上一阶条件表示，当垃圾丢弃量、垃圾回收量及闲暇三种活动每增加一单位时，带来的边际效用等于社会边际成本，此时资源配置的结果是帕累托最优状态，计划者考虑到了垃圾产生量的外部效应 $-n(\partial U/\partial G)$。

但是如果在竞争性的分散市场中，代表性家庭在收入约束下寻求效用最大化，其最优化问题如下所示：

$$\text{Max} \quad U = U[c(g, r), l, G]$$

$$\text{s. t.} \quad P_K K = (1 + t_c)c + (p_g + t_g)g - (p_r + s_{hr})r + P_{K_l} K_l$$

$$K = K_v + K_l \tag{2-9}$$

$$l = K_l$$

在式（2-9）中，方程左边代表家庭销售资源的总收入，右边分别代表消费总支出、垃圾丢弃费用总支出、垃圾回收收入及闲暇支出，其中消费品 c 的价格作为计价物，其价格标准化为 1，假设对家庭征税，家庭缴纳总额税，而企业获得税后价①，t_c 为对消费品征收的税收，p_g 代表丢弃垃圾的单位价格，t_g 表示每丢弃一单位垃圾的税收，p_r 表示垃圾回收品的单位价格，s_{hr} 表示对家庭回收垃圾的补贴，而 P_K、P_{K_l} 分别表示社会唯一的生产要素（资本）的价格。同样通过构造拉格朗日函数求最优均衡解，此时家庭效用最大化的一阶条件为：

$$\frac{\partial U}{\partial c}\frac{\partial c}{\partial g} = \sigma\left[(1+t_c)\frac{\partial c}{\partial g} + (p_g + t_g) \right] \qquad (2-10)$$

$$\frac{\partial U}{\partial c}\frac{\partial c}{\partial r} = \sigma\left[(1+t_c)\frac{\partial c}{\partial r} - (p_r + s_{hr}) \right] \qquad (2-11)$$

$$\frac{\partial U}{\partial K_l} = \sigma P_{K_l} \qquad (2-12)$$

与此同时，消费品的生产者企业通过购买原材料 K_v 及回收材料 r 投入生产，同时销售消费品 c 来追求利润最大化，由于在完全竞争市场中，企业与家庭都是价格接受者，因此，其销售价格也是计价物价格 1，则企业的利润最大化函数为：

$$\mathrm{Max}\pi = f(K_v, r) - (P_{K_v} + t_v)K_v - (p_r + s_{fr})r \qquad (2-13)$$

此时，企业通过选择最优的原材料投入 K_v 与最优的回收材料投入 r 来寻求利润最大化，则利润最大化的一阶条件为：

$$P_{K_v} = \frac{\partial f}{\partial K_v} - t_v \qquad (2-14)$$

$$p_r = \frac{\partial f}{\partial r} - s_{fr} \qquad (2-15)$$

企业的最优化要素投入选择决定了竞争性市场均衡时的不同投入品的价格，同时由于资源在不同市场中的价格相同②，即 $P_{K_v} = P_{K_l} = P_K$，将式（2-14）、式（2-15）代入分散经济的消费者一阶条件中可得：

$$\frac{\partial U}{\partial c}\frac{\partial c}{\partial g} = \sigma\left[(1+t_c)\frac{\partial c}{\partial g} + (p_g + t_g) \right] \qquad (2-16)$$

---

① 无论是对家庭征税还是对企业征税，其新的均衡点并不会发生变化，都相当于在买者与卖者之间打入一个楔子，均衡消费量下降。

② 这里的隐含假设是各种资源在不同的市场中是完全可替代的，或者说基于前文仅有一种资源的假设下，一种资源可用作多种用途，此处是既可以出租给企业用于生产，也可以用于自身闲暇。

$$\frac{\partial U}{\partial c}\frac{\partial c}{\partial r} = \sigma\left[(1+t_c)\frac{\partial c}{\partial r} - \left(\frac{\partial f}{\partial r} - s_{fr} + s_{hr}\right)\right] \qquad (2-17)$$

$$\frac{\partial U}{\partial K_l} = \sigma\left(\frac{\partial f}{\partial K_v} - t_v\right) \qquad (2-18)$$

将分散经济的最优条件式（2-16）、式（2-17）、式（2-18）与计划者的最优条件式（2-6）、式（2-7）、式（2-8）相比较，当没有外生干预时，即所有的税收都为零，$t_c = 0$、$t_g = 0$、$t_v = 0$，所有的补贴都为零，$s_{fr} = 0$、$s_{hr} = 0$，同时对垃圾不实施单位价格收费，$p_g = 0$。此时，不难看出，式（2-17）、式（2-18）两个最优条件完全相同[①]，但是，对于最优垃圾丢弃量的选择，在计划者最优与竞争性市场最优中并不一致，具体如下所示：

$$\frac{\partial U}{\partial c}\frac{\partial c}{\partial g} = \sigma\frac{\partial c}{\partial g} \qquad (2-19)$$

式（2-19）表示当没有税收及补贴干预时，消费者在竞争性市场中对于垃圾最优丢弃量的选择，与计划者最优中的式（2-6）相比，分散经济中的私人边际成本并不等于社会边际成本，因为私人决策时，并没有考虑垃圾存量的积累对于家庭自身外部性的影响 $-n(\partial U/\partial G)$，因此，此时的分散经济资源配置并不是最优的资源配置状态。

而解决这种生活垃圾负外部性问题的最优政策设计，通常涉及三种类型的政策：下游政策（downstream policies）、上游政策（upstream policies）及押金返还制度（deposit-refund policies）[②]。

2.1.1　下游政策

所谓下游政策，指的是针对垃圾处置行为进行政策干预，以期影响家

[①]　由于计划者最优与分散经济最优均在资源约束下实现了最优，且都达到相同最优，资源的社会边际效用等于私人的边际效用，因此，$\lambda = \sigma$。

[②]　也有学者将最优政策设计划分为：购买相关的政策（purchase-relevant instruments）、处置相关的政策（discard-relevant instruments）及联合相关的政策（jointly-relevant instruments）（Hanley and Fenton，1994）。

庭处置行为或者消费行为的政策。具体而言，包括直接负外部性矫正政策设计及对家庭回收行为进行补贴①。外部性矫正政策就是对居民丢弃的每包垃圾按照其外部边际成本进行收费或征税（p_g、t_g），而其额度刚好等于垃圾丢弃的负外部成本 $-n(\partial U/\partial G)$，这是外部成本内部化的最直接方式，是用于矫正负外部性的标准庇古税（Pigouvian tax）制度设计，或称之为污染者付费原则（pay-as-you-throw）。家庭在处置生活垃圾时面临的私人边际成本等于社会边际成本，那么家庭就会做出有效率的决策。

庇古税最关键的问题在于对负外部性的准确估计，也常常因为税收过高或过低而引发争议。斯通和尼古拉斯（Stone and Nicholas，1991）对城市生活垃圾中的一吨代表性包装垃圾的填埋、焚烧及回收处置的社会成本进行了估计，发现填埋的成本为 209 美元/吨，焚烧成本为 289 美元/吨，回收的净损失为 37 美元/吨。在此基础上，对每袋生活垃圾的全部社会成本进行了估计，每袋垃圾的成本在 1.43~1.83 美元之间，具体取决于不同地区的私人及社会处置成本的差异（Repetto et al.，1992）。

如何实施按量收费政策（unit-based pricing），从而排除那些拒绝为丢弃垃圾付款的人，在不同地区也相应不同，例如，美国在 4000 个社区实施了直接对垃圾征税的政策项目，市政垃圾收集服务要求家庭购买带有特别标记、标签或者贴纸的垃圾袋，而拒绝回收没有这些特征的家庭丢弃垃圾（Kinnaman，2009）。

收集美国 9 个社区的垃圾丢弃数量及与之相关的家庭按量收费政策数据，分析发现，按社会边际成本对垃圾进行征税会减少家庭垃圾产生量，同时会带来每年 650 万美元的社会福利的增加（Jenkins，1993b）。基于在项目实施前后进行相关数据搜集的自然实验方法，使用家庭数据来估计居民的垃圾丢弃量、回收量及非法丢弃量对按量收费政策的反应，发现家庭减少了垃圾丢弃的袋数，但是垃圾实际重量并没有显著下降，而回收量、

---

① 所谓对家庭回收行为进行补贴（s_{hr}），是指通过改变消费者对于垃圾处置方式的相对价格激励，鼓励家庭增加回收量，从而减少垃圾产生量，由于回收品有专门的二手市场存在，由市场方式进行调节，相关政策设计更多是在理论层面进行探讨（Fullterton and Kinnaman，1995）。因此，接下来主要对外部性矫正政策进行综述。

非法丢弃量增加，垃圾真实减量 10% 左右（Fullerton and Kinnaman，1996）。也有学者对家庭垃圾处置行为的垃圾按量收费政策动态反应进行了分析，在实施多年单位垃圾收费政策之后，居民的源头减量行为愈发明显，而且社区每年的生活垃圾填埋和焚烧量均有所下降（Miranda and Aldy，1998）。

研究表明，根据社会边际成本对丢弃的垃圾进行定量征税，也会引导企业生产最优的每单位包装数量（Fullerton and Wu，1998）。为了实现资源最优分配，如果直接对居民丢弃的垃圾量进行征税（t_g），那就不需要同时对原始材料直接征税（t_v）或对回收利用提供补贴（s_{hr}、s_{fr}）。其对居民丢弃垃圾负外部效应的矫正会引导居民减少垃圾丢弃量，从而增加垃圾回收量，而垃圾回收量的提高会降低回收材料的价格，从而使得厂商更愿意使用回收材料来作为投入要素（Fullterton and Kinnaman，1995）。

但是直接按社会边际成本对垃圾进行定量收费也存在一些缺陷，具体如下。

第一，非法倾倒垃圾。考虑非法倾倒选择作为家庭丢弃垃圾或回收垃圾之外的第三种选项，通过构建一般均衡模型、最优政策推导表明，当存在非法倾倒时，应该给合法丢弃垃圾的行为给予补贴，因此，政府提供免费的垃圾收集服务反而是节省了行政成本（Fullterton and Kinnaman，1995）。基于家庭的实验调查数据表明，由于定量收费导致的垃圾减少量中，可能高达 28% 是由于统计数据中未计入非法倾倒量（Fullerton and Kinnaman，1996）。按量收费导致非法倾倒增加的现象在众多实证研究中也被证实（Jenkins，1993b；Miranda and Aldy，1998）。

第二，实施垃圾定量收费的行政成本可能超过收益。富勒顿和金纳曼（Fullerton and Kinnaman，1996）估计，弗吉尼亚州夏洛茨维尔市印刷、分发和核算垃圾贴纸的行政费用可能超过每人每年 3 美元的福利。

第三，如果不同垃圾产生的社会成本不同，对所有种类的垃圾征收统一税可能是低效的，但如果针对不同的垃圾类型征收差异化的税收，这种精确的税收计划管理起来却代价高昂（Dinan，1993）。

而后来利用面板数据控制在截面数据中可能出现的内生性问题进行实

证估计结果显示，对生活垃圾定量收费的政策并不会影响高收入人群的回收行为，但是高收入人群在没有经济激励的情形下也会参与回收计划，而低收入人群的回收行为受到了定量收费政策的强烈驱动（Usui and Takeuchi，2014）。对韩国的经验研究表明，定量收费政策的费用每增加1%，非法倾倒的报告数量就增加3%，因此，对垃圾减量的效果比预期的要低，而且对回收行为进行补贴比加强执法力度在遏制非法倾倒行为上更有效（Kim et al.，2008）。

2.1.2 上游政策

所谓上游政策，指的是通过针对企业的最优政策设计来减少垃圾产生量。具体而言，包括三种形式：第一种是直接通过制定要求生产者承担回收责任的法令，来扩展生产者在生活垃圾处置上的责任，其中最著名的是德国1991年颁布的包装垃圾法令（the ordinance on the avoidance of packaging waste）[①]；第二种是通过对企业销售的产品进行征税的方式（t_c），以此影响消费者的私人边际成本，从而减少垃圾产生量；第三种是通过对企业使用的原材料进行征税（t_v），鼓励企业增加回收品使用量，从而减少垃圾最终产生量。

由于直接对公众丢弃生活垃圾进行征税存在一些现实缺陷，经济学家考虑转向更容易进行政策干预的私人企业进行最优政策设计，以实现垃圾减量的目的。例如，通过征收产品包装税的形式（t_c），改变消费者对不同产品选择的激励，从而减少垃圾产生量；通过对原始材料进行征税（t_v），会增加生产者对于回收材料的需求，从而导致回收材料价格上涨，最终引导居民将可回收材料送到二手市场进行回收处置。对原始材料进行征税的主要优点在于，既可以鼓励企业使用回收材料，培育回收材料市场，又可以引导居民增加回收量，从而最终减少垃圾产生量。

上游政策更容易实施，不需要对非法丢弃垃圾进行罚款，但是也可以

---

① 该法令要求使生产者在产品的整个生命周期中对其产品包装负责，包括消费者丢弃包装后的收集、分类和回收的成本（Fishbein，1996）。

达到与下游政策相同的最优资源配置状态（Fullterton and Kinnaman，1995）。例如，很多国家通过要求企业在产品上标识生态产品或者绿色产品的标志来向消费者表明其购买行为对环境的影响（Menell，1990）。

研究发现，相比对生产者使用回收材料进行补贴（s_{fr}）、对居民生活垃圾直接征税（t_g）以及对消费者直接征收消费税（t_c）而言，对原始材料征收等于社会边际处置成本的税收（t_v），所得到的社会福利要更高（Miedema，1983）。

但是对原始材料进行征税的政策设计也遭到了更多的批评，如果同时使用其他可选的政策，对原始材料征税只需要矫正与使用原始材料相关的外部性即可，不需要矫正与垃圾处置相关的外部性（Fullterton and Kinnaman，1995）。单纯对原始材料征税，虽然能够增加某些回收材料的使用，比如，在回收材料与征税的原始材料互为替代品的产业中，对于那些不使用征税的原始材料的行业，并不会增加对于回收材料的需求（Dinan，1993）。同时，也有理论分析表明，虽然对原始材料进行征税会增加对回收材料的投入需求，但是会抑制整体经济中的生产和消费，因此，只有在对原始材料征税的同时对最终物品的销售进行补贴才会有效率（Kinnaman，2009）。

2.1.3 押金返还制度

押金返还制度，指的是同时影响消费者购买行为及垃圾处置行为决策的政策，是上游政策与下游政策的组合。其中，应用最广泛的例子就是押金返还制度，这里的押金返还制度指的是广义的押金返还制度设计。具体而言，为了实现资源的有效配置，"押金"设定为等于处置最终产品的社会边际成本，而"返还"的退款设定为垃圾处置的边际外部成本与回收的边际外部成本之差。

"押金"既可以对生产过程中的原材料进行征收（t_v），也可以对销售的产品进行征收（t_c），而只要交易成本足够低，"返还"既可以给回收物资的家庭（s_{hr}），也可以给在生产中使用回收材料的厂商（s_{fr}）。如果"返还"给厂商，厂商会增加对于回收材料的需求，从而导致家庭进行回收物资的价格提高，激励家庭增加回收量；如果直接"返还"给家庭，也会改变家庭对于丢弃垃圾与回收垃圾相对选择的决策，从而减少垃圾产生量。

相比直接针对企业设计的上游政策或者针对消费者的下游政策而言，押金返还制度会鼓励企业主动优化设计更容易回收的产品，同时家庭会增加对这种产品的需求，以便进行回收和收到退款，而且押金返还制度的行政成本更低，通过合适的实施方案，押金返还制度还会促进回收市场的发展（Atri and Schellberg，1995）。

仅仅对消费品进行征税（t_c），只会导致源头减量，不会导致回收增加，单单对回收进行补贴（s_{hr}、s_{fr}），能够提高生产者使用回收材料的比例，但是会导致过量生产和消费，从而产生过多的垃圾。因此，对回收补贴和消费征税的政策组合，既能够鼓励垃圾源头减量，同时又能增加垃圾处置时的回收率上升（Palmer and Walls，1997），这样的政策组合本质上是一种押金返还制度。相较单纯的上游政策或下游政策而言，经济学家大多偏好"押金返还制度"来矫正垃圾处置的外部成本（Kinnaman，2009）。

除了这些内在化外部性的政策设计以外，强制居民回收或设定企业最低回收量的管控政策（command and control policies），在理论上也可以达到最优资源分配结果，其中一个直接管控政策是回收的内容标准，即立法要求企业在产品生产中使用一定比例的回收材料（Palmer and Walls，1997）。但是由于政策制定者无法获得资源配置达到最优结果所需要的信息，因此，较少得到经济学家的支持和关注。

2.2　生活垃圾产生量驱动因素及其动态变化趋势

生活垃圾是人类社会生活的副产物，随着经济的增长和社会的发展，生活垃圾产生量到底处于什么水平？生活垃圾产生量的高低由哪些因素决定？将会如何随经济发展而变化？这种变化有没有规律可循？会不会呈现一定的模式？以下从三方面对生活垃圾产生量驱动因素及其动态变化趋势进行综述。

2.2.1　生活垃圾产生量的决定因素研究

欲分析生活垃圾产生量的变化趋势，首先要考虑哪些变量会影响生活垃圾的产生量，因此，研究生活垃圾产生量的决定因素与生活垃圾产生量的趋势预测，通常联系在一起，当然各有侧重。比如，通过问卷调查搜集402 户孟加拉国达卡市的家庭数据，得出生活垃圾产生量会受到家庭规模、收入、对环境的态度及垃圾分类意愿的显著影响（Afroz et al.，2010）。刘晨和吴新武（Liu and Wu，2011）将可能影响生活垃圾产生量的因素扩展至城市建设面积、铺路面积、城市园林绿化面积、大城市数量、城镇居民人均可支配收入、城镇居民年人均消费支出、居民人均能源消费和人均年消费，并采取主成分分析及聚类分析的多元统计分析方法对生活垃圾产生量的决定因素进行分析。

研究者使用田野调查和文献综述的方法，综述了影响发展中国家本国农村地区生活垃圾产生量的社会因素、经济因素、地理因素及其他因素，认为发展中国家要制定和实施最优化垃圾管理策略，必须因地制宜考虑影响本国垃圾产生量的所有因素（Han et al.，2017）。也有学者观察到，核心家庭数量的增加导致批量采购的减少，产品包装更趋于小型化和分散化，同时由于女性更多地参与到劳动市场以及营销广告中，均导致产品被更密集地进行包装，因此，将生活垃圾产生量的变化归结为人类社会发展过程中生活方式的改变（Bromley，1995）。

这类研究多以抽样调查或公开数据为数据支撑，以计量统计方法为研究方法，主要对生活垃圾产生量进行实证研究，缺乏相应的理论基础，因此，影响生活垃圾产生量的因素也因为选取指标、数据、研究对象的不同及计量统计方法的差异，得出影响生活垃圾产生量不同因素的结论。

2.2.2　生活垃圾产生量的趋势研究

对于生活垃圾产生量的趋势预测研究，主要分为定性分析和定量分析两类。前一类分析主要基于相关领域的专家经验及简单推断，不需要大量数据做支撑；后一类研究则相对更加丰富。贝格尔等（Beigl et al.，2008）综述了 45 种预测生活垃圾产生量的模型，并对各种模型的优劣进行了评述，其中最大的弊端在于绝大多数的预测模型无法被生活垃圾管理部门采纳和实施。按照预测模型差异主要可分为时间序列模型、数据驱动模型及回归模型（Oribe – Garcia et al.，2015）。

时间序列模型的主旨是通过降低历史数据随时间的波动来显示稳健的数据重复规律，其中应用最广泛的是检定在数据结构中的自相关性，从而预测生活垃圾产生量（Chang and Lin，1997）。指数平滑法（Rimaityte et al.，2012）、灰色系统理论（Xu et al.，2013）等方法也与自回归方法混合使用来预测生活垃圾产生量。数据驱动模型通过投入产出数据来识别两者之间的关系，比如，神经网络模型（Noori et al.，2009）、机器学习模式（Abbasi et al.，2013）等。回归模型也是常用的识别生活垃圾产生量的计量模型，被广泛用于评估家庭、城市或者区域层面的生活垃圾产生量（Oribe – Garcia et al.，2015）。

由于这些模型设定及指标选取的差异，其预测结果很难进行横向比较，比如，对于因变量的设定，既有生活垃圾总量（Bach et al.，2004）、人均每天生活垃圾产生量（Hockett et al.，1995），也有年均生活垃圾产生总量（Miller et al.，2009），以及其他各种关于生活垃圾产生量的相对或绝对指标的设定。对于自变量的选取，也有一定差异，通常都会纳入人口统计变量及经济变量中，如家庭规模（Benítez et al.，2008）、人口密度（Mazzanti and Zoboli，2009）、年龄（Dennison et al.，1996）、教育（Han and Zhang，2017）、家庭人均收入（Benítez et al.，2008）、零售业销售总额（Hockett et al.，1995）、购买力（Bach et al.，2004），以及温度与降水等气候变化变量（Jenkins，1993a）。

2.2.3　生活垃圾产生量与经济发展动态关系研究

对于生活垃圾随经济发展的动态演化模式研究，主要分为两类：一类是对生活垃圾进行解耦分析，即测度经济增长是否快于资源消耗增长的相对解耦（relative decoupling），检验是否出现了经济增长而资源消耗下降的绝对解耦（absolute decoupling）；另一类是在环境库兹涅茨曲线（Environmental Kuznets Curve，EKC）的框架下研究生活垃圾是否呈现出 EKC 的变化模式。此类研究，主要基于经济发展指标与人口统计指标来拟合及预测生活垃圾产生量的变化趋势及模式，其一般化的模型如下所示：

$$\ln W_{it} = \alpha + \beta \ln X_{it} + \gamma \ln Y_{it} + \varepsilon_{it} \qquad (2-20)$$

其中，W_{it} 表示在时间 t 内某国（某地）生活垃圾的产生量，X_{it} 是以向量形式表示的经济发展指标，Y_{it} 表示人口统计变量及其他协变量的向量形式，对各变量取对数形式，回归参数可以用弹性来进行解释，这是分析定量变化的一个基本分析工具，ε_{it} 为白噪声。

在实证研究中，生活垃圾产生量 W_{it} 及经济发展指标 X_{it} 到底该选取绝对值指标、人均指标、基于产出的指标、基于投入的指标还是选取每单位经济产出的指标，没有固定的标准。根据所研究的问题及具体研究的情境不同，相应地也存在差异。不同的指标选取有着不同的含义和解释，人均指标的选取可能更符合环境退化来自与人口增长相关的过度开发，而绝对强度指标则更适用于与产业相关的外部性情形（Mazzanti and Zoboli，2009）。

20 世纪 90 年代初，解耦分析的研究被拓展至空气污染和温室气体排放中，实证研究显示，一些污染物与该国收入之间随时间变化呈倒 "U" 型关系（Grossman and Krueger，1995；Holtz - Eakin and Selden，1995；Selden and Song，1994），这种污染物与收入随时间变化状况之间的倒 "U" 型曲线被描述为 "环境库兹涅茨曲线（environmental Kuznets curve，EKC）"，之所以称之为环境库兹涅茨曲线，是因为这种倒 "U" 型模式类似于库兹涅茨（Kuznets，1955）对于长期收入分配不平等时间序列模式的描述。如果倒 "U" 型关系成立，那么环境问题会随着长期经济增长而自动得到解决，导致问题产生的原因反而成了解决环境问题的最好方式（Özokcu and Özdemir，2017）。短期的环境恶化，会随着长期经济发展而得到改善，变得更加富裕是当前我们能找到的改善环境的最优路径（Beckerman，

1992）。EKC 是对于解耦分析的一个自然拓展和具体应用，也是当前研究中用来评估环境状况及资源效率的主要工具之一。

国内外学者从城市、国家、国际等多个层面对生活垃圾的产生量进行了定量估计，部分研究仅仅是对生活垃圾产生量的定量趋势进行了研究，还并未涉及具体的解耦分析。比如，利用跨国数据（Bloom and Beede，1995；M. A. Cole et al.，1997）、美国县级层面的截面数据（Berrens et al.，1997；Wang et al.，1998）、越南南部湄公河三角洲地区的省会城市 Can Tho 的数据（Thanh et al.，2010）来分析生活垃圾产生量的趋势。

由于经济指标选取的不同，以及计量方法的差异，研究得出的结论也相应存在差异。人均 GDP 通常被选作经济发展的指标（Panayotou，1993；Shafik and Bandyopadhyay，1992；廖传化，2013），但是在我国，地方政府存在夸大 GDP 的可能性（徐康宁等，2015），人均 GDP 并不能真实反映经济增长，在选取指标时需要考虑这一点。罗斯曼（Rothman，1998）指出，对于市政垃圾及包装垃圾，家庭消费支出是更合适的经济代理变量，而不是 GDP。也有学者采用居民消费水平（曹海艳等，2017）、人均可支配收入（Han et al.，2016）等其他指标作为衡量经济发展的变量。

早期研究生活垃圾问题的文献发现，家庭生活垃圾产生量具有缺乏收入弹性的特征（Richardson and Havlicek，1978；Wertz，1976），这为进一步检验解耦关系提供了线索，但是其关注点是生活垃圾产生量及生活垃圾管理服务需求的影响因素，而非生态环境相关的动态解耦关系，数据量也比较小。布鲁姆和比德（Bloom and Beede，1995）使用1990 年149 个国家的人均 GDP 作为经济发展指标，发现随着收入的增加。生活垃圾产生量也随之增加，1990 年占世界人口 15.4% 的高收入人群产生了全世界 54.9% 的生活垃圾。较早的对于生活垃圾解耦分析是（Cole et al.，1997）根据跨国面板数据对许多环境指标与人均收入之间的 EKC 曲线的检验，结果显示，仅仅只有当地的大气污染物存在倒"U"型曲线，并没有发现城市生活垃圾与经济指标的发展之间存在解耦的证据。贝伦斯等和王平等（Berrens et al.，1997；Wang et al.，1998）利用美国县级层面的截面数据，证实了有害固体废物存在 EKC 的倒"U"型曲线。费舍尔和阿曼（Fischer and Amann，2001）对经济合作与发展组织（OECD）国家的填埋垃圾和垃圾产生量进行了解耦分析，发现填埋垃圾存在绝对解耦，而垃圾产量却只有相对解耦（Johnstone and Labonne，2004）。也有学者通过建立理论建模，分析生产资本还是消费的污染垃圾源，是影响福利与环境可持续性的最关键因素，并且考虑资本增进回收行为与资本中性回收行为的长期影响，纳入消费的瞬时效用函数由于污染性垃圾和回收的负外部性的瞬时负效用函数，通过这种权衡取舍，使得我们可以识别依赖于污染源的最优回收政策，同时解释 EKC 路径出现的条件（Ouardighi et al.，2017b）。

但是 EKC 曲线并不是来自理论模型，而是来自实证数据的回归结果。虽然有大量的实证研究验证污染物的 EKC 曲线是否存在，但是，目前为止，对于 EKC 曲线的存在性依然有很多争论，并不存在令人信服的一致结论，后续对于 EKC 曲线的理论模型研究结论也并不能得到稳健的实证结果（Kijima et al.，2010）。

对于生活垃圾的解耦分析，除了在 EKC 的框架内进行研究以外，科恩等（Cohen et al.，2018）基于 1990～2014 年全球 20 个最大的温室气体排放国家的排放数据，利用 HP 滤波法将包括生活垃圾的温室气体排放及真实 GDP 的增长分解为趋势和周期性组成部分，研究排放与增长之间的解耦。

此外，生活垃圾产生量随着经济发展而动态变化的过程，实际上也在一定程度上反映了经济发展效率与资源使用效率的变化，因此，也有学者基于生命周期评估法（life cycle assessment）（Lozano et al.，2009）和数据包络分析法（data envelopment analysis）（Rogge and Jaeger，2012）来研究基于生活垃圾的资源使用效率的变化。

由于城市、乡村的地理位置及经济文化状况的差异，生活垃圾产生量也存在差异。在发展中国家，这种生活垃圾产生量的城乡差异更加明显，通常假定农村地区人口的人均消费较城市要低，因此，生活垃圾产生量也更低，例如，仅占全部人口 1/3 的印度城市地区人均消费量是农村地区的将近两倍，生活垃圾产生量也更高。孟加拉国农村地区人均每天生活垃圾产生量仅为 0.15 千克，而其城市地区每天生活垃圾产生量高达 0.5 千克

（Hoornweg and Bhada – Tata，2012）。我国农村生活垃圾产生量在 2010 年就已经超过城市，2010 年的农村生活垃圾产生量为 2.34 亿吨，远超过城市当年产生量（1.57 亿吨），而且农村人均年生活垃圾产生量与部分发达国家不相上下（黄开兴等，2012），与此同时，城市固体垃圾也被大量运往农村，即所谓的"污染下乡"（康晓梅，2015）。

2.3　生活垃圾终端处置方式选择及其社会福利评估

当前世界范围内，生活垃圾管理的终端处置设施具体包括焚烧、填埋、堆肥及其他，而主要的处置方式是填埋和焚烧，因此，对填埋和焚烧的处置过程及其排放结果对人类健康及环境生态的潜在影响也相对研究得更多。也正是由于生活垃圾焚烧及填埋处置设施潜在的负外部性影响，世界范围内针对填埋场及焚烧厂选址的"邻避"运动①冲突频现。在城市范围内，生活垃圾由市政当局进行统一收集处置，而在不同国家，甚至一个国家内不同地区对于生活垃圾的处置设施供给选择也具有较大差异。

正是因为不同生活垃圾终端处置设施均会对环境及公众健康造成不同程度的影响，对于政策制定者而言，为了更好地理解生活垃圾问题在环境生态、社会福利以及经济可持续发展所扮演的角色，科学合理制定环境外部性矫正政策的前提之一是要对各种生活垃圾处置方式的外部成本进行经济价值评估，以此量化社会福利。在生活垃圾管理过程中造成的环境外部性影响及其社会福利评估早已受到发达国家的重视，也进行了一系列的国家研究项目（European Commission，2000；Kiel and McClain，1995），以此来量化不同垃圾处置设施的社会福利。以下分别从不同生活垃圾终端处置设施供给的外部性、偏好次序及其社会福利评估研究进行综述。

---

① 邻避（not in my back yard（NIMBY）），《牛津英语词典》（*The Oxford English Dictionary*）认为，这个缩写词最早出现在 1980 年的《基督教科学箴言报》（*The Christian Science Monitor*，November 6，1980）上，文章作者艾米莉·崔沃·莱芙兹（Emilie Travel Livezey）指出："在他们附近建一个安全的垃圾填埋场的想法对今天的大多数美国人来说都是令人厌恶的"，而实际上该词早已在危险化学废物行业里出现过。

2.3.1　生活垃圾终端处置设施供给的外部性

所有生活垃圾终端处置设施供给的外部性在收集、运输及最终处置阶段均有体现，同时这些不同处置设施的外部成本大小取决于垃圾的组成成分、处置技术及处置方式的选择。由于填埋和焚烧是当今世界范围内主要的处置方式（Giusti，2009），因此，下文仅对这两种处置方式的外部性及其外部成本评估进行综述①。

填埋与焚烧均会在不同程度上对空气、土壤、水体、植被、气候、社会福利及公众健康造成负面影响，具体如图 2.2 所示。

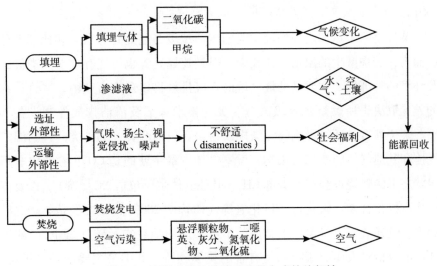

图 2.2　不同生活垃圾终端处置方式的外部性

无论从区域还是全球范围来看，人们对垃圾填埋的长期环境影响了解得相对较少（Defra，2003）。一般而言，垃圾填埋会产生一种主要温室气体——甲烷（CH_4），虽然它的大气寿命较短，但它是比二氧化碳更强的温

---

① 对于其他处置方式的研究，更多的是基于纯粹技术角度的研究，例如，堆肥（Tripathi，2013）、厌氧（Ren et al.，2018）、气化热解（Tong et al.，2018）等。

室气体（greenhouse gas，GHG）。据欧洲环境署测算，2007 年，欧盟由于生活垃圾处置所产生的 GHG 占到排放总量的 2.6%（EEA，2007）。尤其是可降解垃圾的填埋会产生碳排放量比 CO_2 高 25 倍的甲烷（CH_4），生活垃圾的 GHG 排放是气候变化的重要因素。对不同组成成分的垃圾进行填埋，相应也会产生不同的环境影响，就空气排放物而言，在填埋场封场之后的 25 ~ 30 年内依然会持续产生填埋气体（主要是 CO_2 和 CH_4）。就填埋渗滤液排放而言，通常含有高浓度的有机化合物和重金属，如果不得到妥善的处置，不仅会污染地下水甚至地表水，也可能影响土壤及农作物，还会对人体健康造成伤害，而渗滤液排放会持续几百年（European Commission，2000）。同时，有毒或致癌的挥发性有机化合物（如苯和氯乙烯）可能引起邻近区域公众健康问题（Dummer et al.，2003；Elliott et al.，2001）。

焚烧是除了填埋之外的最主要的生活垃圾终端处置方式，相比填埋处置而言，焚烧产生的温室气体较少，但是焚烧处置也可能存在对人类健康及环境的外部性，主要是焚烧之后的空气排放物以及有害残渣，其排放物的差异取决于所燃烧的垃圾成分、焚烧技术水平及清洁排放控制设备水平。焚烧处置对环境影响的污染排放物主要包括两类：第一类是包括温室气体和其他气体的空气污染物，温室气体中最主要的是 CO_2，在特定非理想状态下的焚烧也会产生少量 CH_4，其他气体主要包括 NO_x、SO_2，以及挥发性有机化合物、氟化氢、氯化氢等（Giusti，2009）；第二类是燃烧之后的飞灰及残渣，飞灰包括重金属、不可燃烧的颗粒物及碳（烟尘），残渣则可能包括对人体健康及环境有害的化学物质，其中最主要的是二噁英、汞、镉、铅、铬、铜、锰、镍及砷（Macauley et al.，2003；Sharma et al.，2013）。

此外，无论是生活垃圾填埋场还是焚烧厂，其建设选址以及建成之后将垃圾运往垃圾处置设施的过程，均会对周边环境及公众健康造成负面影响（European Commission，2000）。已经有很多学者对于垃圾处置的设施对周边居民的健康影响进行了研究（Elliott et al.，1996；Miyake et al.，2005；Porta et al.，2009），虽然这些研究并没有得出稳健显著的负外部性，但是由于存在一些疾病的潜在风险，生产垃圾填埋场、焚烧厂及其他处置技术会对居住在附近的人们造成巨大的心理压力（Marques and Lima，2011）。填埋或焚烧都会在不同程度上产生气味、灰尘、视觉侵扰及噪声等导致人不舒适的外部性，影响程度取决于离垃圾处置设施的距离远近、垃圾处置类型、地理区位及不同的垃圾处置设施场（厂）。

2.3.2　生活垃圾终端处置设施供给的偏好次序

在众多发达国家与生活垃圾终端处置方式选择有关的政府文件或者环境政策法规中，对于生活垃圾的管理偏好有一个大体相似的优先次序，具体体现在图 2.3 的固体废物管理金字塔（waste management hierarchy）中。

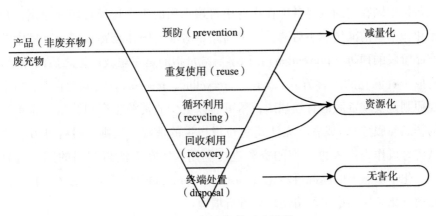

图 2.3　固体废物管理金字塔

在图 2.3 中，对于生活垃圾的全流程管理，由上至下优先层级次第下降，最优先的层级是预防（prevention），是指在产品设计和制造过程中，使用尽可能少的资源，让产品生命周期更长同时使用更少的有害物质；其次是重复使用（reuse），是指对使用过的产品进行检修和翻新以便重新使用；再其次是循环利用（recycling），是指将固体废物变为新的资源或者产品，包括符合标准的堆肥；再次是回收利用（recovery），是指经厌氧消化和焚烧等手段将废弃物转化为能源，或者气化、热解废弃物来产生能源

（燃料、热能）和资源进行回收；最后是终端处置（disposal），指不回收能源的焚烧及填埋。

因此，整个生活垃圾管理策略体现了一个原则，即实现资源有效，具体表现在事前减量（ex ante reduction）和事后减量（ex post reduction），前者对应于产品设计和制造过程环节，用尽可能少的资源生产更多的物品与服务，后者对应于垃圾产生之后的处置环节，其中的首要原则就是将垃圾资源化，两者均指向资源有效。经济学最优化的最大问题就是资源约束，约束条件的放松，相应会带来均衡解的变化，最优政策设计也是因为在有限的资源约束下，个体行为选择的外部性，导致无法通过市场的方式将资源配置为最优状态。无害化则是对少数惰性垃圾处置的要求，而最常用的方式就是填埋。

与固体废物管理金字塔的优先次序相对应，减量化、资源化及无害化是包括中国在内的世界各国在实践中普遍采用的生活垃圾管理三原则，减量化包括事前减量和事后减量，事前减量对应于固体废物管理金字塔中的产品阶段的预防（prevention），而事后减量指的是在垃圾产生之后的减量，对应于资源化的三种方式（reuse，recycling，recovery）。而贯穿其中的主要原则是实现资源的有效利用，尽可能以更少的资源生产同等量或者更多的物品与服务①，或者在无法避免垃圾产生的情况下，则通过各种方式尝试将垃圾作为投入再生产的资源进行利用，实在无法再利用的则进行物理、化学形态上的能源再转化（waste to energy，WTE）②。最后才是将少数物理、化学形态稳定的惰性垃圾进行填埋。

也就是说，根据固体废物管理金字塔，生活垃圾终端处置包括两部分：一部分是属于生活垃圾管理中的事后减量管理，例如，进行热能、电能的回收，由于欧盟对严格的环境管制，老的焚烧厂已经全部关闭，如今欧盟所有的垃圾焚烧厂均是带能源回收的焚烧厂（Dijkgraaf and Vollebergh，

① 这主要体现在事前减量上，欧洲也开展了帮助商业企业实现资源有效的一系列计划，例如，德国旨在减少包装垃圾的绿点计划（green dot system）（Brisson，1993）。

② 主要体现在通过 3R 原则进行事后减量，根据 OECD 的定义通常将重复使用（reuse）和循环利用（recycling）统称为回收（参加 OECD Decision（2001）107/FINAL），而回收利用（recovery）则对应于通过生活垃圾终端处置设施进行能源回收。

2004）；另一部分则是对终端处置在回收利用（recovery）之后惰性垃圾的填埋处置，如图 2.4 所示。

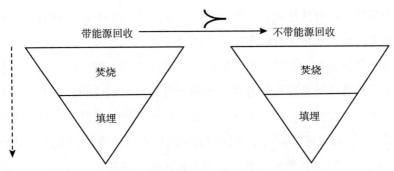

图 2.4　生活垃圾终端处置方式的优先层级

　　图 2.4 中的＞表示偏好于或者优于①，世界各国普遍采用前文所述的 3R（reuse，recycling，recovery）作为生活垃圾资源化管理的原则，符合资源有效的基本逻辑，但是对于最终处置方式的选择，固体废物管理金字塔的经济有效性，在学者的研究中，并没有得到一致的认可，虚线箭头表示在学术研究或各国实践中存在争议的偏好顺序，也就是说，生活垃圾最终处置选择到底是焚烧还是填埋，基于不同的评价标准、不同的评估方法、不同的评价指标、不同的地理区位环境及不同国家的评估结果。

　　相对而言，填埋处置在生活垃圾处置金字塔中是最低级别的处置选择，因为填埋处置既无法起到垃圾减量的作用，也没有将垃圾当作资源使用，与此同时，填埋还会产生导致气候变化的温室气体，垃圾渗滤液存在着渗漏至空气、水体及土壤中的风险。此外，填埋会消耗大量土地，尤其是在人口密集的东南亚，土地价值较高（Lang，2005；Ozawa，2005；Yang and Innes，2007），填埋处置缺乏经济效率。因此，对于垃圾处置方式的选择，还依赖于土地的稀缺程度，例如，在美国人口更加密集的东北部地区，焚烧处置量占到 36%；在日本和部分欧洲国家，由于其人口密度

---

　　①　这里的偏好于（＞）概念并不等同于微观行为人选择中的选择偏好，仅仅是基于生活垃圾管理金字塔原则的偏好次序。

和高土地价值，焚烧处置成为首选，日本将近70%的生活垃圾是焚烧处置；瑞士和丹麦的垃圾焚烧处置量也达到了近50%（Fullerton and Raub，2004）。值得一提的是，垃圾填埋场也有可能产生正的外部效应，由于垃圾填埋场的主要气体排放物是甲烷，现代化卫生填埋场的甲烷排放可以通过燃烧来减少，甚至还可以用来生产能源。

垃圾焚烧处置，尤其是带能源回收（WTE）的垃圾焚烧发电厂，通常被认为是生活垃圾终端处置方式中较填埋处置更好的选择，尤其是将垃圾转换为能源的垃圾焚烧厂，不仅可以减少终端垃圾处置总量，同时能产生电能及热能，而且还符合《京都议定书》对温室气体排放的要求（Miranda and Hale，1997）。垃圾焚烧处置也曾经被认为是解决生活垃圾问题和能源危机问题的两全之策，自20世纪70年代全球能源危机以来，在一些斯堪的纳维亚国家，将垃圾焚烧热能转换为能源一直是国家能源的一部分（Tilly，2004）。但是，垃圾焚烧厂也会有外部性，例如，焚烧产生的排放物、污染物以及有害残渣（二噁英、飞灰），也会影响垃圾处置方式的选择，并且垃圾焚烧厂相对于采取规范方式防渗透的现代化卫生填埋场而言，其建造成本更高①。因此，公众并不认为焚烧是一种安全的处置方式，1999年，欧洲仅有18%的生活垃圾是通过焚烧进行处置的，2001年，美国垃圾总体焚烧处置量仅占全部生活垃圾处置的7%。

此外，当前对于生活垃圾处置决策的研究中，也有众多侧重于对生活垃圾处置技术选择的研究。比如，运用基于信度理论的（technique for order preference by similarity to ideal solution，TOPSIS）方法来评估 MSW 处置方法的绩效（Aghajani Mir et al.，2016；Roy et al.，2016），以及采用改进的模糊 TOPSIS 方法来评估 MSW 处置方法及选址（Ekmekçioğlu et al.，2010）。

---

① 垃圾填埋在各国各有差异，但是现代化垃圾卫生填埋场的基本设计规范是相似的，拉纳等（Laner et al.，2012）对各国的垃圾填埋进行了综述，现代化卫生填埋场包括将废物与地下环境系统分离开来的垃圾渗漏防护层系统、收集和管理渗滤液及气体的系统、垃圾填埋完成后的最终覆盖层系统。而且几乎所有的工业化国家都会持续要求填埋场封闭的事后处置，直到没有事后处置时，对人类健康和环境才不会造成影响。

2.3.3 生活垃圾终端处置设施供给的社会福利评估

由于不同的生活垃圾终端处置设施供给均存在不同程度、不同类型的负外部性，在对不同生活垃圾处置设施的运行成本进行测算时，除了考虑生活垃圾收集、运输及不同处置方式全过程的直接经济成本，还要考虑因为这些垃圾终端处置设施的供给导致的环境恶化和社会公众心理的压力，从而会影响个人的福利水平。同时，个人的福利水平又取决于其对终端处置设施的偏好和收入状况，例如，如果在某地区供给生活垃圾终端处置设施导致了环境恶化，设施所在地居民的福利水平就会下降。由于福利水平是一个主观和抽象的概念，因此，需要找到一个测量尺度来量化因为环境质量改变导致的福利水平变化，从而衡量出具体的货币化经济价值。通常采用最多的社会福利测量尺度是支付意愿（willingness to pay，WTP）和接受意愿（willingness to accept，WTA）。例如，对于空气中细颗粒物导致的哮喘，不仅应该考虑治疗哮喘的医疗成本，也要考虑个人为了避免或者预防哮喘的支付意愿（willingness to pay，WTP）（Rabl et al.，1998）。因此，对各种处置方式外部性的经济价值进行定量评估，是科学合理选择垃圾处置方式、尽量减少垃圾处置对环境及公众健康影响的必要前提。

这也是环境经济学家自 20 世纪 90 年代初以来一直在努力尝试的工作（Eshet et al.，2006），尤其是在发达国家或地区，例如，美国、欧盟、英国，均有学者（Kiel and McClain，1995），甚至有专门的国家研究项目（Defra，2003，2004；European Commission，2000）对不同生活垃圾的外部经济成本进行定量评估，这些研究也为之后在欧盟及其他国家的许多类似研究提供了基础数据（Eshet et al.，2006）。基于荷兰的环境成本数据来估计填埋与焚烧的社会成本研究表明，若只考虑环境成本，焚烧是更优的选择，但是其私人成本太高，带能源回收及不带能源回收的私人成本分别为79 欧元/吨和 103 欧元/吨，相较于填埋私人成本（带能源回收为 36 欧元/吨、不带能源回收为 40 欧元/吨）而言，填埋是更优的选择，如果考虑包括私人成本及环境成本的总社会成本，填埋是边际社会成本更低的选择，而带能源回收的填埋成本则会更低（Dijkgraaf and Vollebergh，2004）。基于欧盟开展的能源外部性评估项目 ExternE① 的评估结果，分别对填埋及焚烧的外部损害经济成本进行了评估，评估发现，焚烧的外部成本波动范围较大，具体取决于不同的能源回收方式，而填埋的能源回收相对较小，因而外部成本波动相对较小，焚烧回收热能的收益远远大于回收电能的收益（Rabl et al.，2008）。同时，人口密度的差异预期会通过降低收集和回收的成本，从而增加不同处置方式的经济波动性（Karousakis，2009）。

在当今的技术条件下，世界范围内的垃圾焚烧厂建设和运转的固定成本较高，需要用不断焚烧垃圾产生的规模效应来降低平均成本，而且当地的实际情况也不一定能够保证垃圾焚烧厂持续运作下去，如果垃圾产生量无法满足焚烧厂的需求，则会导致其出现财务危机（Fullerton and Raub，2004）。有学者认为，从成本收益的角度来看，焚烧的外部成本确实比填埋要低，但是其内部成本却足够高，因此，焚烧的总社会成本比填埋高，而净成本最低的垃圾处置选择似乎是通过收集甲烷来用于能源回收的填埋处置（Dijkgraaf and Vollebergh，2004）。

虽然垃圾处置方式的决策者是各地方市政当局，但是垃圾处置方式选择的最终受益者却是社会公众。当前研究多数集中在以上单方面基于总社会成本收益及环境影响的供给侧来进行生活垃圾处置选择的研究，少有研究从需求侧来评估公众对于不同生活垃圾处置方式的接受意愿，而现有的需求侧相关研究主要采取的是实验方法，样本量较小，难以具有推广性，例如，坂田（Sakata，2007）使用选择实验方法，通过联合分析（conjoint analysis，CA）来评估居民对给定政策的 WTP，以此来分析居民对当地政府的垃圾收集服务需求。美国的一项调查表明，垃圾焚烧厂是他们最不想要在社区里建设的垃圾处置技术，居民的风险感知态度与核电站类似（Rogers，1998）。考虑垃圾处置方式选择供给侧和需求侧的研究相对较少，例如，基于消费者和家庭的视角，通过选择实验的方法，直接评估消费者

---

① ExternE 是欧盟自 1990～2005 年开展的"能源外部成本"评估项目的简称，随着项目研究的开展，逐步发展并完善了用于计算环境外部性的影响途径法（impact - pathway - approach，IPA），其中就包括对于垃圾管理方式外部性的评估。详见 http：//www. externe. info/externe_d7/。

对于生活垃圾处置选择方式的偏好和 WTP，从需求侧来研究马来西亚到底应该采取哪种垃圾处置方式，研究发现，无论在垃圾处置的质量还是效率方面，均存在供需失衡（Pek and Jamal，2011），但是研究范围仅仅局限在马来西亚的小型传统填埋场与卫生填埋场之间的比较。

　　然而将社会福利量化价值纳入社会总成本收益评估的比较结果中，并不是选择生活垃圾处置方式的唯一标准，因为不同文化、不同区域的人群对于环境质量的偏好并不总是能够用货币经济成本的方式来进行表述。例如，对于土地资源的使用或者土地的可用性是非常关键的因素，在土地资源非常稀缺的部分欧洲地区，焚烧会是更受偏好的处置方式，即使其相对成本更高。所以，除了考虑货币经济价值外，还要考虑非货币性标准的多准则分析，例如，与利益相关者协商，这种方法已经在欧盟 SusTools 项目的利益相关者研讨会上成功进行了测试（Rabl et al.，2008）。

　　综上所述，对于生活垃圾终端处置设施供给，由于不同国家的不同社会经济因素差异以及其空间异质性，不能一概而论，而对于终端处置设施供给的选择，是在模糊和不确定信息情况下的多元决策问题，因此，对于生活垃圾，是焚烧还是填埋，不仅取决于两种处置方式的排放状况，还取决于两种处置方式的技术选择，以及所有与处置方式相关的私人成本及环境外部成本等社会福利估计，包括各自的能源回收特性。也就是说，对于生活垃圾终端处置供给，需要对于不同处置设施的所有成本及收益进行系统性比较。

2.4　空间计量研究

　　空间因素对于环境经济问题起着重要的作用，忽略空间因素可能会遗漏重要变量，从而导致模型估计参数偏误（Anselin，2001）。根据地理学第一定理（Tobler，1970），基于地理区位收集的样本数据彼此之间往往并非独立，而是存在空间依赖关系，通常相隔较近的空间单元之间会比相隔较远的空间单元之间的空间依赖关系更强。城市生活垃圾是人们经济生活的伴生物，有人类的经济活动，就会产生生活垃圾，而且经济模式的变化也必然会影响生活垃圾产生量和种类的变化。因此，经济活动的空间相关特征也必然会影响生活垃圾的空间特征。

新古典经济基于理性人假设的个体行为决策解释，不考虑个体及社会间的交互作用影响，对个体及社会行为的交互作用进行建模（Akerlof，1997；Glaeser et al.，1996），为分析经济社会现象提供了新的视角。例如，空间溢出效应、网络效应、邻里效应及同侪效应，为了实证检验个体及社会间的空间交互作用，需要在模型设定中明确考虑空间效应（Brueckner，2003）。

将空间效应分为空间相关性及空间异质性是经典的分类方法（Anselin，2010）。空间相关性，指的是基于地理空间（或社会网络空间）观测值，其相对位置顺序的结构，会导致随机变量间的协方差相关，这种空间相关与时间序列相关类似，但是并不是时间序列在二维空间上的直接扩展；空间异质性，是类似于标准计量经济学中常见的观测或未观测到的异质性，处理空间异质性并不需要像处理空间相关性那样需要专门的方法，唯一的空间特性体现在观测值的空间结构可能会提供额外的估计信息。

在资源与环境经济学中，对于地理信息系统及空间分析的研究越来越多（Bockstael，1996）。空间计量经济方法在经济学以及社会科学中的广泛运用，主要是基于理论与实证两方面的原因。

其一是理论范式的转变。对于区域科学及城市经济学中相互作用的主体及新经济地理模型中各种形式的空间外部性、集聚经济和溢出效应（Fujita et al.，1999），尤其在2008年诺贝尔经济学授予了在空间经济学和新经济地理学研究做出卓越贡献的保罗·克鲁格曼之后，空间经济理论范式的传播和应用日益广泛（Fujita and Thisse，2009）。

其二是实证研究的需要。通过空间抽样设计获取的环境特征观测值通常具备典型的空间特性，例如，用卫星图像来估计土地使用和土地覆盖，以及通过空气监测点即水质监测站的传感器来获取相应的观测数据，与此同时，基于个体、机构、区域或者国家的经济数据通常又是完全不同的统计抽样框架，此外，无论是经济数据还是环境数据的收集，都不一定与所要研究现象的空间尺度完全相匹配。安瑟林（Anselin，2001）从空间数据及空间效应两个角度对于在环境与资源经济学实证研究中出现的实践问题进行了总结，指出了由于在实证研究中出现的空间插值及空间尺度等数据问题以及离散或连续的空间变化、条件相关（conditional dependence）及联立相关（simultaneous dependence）的空间效应设定，因此，在实证研究中需要采用明确的空间计量方法。在对于环境和自然资源管理问题上，对空间相关或空间异质性进行建模估计也变得越来越普遍（Irwin and Bockstael，2004）。

空间计量经济学已经从 20 世纪 70 年代初至 80 年代末的城市和区域经济应用分析边缘成为了 21 世纪以来的经济学及其他社会科学的主流研究方法（Anselin，2010）。计量经济学对于空间效应的关注已不再是纯粹统计学上对空间模式和空间随机过程的关注（Whittle，1954），也不仅仅是区域科学模型统计分析中处理空间特性的方法集合（Griffith and Anselin，1989），而是主流计量经济学理论和实证的重要组成部分。

统计学比经济学更早关注空间效应及空间数据分析，最早可以追溯到惠特尔（Whittle，1954）的开创性成果，以及此后的一系列经典文章（Besag，1974；Besag and Moran，1975；Ord，1975）。空间计量经济学早期的理论及方法研究主要体现在区域科学及定量地理研究中，在主流的经济学和计量经济学研究中通常被经济学家们所忽略（Anselin，2010）。20世纪 70 年代初，地理学领域的定量革命（Golledge et al.，1969；Tobler，1970）及区域与城市经济学的研究（Fisher，1971；Granger，1975）逐步将空间视角的运用引入经济学研究的方法中，且为空间计量经济学之后的发展奠定了基础。

安瑟林（Anselin，2010）将帕林克和克拉森（Paelinck and Klaassen，1979）出版的《空间计量经济学》作为空间计量经济学发展的历史起点[①]，

---

① 同时文章也提到，空间计量经济学这个术语的引入比这个时间更早，在佩林克（Paelinck）为 1966 年法语语言区域科学协会（Association de Science Regionale de Langue de Fran-caise）年会上编写的一份报告中也提到有这种想法的早期先驱。

因为它首次全面对空间计量经济学领域及其独特方法论进行了概述。基于此，将空间计量经济学的发展过程分为三个阶段。

第一阶段是20世纪70年代初至80年代末的增长的先决条件阶段。这一阶段的理论集方法研究主要集中在区域科学和定量地理学领域（Tobler，1970），并未进入主流计量经济学的视野。

第二阶段是20世纪90年代开始的起飞阶段。在这个阶段，与空间计量分析有关的社会科学研究呈指数增长（Goodchild et al.，2000），空间分析视角开始被主流计量经济学家所采用（Conley，1999）。研究范畴超出了标准线性回归范畴，受限因变量模型也开始考虑空间效应，例如，空间Probit模型（Case，1992）、地理加权回归作为处理空间异质性的扩展方法的出现（Fotheringham et al.，1998）。另外，新出现的范式是空间滤波，即一种对模型中的变量进行转换的方法（Getis，1995）。对于估计量和统计检验渐近性质的正式推导成为标准，开始关注各种估计方法的小样本性质。

第三阶段是在21世纪初达到的成熟或稳定阶段。2006年，空间计量经济协会（Spatial Econometrics Association）的成立标志着这个时期的空间计量经济学已经成为主流，涉及空间计量经济学的教材开始广泛出现（Haining and Zhang，2003；LeSage and Pace，2009）。此外，有关空间面板模型的研究也显著增长。

各个阶段在模型设定、估计方法、检验设定及空间预测方面都有不同的关注侧重点。总的来说，模型设定越来越一般化，估计方法也越来越丰富，由极大似然估计（Ord，1975）扩展到工具变量法（Anselin，1980）、广义矩估计（Kelejian and Prucha，1999）及贝叶斯方法（Lesage，1997）。当今对于空间计量经济学的定义及研究范围界定，已经不再局限于统计学或者区域科学及城市经济学范畴。空间计量经济学，指的是计量经济学理论与实践的重要组成部分，由于涉及在截面和时空观测值中呈现出的空间特征，在模型设定、估计方法、设定检验及预测中，需要明确考虑与位置、距离或布局（拓扑）有关变量的空间效应设定（Anselin et al.，2006）。

孔令强等（2017）对 2014 年中国城市生活垃圾排放特征进行聚类检验，结果显示，中国城市生活垃圾排放存在区域性，并将全国按照经济发展程度高低和排放高低分为四个维度，认为应该加强城市生活垃圾的时空分布研究。经济变量以及社会人口统计变量的观测值通常存在基于地理的或者社会经济网络的空间集聚以及溢出现象，很多学者也已经将空间相关关系纳入研究框架中（Elhorst et al.，2010；Moscone et al.，2012；Francesco Moscone and Knapp，2005；Revelli，2005）。因此，在生活垃圾问题的研究中，应该考虑城市生活垃圾的时空分布特征。

2.5　本章小结

面对生活垃圾终端处置的巨大压力，可以观察到如下基本事实：第一，无法完全被大自然自我消纳或降解的巨大生活垃圾流量及日益积累的存量；第二，生活垃圾从产生到终端处置的全过程均会对公众健康、环境及经济发展产生负面影响。根据以上观测到的典型事实，从逻辑上不难得出研究的基本猜想：源头垃圾产生量的不断增长，以及垃圾减量政策未能将垃圾产生量控制在处置能力范围内，或者说垃圾产生量超出了终端处置能力的设计预期，在此背景下，增加生活垃圾终端处置设施供给势在必行，但是由于终端处置设施对周边公众健康、环境及经济发展的潜在负面影响，其成本收益在空间分布上具有典型的不均衡特征，导致"邻避"效应出现。立足本书的基本思路，以上从经济学的视角来对生活垃圾问题进行研究的文献，主要从以下几个方面来进行。

首先，生活垃圾的最优政策设计。垃圾产生量之所以成为问题，是因为公众家庭作为产生生活垃圾的决策主体，其垃圾产生的行为具有典型的外部性特征，效用最大化的行为人每增加一单位垃圾的成本几乎为零，但是社会边际成本却大于零，导致其产生量并不能通过市场机制的调节来达到合意的资源配置状态。因此，当前文献对于生活垃圾问题的研究中，尤其是早期的研究中（Smith，1972；Wertz，1976），如何通过设计合适的政策来矫正这种负外部性，改变家庭处置垃圾行为的激励，引导家庭的决策行为朝最优资源配置的均衡点趋近，一直是研究的关键问题。

其次，垃圾产生量驱动因素及其变化趋势。面对垃圾日益增长的典型事实，除了通过最优政策设计减少垃圾产生量，使之成为合意的资源配置水平之外，为了实现长期的经济增长，保持资源使用的长期可持续性，还要尽力实现资源有效，即尽可能以更少的资源生产同等量或者更多的物品与服务，以此来支撑长期经济可持续增长。想要抑制垃圾产生量的增长，必须弄清楚到底是哪些因素在驱动垃圾产生量的增长。随着时间的演变，生活垃圾产生量在过去是如何随着这些因变量在变化，在未来会与这些影响因子之间呈现出怎样的长期趋势，而其中最核心的，也是最引人关注的变量就是经济增长，经济增长与垃圾产生量之间的动态关系如何，这些都是当前对于生活垃圾定量研究中较多关注的问题。

最后，生活垃圾终端处置供给选择及其社会福利估计。在无法避免垃圾产生的情况下，基于资源有效的目标，则需要通过各种技术手段将垃圾作为可用于再生产的资源进行使用，因此，就有了生活垃圾在产生之后的首要处置原则——资源化，具体体现在重复使用（reuse）、循环利用（recycling）及回收利用（recovery），最后才是将少数物理、化学形态稳定的惰性垃圾进行填埋。对于无法被资源化的生活垃圾，其最终处置过程也会有显著的外部性特征，因此，对不同生活垃圾终端处置的外部性、与之相关的外部经济成本、社会福利评估以及不同国家或地区在选择不同处置方式上的差异进行研究也是当前研究的重要方向。

以上研究实际上的核心都是围绕资源有效或者是以资源有效为目标而进行的，具体体现在短期资源有效及长期资源有效两个方面。

短期资源有效，指的是短期资源配置状态是否是社会合意的水平。经济学家观测到的生活垃圾在短期呈现出两个典型事实：其一是流量巨大，且存量日益增长；其二是对环境、生态系统及公众健康的危害。面对这两个现象，基于理性人假设与资源稀缺假设的经济学研究视角，垃圾产生量多少及垃圾对环境的危害程度是否是社会合意的水平，首先需要考虑的是，是否出现了市场失灵，如果产权界定清晰，价格信号能够反映交易双方的全部成本或收益，且交易成本为零，没有第三方的影响，那么资源配置状态就是有效的，但是这些情况在生活垃圾问题中并不能得到满足，其中最主要的问题就是其生活垃圾在产生、收集及处置的全过程均会有负外部性。

　　长期资源有效，指的是考虑跨期资源配置是否是社会合意的水平。生活垃圾产生量巨大的背后是大量的原始材料及自然资源的消损，由于未来期的公众对当期的生产与消费决策中所投入的资源没有话语权，也无法参与到行为决策中，因此，对于资源配置的有效性问题，除了考虑当期行为人的静态均衡行为外，还需要考虑长期的跨期动态均衡，也就是要考虑长期的资源可持续性。很显然，如果作为消费行为伴生品的生活垃圾的大量增加，并且无法被生态系统自我消纳，同时资源自我更新的速度低于垃圾产生量的速度，那么就无法达到长期资源可持续性的目标。当前对于生活垃圾管理问题的研究关注焦点及逻辑联系具体体现在图 2.5 中。

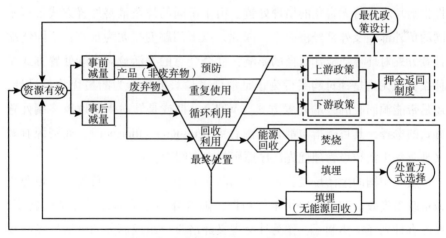

图 2.5　本书相关的研究文献逻辑关系

　　经济增长是世界各国实现诸多社会目标的必要路径，资源有效就是尝试用尽可能少的资源生产同等量的甚至更多的物品或服务，也就是用更少的资源消耗支撑同等的甚至更大的经济增长，或者说同等量的消费，尽量减少其中的垃圾比例，也就是所谓的事前减量。由于垃圾产生的过程是消费者自发决定，因此，从经济学视角来看，哪些因素导致垃圾产生量的增加？最优的垃圾产生量在什么水平？当期垃圾产生量是否是最优的？如果不是最优的，如何采取政策设计来改变消费者的激励，影响企业的生产行为、消费者的消费行为，从而产生社会合意的垃圾量（上游政策）。

在无法避免垃圾产生时，则要尽量进行事后减量，指的是在垃圾产生之后的生活垃圾资源化，尽可能将生活当作资源进行物质回收或能源回收。将能够重复使用、循环利用的生活垃圾进行回收，但是消费者作为分散的垃圾处置行为主体，并不一定会有激励去进行垃圾回收，因此，最优政策设计要矫正个体决策中的负外部性（下游政策）。理论及实践研究发现，将购买相关的最优政策与处置相关的最优政策组合使用会更加容易实施，也更容易有效（押金返还制度）。对于无法再使用或循环利用的生活垃圾，则要通过物理或化学技术手段进行能源的回收利用，例如，垃圾焚烧热力厂或电力厂、带甲烷回收系统的垃圾填埋场，将生活垃圾作为产生热能或电能的投入资源（WTE）。最后，将那些无法被再使用或利用的惰性生活垃圾进行无害化的填埋处置。由于不同的垃圾最终处置方式各有不同的负外部性及外部经济成本，因此，以下问题变得尤为重要：不同终端处置方式对环境造成什么样的影响？社会合意的生活垃圾终端处置方式是什么？而无论是针对购买行为还是消费者垃圾处置行为的最优政策设计，还是带能源回收的终端处置方式（WTE），抑或是针对生活垃圾终端处置方式的选择，其目标指向都是资源有效（resource efficiency），而资源有效又是驱动生活垃圾管理优先次序原则的内在因素。

反观中国的生活垃圾管理，当前状况并不尽如人意。首先，垃圾源头减量政策失效。20世纪80年代初期，随着计划经济向市场经济的转型，在原有计划经济体制下，作为社会主义经济重要组成部分的生活垃圾收集和回收系统逐步瓦解（Tong and Tao，2016）。为解决城市生活垃圾管理问题，原建设部于2000年确定北京、上海、广州、深圳、杭州、南京、厦门和桂林八个城市作为生活垃圾分类收集试点城市①，随后又颁布诸多涉及

---

① 详见2000年建设部发布的《关于公布生活垃圾分类收集试点城市的通知》。

开展生活垃圾分类收集的政策法规[①]，但是生活垃圾分类收效甚微（Han et al.，2016）。其次，垃圾终端处置对环境及公众健康危害严重且面临着巨大的处置负荷压力。相比自然环境中的动物而言，距离人类较近的动物体内往往带有抗生素残留或含抗生素抗性的微生物（Kozak et al.，2008）。作为人类活动伴生品的生活垃圾中往往也有抗生素残留，而且垃圾填满场从开始填埋到最后封场，整个过程会持续产生渗滤液（黄福义等，2017）。中国的生活垃圾中有机质含量超过 50%，这些有机质由于含水量高，并不适合焚烧，而且在填埋时也更容易产生渗滤液（Hoornweg et al.，2005）。黄福义等（2017）对厦门某垃圾填埋场附近河流中的抗生素基因进行了分析，结果显示，垃圾填埋场下游河流中抗生素抗性基因检出率、富集倍数都显著增加。垃圾焚烧在中国越来越流行，但是设施不总是符合设计标准，特别是在污染控制方面，所有新的焚化炉都要符合日本—欧盟对于二噁英和汞的标准（Hoornweg et al.，2005）。但是，多数垃圾焚烧厂出于节省成本的目的，导致焚烧排放物含有二噁英、呋喃、重金属及飞灰等（Zhao et al.，2010），造成严重的空气污染。据调查显示，城市垃圾中含重金属的煤灰混入在堆肥有机物中（Hoornweg et al.，2005），使得堆肥的质量下降，此外，生活垃圾中的煤灰还会降低垃圾焚烧的效率。

旨在抑制生活垃圾产生量的垃圾减量政策失效、不规范的垃圾处置、超负荷运转的垃圾终端处置设施严重威胁着居民健康和社会经济的可持续发展。中国城市生活垃圾问题已不容忽视，而当前国内对于城市生活垃圾问题的研究，更多侧重于垃圾分类回收利用、垃圾管理服务和终端处置技术特性（徐林等，2017）。

综上所述，在当前国内外文献中，可能的研究缺陷有以下几个方面：第一，对于生活垃圾终端处置压力日趋增加这一可观测的典型事实，国内研究少有溯源至预防和减量的角度来解析生活垃圾产生量与经济发展的动

[①]　如 2003 年发布的《中华人民共和国清洁生产促进法》、2005 年发布的《中华人民共和国固体废物污染环境防治法》、2009 年发布的《中华人民共和国循环经济促进法》、2011 年发布的《国家发展改革委关于印发"十二五"资源综合利用指导意见和大宗固体废物综合利用实施方案的通知》、2012 年发布的《国务院办公厅关于印发"十二五"全国城镇生活垃圾无害化处理设施建设规划的通知》及 2017 年发布的《生活垃圾分类制度实施方案》。

态演进过程，更鲜有从资源有效的视角来分析生活垃圾管理问题，而生活垃圾终端处置压力形成的根源是源头垃圾产生量的不断增长，从源头分析生活垃圾产生量与经济增长的耦合现状，可以帮助判定终端处置压力的现状、来源和未来趋势，对制定化解生活垃圾终端处置压力的政策具有重要意义。第二，对于解决生活垃圾问题，在当前国外研究中，更多的是从家庭决策行为出发的最优政策设计，侧重于设计最优外部性矫正政策，以此影响微观决策主体的生活垃圾处置行为。而具体到中国当前的终端处置危机，研究较少考虑差异化的终端处置方式对公众的社会经济福利影响，以及社会公众对于不同垃圾终端处置方式的接受意愿，更鲜见基于生活垃圾终端处置设施成本收益分布的空间不均等特征，同时考虑终端处置方式的供给侧生产行为及需求侧偏好信息、社会福利影响的研究。第三，当前对于生活垃圾问题的研究中对于空间因素的忽视。事实上，空间因素对于环境经济问题起着重要的作用，忽略空间因素可能会遗漏重要变量，从而导致模型估计参数偏误（Anselin，2001）。根据地理学第一定理（Tobler，1970），基于地理区位收集的样本数据彼此之间往往并非独立，而是存在空间依赖关系，通常相隔较近的空间单元之间会比相隔较远的空间单元之间的空间依赖关系更强。此外，传统的计量回归模型仅能够从全局层面识别解释变量与被解释变量之间的影响效应，但是基于地理区位搜集的数据，其参数影响效应尺度通常会存在空间波动性，用简单平均参数估计无法识别这种空间异质性（Budziński et al.，2018），而对这种空间异质性参数影响效应进行估计，可以拓展对于因果机制区域分布的认识。因此，在生活垃圾问题研究中，需要考虑这种空间相关性及空间异质性特征，有利于产生更加精确、稳健及特定区域针对性的实证结论。

第 3 章

理论框架建构

本章对研究设计中四个层层递进的模块进行了理论框架构建，基于当前中国各城市生活垃圾终端处置设施普遍处于高负荷运行状态的典型事实，由生活垃圾从源头产生、过程管控及终端处置的全逻辑链条来看，垃圾终端处置压力可能来自源头垃圾产生量的持续增长，以及生活垃圾管理政策未能将生活垃圾产生量控制在当前处置设施的负荷范围内。

首先，需要厘清当前中国生活垃圾源头产生量沿时间序列的增长态势及生活垃圾管理政策是否起到了抑制垃圾产生量的减量效果。以往研究表明，经济增长是驱动生活垃圾产生量持续增长的主要因素（Matthhew A. Cole et al.，1997；Mazzanti and Zoboli，2009；Rothman，1998；Wertz，1976），因而在对生活垃圾产生量与经济增长之间的动态时序耦合现状进行理论框架建构时，将生活垃圾流量及存量的动态变化过程纳入新古典经济增长理论框架中进行理论推导，以此在理论上架构出两者的因果机制理论模型。此外，基于收集到的当前中国主要生活垃圾管理政策实施的非实验数据，在进行当前中国生活垃圾管理政策的减量效果评估时，需要综合对比和筛选当前主要的政策评估理论方法，选择评估当前过程管理政策减量效果的合理计量估计方法。

其次，如果生活垃圾源头产生量与经济增长呈现出同步的持续增长态势，同时当前生活垃圾管理政策又未能将产生量抑制在终端处置设施的处置能力范围内，也就是说，如果对于当前生活垃圾终端处置压力形成机制的基本逻辑猜想得到了验证，则各地方政府势必要增加终端处置设施供给。鉴于生活垃圾终端处置设施的地理空间分布"邻避"特征，其供给行为并不仅仅只是市政当局单方面的行为，更需要考虑来自社会公众的需求侧信息，这也是当今生活垃圾终端处置设施建设如此敏感的原因之一。因此，从供给侧对生活垃圾终端方式选择进行分析时，本书将生活垃圾终端处置设施的建设看作各城市地方政府提供相应公共服务的生产行为，借助生产理论推导出终端处置方式选择供给行为的理论框架。

最后，从需求侧评估不同生活垃圾终端处置方式选择的社会福利影响时，缺乏可供直接观测的相关市场和价格信号，需要借助福利经济学理论框架构建基本概念，选择垃圾终端处置方式的社会价值评估方法，在社会调查中运用离散选择实验来收集社会公众的偏好信息，采取贝叶斯最优实验设计来尽量最大化受访者信息，减少研究偏误，最后用随机效用理论对受访者选择行为进行理论建模。本章余下部分详细阐释具体理论框架模型的建构及推导。

3.1 生活垃圾产生量与经济增长耦合关系的理论框架

经济增长是宏观经济学研究的永恒主题，也是提升居民平均生活水平的途径，但是随着经济的增长，环境污染问题日益显现。早期从宏观层面研究经济增长的理论并没有太多考虑环境因素（Forster，1980）。对于环境恶化的考虑，涉及空间与时间上的不同行为人的利益冲突。在空间上，由于个人所居住的地理区位的差异，导致其所享受的环境质量并不相同，因此，对于在经济发展过程中存在环境负外部性设施的建设选址，会导致不同空间地理区位上行为人的利益冲突；在时间上，当今的经济活动会对未来的后代福利产生影响，所以当今所创造的环境负外部性将由未来的其他人来承担，因此，对于当前人们的经济活动决策的社会偏好，需要在时间维度上考虑跨期最优选择问题。对于后者，90多年前，经济学家拉姆齐抛出了一个类似的经典跨期最优选择问题：一个国家应该储蓄多少（Ramsey，1928）？拉姆齐第一次用清晰的数学模型分析了一个国家当期的财富应该如何在消费与投资之间进行分配，如果投资更多，则当期消费更少，但是投资更多会增加经济的生产能力，从而使得在未来可以消费更多。但是在此后的 30 年间，研究经济增长的理论依然没有将跨期最优选择问题严格模型化，其中最典型的是索罗模型，作为现代宏观经济增长理论的经典基准模型，并没有考虑经济行为人的微观基础，也没有涉及跨期最优行为的处理，而是简单将行为人的储蓄行为固定为常数的储蓄率，储蓄带来的资本流量如果能够覆盖持平投资所要求的资本量，则资本存量就会增加，从而带来总产出的增加（Solow，1956）。在拉姆齐提出这个问题 30 多年后，经济学家们将新的最优控制理论技术引入理论分析中，重新研究了这个主题（Cass，1965；Koopmans，1963），从而发展出了拉姆齐—卡斯—库普曼最优增长理论，或者称之为新古典经济增长理论。新古典经济增长理论的发展，除放松了索罗模型依赖储蓄率不变的假设之外，还因为在模型中明确将代表性行为人纳入模型中，为基于宏观经济增长问题分析代表性行为人的福利变化提供了依据。

3.1.1　经济增长与环境污染的耦合关系

在早期的经济理论研究中，经济学家并没有把环境问题当作一项值得研究的专题，而仅仅是福利经济学分析中负外部性的一个特例（Forster，1980）。后期，随着对于经济增长理论的研究，开始逐渐思考经济增长的极限问题时，环境因素才逐渐被纳入经济增长理论中。经济增长与环境污染之间的动态耦合关系，是需要长期考察其均衡和演化规律的现象，在新古典经济增长理论引入最优控制理论之后，对跨期动态决策进行建模成为了研究此类长期问题的理论基础及基本处理方法。随着新古典经济增长理论的逐渐发展和应用，部分经济学家开始关注经济增长过程对于环境的影响，密山（Mishan，1967）认为，经济学家、企业家及政治家都忽略了经济增长会带来的环境溢出效应。与此同时，社会公众对于环境状况的恶化越来越担忧，据盖洛普在 1970 年的一项调查显示，污染问题是当时公众认为的首要问题（Forster，1980）。

研究经济增长与环境长期耦合关系的经济学文献主要有两大视角：其

一，从环境污染的角度来进行考虑；其二，从自然资源约束的角度来进行考察。首先，早期环境污染的动态控制理论在假设生产投入要素不变的情况下，即人口增长、资本积累及技术进步均不变时，资源如何在消费和污染减量之间进行分配（Smith，1972），或者将资本积累对环境的负面影响纳入经济增长理论中（Arge and Kogiku，1973）。其次，早期从自然资源角度研究的理论模型主要从不可再生自然资源在当期被过度开采的探讨开始（Hotelling，1931），一部分研究将自然资源作为唯一稀缺的生产性要素来研究不可再生自然资源及可再生自然资源之间的权衡取舍（Smith，1977），另一部分则是将资本积累与自然资源消耗一起进行考虑（Anderson，1972），两者都是基于新古典经济增长理论来进行研究。

随着环境经济学成为独立的学科，研究经济增长与环境质量关系的文献越来越多，究其根本，如果随着经济增长，环境质量能够得到改善而不是恶化，则经济增长与环境提升能够统一到一个框架中来，也就是说，要打破经济增长与资源消耗增加之间的强链接。经济增长关注的是长期生活水平的提高，而环境污染侧重的是当期环境质量的下降，理解两者之间的关系对于实现可持续经济增长具有重要的理论与实践意义。对于生活垃圾问题而言，首先要做的就是对生活垃圾产生量随经济发展的动态演化过程进行定量估计，测度经济增长是否快于资源消耗增长及与其相关的环境压力增长，即相对解耦（relative decoupling），检验是否出现了随经济增长而资源消耗下降的绝对解耦（absolute decoupling）。对生活垃圾产生量与经济指标间的动态演进过程进行解耦分析，可以为理解生态环境与经济发展之间的动态变化以及政策评估提供有用的见解（Copeland and Taylor，2004）。

因此，对环境问题的讨论也就转变为对于经济发展与环境污染物之间动态耦合关系的分析，如果EKC框架成立，经济发展是应对环境恶化的良方，而不是威胁（Stern et al.，1996）。但是分析的关键在于，环境污染与经济发展之间是否出现相互背离的动态关系，即呈现解耦状态，若这种解耦关系不存在，那么以上结论就都不足以作为分析环境问题和制定政策的依据。但EKC曲线并不是来自理论模型，而是来自实证数据的回归结果。虽然有大量的实证研究尝试验证污染物的EKC曲线是否存在，可是，目前为止，对于 EKC 曲线的存在性依然有很多争论，并不存在令人信服的一致结论。从 20 世纪 90 年代开始，才开始逐渐有经济理论尝试解释 EKC 曲线的存在（Kijima et al.，2010），在此之后，解释 EKC 曲线倒 "U" 型形状的理论研究逐渐增加，具有代表性的是绿色索罗模型（Brock and Taylor，2010）和考虑环境污染的新古典经济增长理论（Stokey，1998）。但是，也有理论研究质疑 EKC 曲线的存在，例如，如果在模型中考虑污染是不可逆的，则 EKC 曲线不可能成立（Prieur，2009）；只有技术转化是最优时，且初始资本与污染存量都足够高，才可能出现倒 "U" 型曲线（Boucekkine et al.，2012）。

3.1.2　生活垃圾库兹涅茨曲线的理论推导

现有以 EKC 为理论框架来研究环境质量的解耦分析，更多集中于 CO_2、SO_2、NO_x 和 $PM_{2.5}$ 等流动性污染物，研究生活垃圾环境库兹涅茨曲线（waste Kuznets curve，WKC）的相对较少，对 WKC 进行理论建模的研究相对更少。经济增长与生活垃圾产生量之间的动态耦合关系是典型的长期宏观问题，涉及跨期最优化问题，因此，对于生活垃圾产生流量及存量积累与经济增长之间的关系需要借助动态经济增长模型来考察。佛达和马格里斯（Fodha and Magris，2015）将垃圾回收行为作为一个单独的回收部门来进行建模，因此，在跨期迭代模型中涉及了垃圾回收部门及生产一手物品的厂商两部门的交互作用。布切金和瓦尔迪吉（Boucekkine and Ouar-dighi，2016）基于 AK 模型，假设在生产和消费的过程中，生活垃圾流量以线性的比率进行增长，并推导出了最优增长路径，瓦尔迪吉等（Ouar-dighi et al.，2017）又在此基础上进一步对 WKC 进行了探讨，但是两者均是基于线性的 AK 模型进行理论建模，没有考虑人口变量的影响，另外，在模型构建中，如果假设生活垃圾产生量均以线性的方式由消费及总产出进行增长，会出现重复计量的问题，因为在资本运动方程中，消费是总产出的一部分。

为了从源头上厘清生活垃圾产生量与经济增长之间的动态耦合关系，

本书首先在 WKC 曲线的基本分析框架下对两者的动态关系进行背景性分析。在对生活垃圾产生量与驱动其增长的主要因素——经济增长之间的长期动态耦合关系进行理论模型推导时，基于微观基础的新古典经济增长理论，构建最优增长模型，将生活垃圾产生量作为环境代理指标，考虑环境对于代表性消费者效用的影响，从而推导出最优增长路径的各变量变化率，借此来分析随着经济的增长，环境质量的变化。新古典经济增长理论的发展，除放松了索罗模型不依赖储蓄率不变的假设之外，还因为在模型中明确将代表性行为人纳入模型中，为基于宏观经济增长问题分析代表性行为人的福利变化提供了依据。

因此，本书在 WKC 曲线的理论推导中，对瓦尔迪吉等（Ouardighi et al.，2017）的理论模型进行拓展，考虑将资本、人口作为要素投入的经典生产函数，同时借鉴斯托基（Stokey，1998）在环境经济学中考察经济增长与环境污染关系的经典文献，在模型设定中进一步增加人口增长因素，使其扩展至更一般的理论框架。将生活垃圾产生量作为环境质量的代理指标，假定其产生量是总产出的函数，将其纳入最优增长动态模型中，以此来分析垃圾产生流量及存量的动态变化。

假设经济由生产技术水平同质的厂商及偏好相同的代表性消费者组成，厂商及代表性消费者均生活无限期，消费者符合行为人效用最大化的假设。厂商的生产函数如下：

$$Y_p(t) = A(t)F(K(t), N(t)) \qquad (3-1)$$

式（3-1）的生产函数给出了厂商的生产技术水平，或者称为无外在约束条件的生产能力，因此，$Y_p(t)$ 表示厂商的潜在生产产出。进一步假设生产函数是严格准凹、二次可微、一次齐次且对每一个变量都单调增的函数，同时假设技术进步是外生决定。则可以不失一般性地将厂商的生产函数设定为柯布—道格拉斯类型：

$$Y_p(t) = Ae^{gt}K(t)^\alpha N(t)^{1-\alpha} \qquad (3-2)$$

其中，A 表示生产率参数，g 表示外生的技术进步率，$K(t)$、$N(t)$ 分别表示 t 期的资本存量及劳动投入量，α 表示资本回报在产出中所占的比例，$\alpha \in (0, 1)$。同时假设人口以 n 的固定比率增长，且每一期消费者的劳动供给无弹性，劳动市场均衡时不存在失业，即当期人口量等于劳动投入量，即：$\dot{N}(t) = nN(t)$。假设厂商的总产出水平会受到相应的环境管制政策影响，例如，政府要求企业回收固定比例其所产生的包装废弃物（Kinnaman，2009），要求企业在其产品中使用一定比例的回收材料（Palmer and Walls，1997），因此，厂商的实际产出水平为：

$$Y(t) = Ae^{gt}K(t)^{\alpha}N(t)^{1-\alpha}z(t) \qquad (3-3)$$

其中，$z(t)$ 表示在外生政策影响下对厂商产出影响的环境管制指数，$z(t) \in (0, 1)$，如果厂商完全不受任何的环境管制政策约束，则 $z(t) = 1$；相反，如果厂商采用最严格的环境管制政策，则 $z(t) = 0$。假设生活垃圾的产生流量是总产出水平的函数，则生活垃圾产生流量函数为：

$$w(t) = Y(t)z(t)^{\beta-1} \qquad (3-4)$$

其中，β 表示生活垃圾产生量与环境管制政策之间关系的参数，且 $\beta > 1$。由于生产函数是一次齐次函数，因此，可以将实际产出水平转换为人均形式，则人均实际产出水平为：

$$y(t) = Ae^{gt}k(t)^{\alpha}z(t) \qquad (3-5)$$

其中，$y(t) = Y(t)/N(t)$、$k(t) = K(t)/N(t)$，且生活垃圾产生流量函数（3-4）也可以表示为人均资本存量的形式：

$$w(t) = Ae^{gt}K(t)^{\alpha}N(t)^{1-\alpha}z(t)^{\beta} = Ae^{gt}k(t)^{\alpha}N(t)z(t)^{\beta} \qquad (3-6)$$

同时，可以将生活垃圾存量的积累方程表示为：

$$\dot{W}(t) = w(t) - \theta W(t) = Ae^{gt}k(t)^{\alpha}N(t)z(t)^{\beta} - \sigma W(t) \qquad (3-7)$$

其中，$W(t)$ 表示生活垃圾存量，σ 表示生活垃圾处置率，也就是通过减量、再使用、循环、回收、焚烧或填埋处置等各种生活垃圾终端方式所减少的生活垃圾管理减量比例，且 $\sigma \in (0, 1)$。此外，资本积累的运动方程为：

$$\dot{K}(t) = Ae^{gt}K(t)^{\alpha}L(t)^{1-\alpha}z(t) - \delta K(t) - C(t) \qquad (3-8)$$

同理，可以将人均资本积累的运动方程表示为：

$$\dot{k}(t) = Ae^{gt}k(t)^{\alpha}z(t) - \delta k(t) - c(t) \qquad (3-9)$$

其中，δ 表示资本折旧率，$\delta \in (0, 1)$，$c(t) = C(t)/N(t)$，表示人均消费水平。将代表性消费者在无限期中 t 期的瞬时效用函数设定为：

$$u(c(t)) = \frac{c(t)^{1-\theta} - 1}{1-\theta} - \frac{BW(t)^{\varphi}}{\varphi} \qquad (3-10)$$

其中，$u(c(t))$ 表示代表性消费者在 t 期消费 $c(t)$ 所获得的效用，其中 θ 表示测度相对风险回避的参数，等于消费跨期替代弹性的倒数，$\theta > 0$，该效用函数设定也称为常相对风险规避效用函数（constant-relative-risk-aversion，CRRA）。B、φ 表示生活垃圾存量积累给消费者带来的效用损失参数。这样的可分离、可加效用函数设定将生活垃圾积累的外部性纳入消费者的效用中，消费的增加会给消费者带来正的效用，而生活垃圾存量的积累则会导致消费者的效用水平下降。

基于以上设定，由于帕累托最优和竞争性均衡的结果是相同的，因此，可以通过求解社会计划者的最优化问题来推导经济的竞争均衡解，则对于社会计划者而言，要寻求实现代表性消费者的终生效用最大化，实际上是在求解如下的最优化问题：

$$\text{Max} \quad \int_0^{\infty} e^{-\rho t} \left(\frac{c(t)^{1-\theta} - 1}{1-\theta} - \frac{BW(t)^{\varphi}}{\varphi} \right) dt$$

$$\text{s. t.} \quad \dot{k}(t) = Ae^{gt}k(t)^{\alpha}z(t) - \delta k(t) - c(t) \qquad (3-11)$$

$$\dot{W}(t) = Ae^{gt}k(t)^{\alpha}N(t)z(t)^{\beta} - \sigma W(t)$$

$$k(0) = k_0, \quad W(0) = W_0$$

其中，ρ 表示主观折现率或者消费者的时间偏好，$\rho \in (0, 1)$，通过最优控制理论构造现值汉密尔顿函数来求解以上最优化问题：

$$H(t) = \frac{c(t)^{1-\theta} - 1}{1-\theta} - \frac{BW(t)^{\varphi}}{\varphi} + \lambda(t)(Ae^{gt}k(t)^{\alpha}z(t) - \delta k(t) - c(t))$$

$$- \mu(t)(Ae^{gt}k(t)^{\alpha}N(t)z(t)^{\beta} - \sigma W(t)) \qquad (3-12)$$

其中，共积变量 $\lambda(t)$、$-\mu(t)$ 分别表示状态变量 $k(t)$ 与 $W(t)$ 的影子价格，由于生活垃圾存量的积累会给代表性消费者带来负效用，因此，$\mu(t) > 0$，$-\mu(t)$ 表示生活垃圾存量的影子价格。由于 $z(t) \in (0, 1)$，仅考虑存在内点解的情况，则实现消费者终生效用最大化的充要条件为：

$$\frac{\partial H}{\partial c(t)} = 0 \qquad (3-13)$$

$$\frac{\partial H}{\partial z(t)} = 0 \qquad (3-14)$$

$$\frac{\partial H}{\partial k(t)} = \rho\lambda(t) - \dot{\lambda}(t) \qquad (3-15)$$

$$\frac{\partial H}{\partial W(t)} = -\rho\mu(t) + \dot{\mu}(t) \qquad (3-16)$$

再加上最优化问题的横截条件：

$$\lim_{t\to\infty} e^{-\rho t}\lambda(t)k(t) = 0 \qquad (3-17)$$

$$\lim_{t\to\infty} e^{-\rho t}\mu(t)W(t) = 0 \qquad (3-18)$$

通过对最优化式（3-13）、式（3-14）求解可得：

$$H_c = c(t)^{-\theta} - \lambda(t) = 0 \qquad (3-19)$$

$$H_z = \lambda(t)Ae^{gt}k(t)^{\alpha} - \mu(t)\beta Ae^{gt}k(t)^{\alpha}N(t)z(t)^{\beta-1} = 0 \qquad (3-20)$$

由此可得控制变量一阶条件的海塞矩阵为：

$$\begin{pmatrix} H_{cc} & H_{cz} \\ H_{cz} & H_{zz} \end{pmatrix} = \begin{pmatrix} -\theta c^{-\theta-1} & 0 \\ 0 & -\mu\beta(\beta-1)Ae^{gt}k^{\alpha}Nz^{\beta-2} \end{pmatrix} \qquad (3-21)$$

海塞矩阵负定，满足汉密尔顿函数关于控制变量凹性的条件，因此，可以确保现值汉密尔顿函数取最大值。整理式（3-19）、式（3-20）可得：

$$c(t) = \lambda(t)^{-\frac{1}{\theta}} \qquad (3-22)$$

$$z(t) = \begin{cases} 1, & if \quad \lambda(t) \geq \beta\mu(t)N(t) \\ \left(\dfrac{\lambda(t)}{\beta\mu(t)N(t)}\right)^{\frac{1}{\beta-1}}, & if \quad \lambda(t) < \beta\mu(t)N(t) \end{cases} \qquad (3-23)$$

从式（3-23）中可知，如果人均资本存量的影子价格 $\lambda(t)$ 相对于生活垃圾存量的影子价格 $\mu(t)$ 足够大，则 $z(t)=1$，例如，初始人均资本存量 k_0 相比于平衡增长路径的人均资本存量要小得多，则 k_0 的影子价格 $\lambda(0)$ 比生活垃圾初始存量水平的影子价格 $\mu(0)$ 大得多，此时采用最宽松的生活垃圾环境管制政策，因此 $z(t)=1$。但是随着人均资本存量的积累，人均产出水平、生活垃圾存量水平也均在逐渐增加，沿着朝平衡增长路径增长的过程中，生活垃圾存量的影子价格 $\mu(t)$ 逐渐上升，而 $\lambda(t)$ 则逐步下降，直到到达临界时间点 $\lambda(t)=\beta\mu(t)N(t)$，在临界时间点之前，厂商都不会受到外生环境管制政策的约束，即 $z(t)=1$，也就是说，在经济增长的早期，都会采用最宽松的环境管制政策，厂商的生产行为也不会受到约束，相应的总产出水平也会逐渐增加，而与之相对应的垃圾产生流量 $w(t) = Y(t)z(t)^{\beta-1}$ 也会逐渐增加，同时，生活垃圾存量水平也会呈单调上升趋势。但是沿着增长路径变化的过程，在越过临界时间点之后，生活垃圾存量的影子价格 $\mu(t)$ 会超过人均资本存量的影子价格 $\lambda(t)$，即 $\lambda(t) < \beta\mu(t)N(t)$，此时相应的环境管制政策开始变得严格，$z(t) < 1$，并且开始逐步下降，此时，生活垃圾产生流量才会出现下降，即符合 WKC 曲线的基本假设。求解以上动态最优问题的式（3－15）、式（3－16），可得：

$$\frac{\dot{\lambda}(t)}{\lambda(t)} = \begin{cases} \rho + \delta - \alpha\dfrac{\gamma(t)}{k(t)}\left(1 - \dfrac{\mu(t)N(t)}{\lambda(t)}\right), & if \quad z(t) = 1 \\[3mm] \rho + \delta - \alpha\dfrac{\gamma(t)}{k(t)}\left(1 - \dfrac{1}{\beta}\right), & if \quad z(t) < 1 \end{cases} \qquad (3-24)$$

$$\frac{\dot{\mu}(t)}{\mu(t)} = \rho + \sigma - \frac{BW(t)^{\varphi}}{\mu(t)} \qquad (3-25)$$

由于存在外生的技术进步，所以经济增长不会收敛至稳态，而是沿着资本、产出及消费均处于相同增长比率的平衡增长路径发展。式（3－22）两边同时对时间求导数，可得：

$$\frac{\dot{c}(t)}{c(t)} = -\frac{1}{\theta}\frac{\dot{\lambda}(t)}{\lambda(t)} \qquad (3-26)$$

$$\frac{\dot{z}(t)}{z(t)} = \begin{cases} 0, & if \quad \lambda(t) \geqslant \beta\mu(t)N(t) \\[3mm] \dfrac{1}{\beta-1}\left(\dfrac{\dot{\lambda}(t)}{\lambda(t)} - \dfrac{\dot{\mu}(t)}{\mu(t)} - n\right), & if \quad \lambda(t) < \beta\mu(t)N(t) \end{cases} \qquad (3-27)$$

式（3－26）、式（3－27）即为该代表性消费者终生效用最大化问题的欧拉方程，也就是说，在给定初始消费和环境管制政策时，可以按照欧拉方程的运动调整消费者的消费以及采取更加严厉的生活垃圾环境管制政策，从而使得终生效用最大化。将欧拉方程简记为：

$$g_c = -\frac{1}{\theta}g_{\lambda} \qquad (3-28)$$

$$g_z = \frac{1}{\beta-1}(g_{\lambda} - g_{\mu} - n), \quad if \quad z(t) < 1 \qquad (3-29)$$

其中，g_c、g_z、g_λ 及 g_μ 分别表示消费、生活垃圾环境管制政策、两个共积变量（影子价格）的增长率。在平衡增长路径上，以上变量均以常数的增长比率进行增长，所以 $\ddot{g}_\lambda = \ddot{g}_\mu = 0$，同时结合式（3-24）、式（3-25），可知：

$$g_y = g_k \tag{3-30}$$

$$g_\mu = (\varphi - 1)g_W \tag{3-31}$$

同时由人均资本积累方程式（3-9）可知，$g_k = \dfrac{y(t)}{k(t)} - \delta - \dfrac{c(t)}{k(t)}$，结合式（3-30）$g_y = g_k$ 可知，$g_c = g_k$，所以人均消费、人均资本及人均产出以相同的增长率沿着平衡增长路径增长，即 $g_y = g_k = g_c$。由生活垃圾存量积累方程式（3-7）可知，$g_W = \dfrac{w(t)}{W(t)} - \sigma$，由于在平衡增长路径上 $\ddot{g}_W = 0$，所以 $g_W = g_w$。可以将生活垃圾流量的产生方程式（3-6）改写为：$w(t) = y(t)N(t)z(t)^{\beta-1}$，则：

$$g_w = g_W = g_y + n + (\beta - 1)g_z \tag{3-32}$$

联立式（3-30）、式（3-31）及式（3-32），则可推导出：

$$g_w = g_W = \frac{1-\theta}{\varphi}g_y \tag{3-33}$$

同时由人均实际产出方程式（3-5）可知：

$$g_y = g + \alpha g_y + g_z \tag{3-34}$$

联立式（3-32）、式（3-32）、式（3-34）及式（3-29），则可以求出平衡增长路径的增长率：

$$g_y = g_c = g_k = \frac{\varphi(\beta-1)g}{(\varphi+\theta-1)+(1-\alpha)\varphi(\beta-1)} \tag{3-35}$$

则最优化问题的欧拉方程为：

$$\frac{\dot{c}(t)}{c(t)} = g_c \tag{3-36}$$

$$\frac{\dot{z}(t)}{z(t)} = \frac{1}{\beta-1}\left(-\theta g_c - \frac{(\varphi-1)(1-\theta)}{\varphi}g_c - n\right), \ if \ z(t) < 1 \tag{3-37}$$

因此，按照以上纳入生活垃圾环境管制政策及生活垃圾流量产生、存量积累运动方程的动态最优增长理论模型设定，最终人均消费、人均资本存量及人均产出会沿着常数的平衡增长路径增长率进行增长，而按照式（3-36）的推导结果，消费者选择合适的初始消费水平 $c(0)$，沿着式（3-36）的消费变化率进行消费，可以实现终生效用现值最大化。同时，结合方程式（3-23）的分析，随着人均资本存量的影子价格从初始状态开始下降，而生活垃圾存量的影子价格开始上升，当到达临界点后，即 $z(t) = 1$，政府会开始选择合适的生活垃圾管制政策对生活垃圾产生的流量进行影响，而这个政策通过影响厂商的社会实际总产出，从而影响生活垃圾产生流量，则会出现生活垃圾产生流量的下降，同时，如果 $\theta > 1$，式（3-33）会取负值，则生活垃圾产生的流量及存量在长期经济增长的平衡增长路径中会出现下降，这也就意味着 WKC 曲线会出现向右下方倾斜的趋势。基于以上理论推导，本书首先对生活垃圾源头产生量与经济增长的耦合状态进行 WKC 曲线的实证性宏观背景检验，并提出如下假说。

假说1：生活垃圾源头产生量与经济增长在时间序列中会呈现出 WKC 曲线的耦合状态。

3.2　生活垃圾管理政策减量效果评估的理论框架

生活垃圾管理政策减量效果评估指的是现行主要生活垃圾管理政策对垃圾产生量抑制效果的评价，政策效果评估（impact evaluation）指的是在政策实施之后，对政策实施导致的预期目标"因果效应（causality）"进行评估[①]。生活垃圾终端处置的巨大压力，一方面来自生活垃圾源头产生量的持续高企，另一方面也可能缘于缓解生活垃圾终端处置压力的生活垃圾管理政策未能起到预期的减量效果，因而对当前中国的生活垃圾管理政策

[①]　效果评估（impact evaluation），既可以是对政策，也可以是对项目、计划，以及任何试图通过干预影响潜在结果变量的措施，效果评估包括事前预测、事中监督及事后评价（Gertler et al.，2016），而本书的政策效果评估仅仅指事后的因果效应识别问题。

的实际减量效果进行评估，有助于优化和重定相应压力应对政策。定量政策评估的主要目的是识别出因果效应，在将政策效果与由于其他因素及潜在选择偏误带来的目标因变量变化区分开来的前提下，对政策实施组与非政策实施组进行比较，得出政策的实际效果。在政策评估理论中，通常将政策实施组称为处理组，而将非政策实施组称为对照组。政策个体 i 是否参加该政策 T_i 可能得到两种潜在结果：

$$Y_i = \begin{cases} Y_i(1) & if \quad T_i = 1 \\ Y_i(0) & if \quad T_i = 0 \end{cases} \tag{3-38}$$

其中，Y_i 表示政策主体的潜在结果，则对于每一个个体的结果，能够观测到 $Y_i = Y_i(0) + Y_i(1)T_i$，因此，个体 i 的处理效应为 $Y_i(1) - Y_i(0)$，而所有潜在政策参与个体的平均处理效应（average treatment effect，ATE）为 $E[Y_i(1) - Y_i(0)]$，但是在非实验数据中，不可能同时观测到 $Y_i(1)$ 与 $Y_i(0)$，这两者互为对方的反事实（counterfactual）。对于非实验数据而言，政策评估的最大挑战在于构造一个合理的反事实来作为对照组，所谓反事实指的是政策参与主体如果不参与该政策的潜在结果，或者非政策参与主体如果参与该政策的潜在结果，由于无法在同一个时间点上同时观测到某个主体既参与该政策，又不参与该政策的两种对照状态，也就是说，该主体不可能同时既在处理组，又在对照组，不可能观测到反事实。对于观测数据而言，我们仅仅能够观测到 $E[Y_i(1) | T_i = 1]$，以及 $E[Y_i(0) | T_i = 0]$，而这两种观测数据并不一定等于 $E[Y_i(1)]$ 及 $E[Y_i(0)]$，因而，直接将观测数据中的处理组结果与对照组结果进行对比可能会出现估计偏误，具体如式（3-39）所示：

$$E[Y_i(1) | T_i = 1] - E[Y_i(0) | T_i = 0] = E[Y_i(1) | T_i = 1] - E[Y_i(0) | T_i = 1]$$
$$+ E[Y_i(0) | T_i = 1] - E[Y_i(0) | T_i = 0]$$

$$\tag{3-39}$$

其中，$E[Y_i(1) | T_i = 1] - E[Y_i(0) | T_i = 1]$ 为处理组的平均处理效应（average treatment effect of treated，ATET），因此，如果 $E[Y_i(0) | T_i = 1]$ 不等于 $E[Y_i(0) | T_i = 0]$，则直接比较观测到的处理组与对照组结果，会存在选择偏误。而 $E[Y_i(0) | T_i = 1]$ 表示参与政策的所有个体，如果不参与

政策的平均潜在结果，$E[Y_i(0)|T_i=0]$ 表示未参与政策的所有个体的直接可观测结果。也就是说，用是否参与政策 T_i 将研究对象划分为两个群体，如果参与政策的个体（$T_i=1$）和未参与政策的个体（$T_i=0$），在都不参与政策时，两个群体之间若存在差异，则会出现选择偏误，会低估或高估政策效果 ATET。同理，式（3-39）还可以表示为：

$$E[Y_i(1)|T_i=1] - E[Y_i(0)|T_i=0] = E[Y_i(1)|T_i=0] - E[Y_i(0)|T_i=0]$$
$$+ E[Y_i(1)|T_i=1] - E[Y_i(1)|T_i=0]$$

$$(3-40)$$

其中，$E[Y_i(1)|T_i=0] - E[Y_i(0)|T_i=0]$ 表示对照组的平均处理效应（average treatment effect of untreated，ATEU），这个式子表示的是所有未参与政策的个体，如果参加该政策的平均政策效应，也就是政策对那些没有参加政策的群体有潜在影响。同理，如果 $E[Y_i(1)|T_i=1]$ 不等于 $E[Y_i(1)|T_i=0]$，则会存在选择偏误，也就是说，假如参与政策的个体（$T_i=1$）和未参与政策的个体（$T_i=0$），都参与政策时，如果两个群体之间存在差异，则会出现选择偏误，政策估计值 ATEU 不准确。

因此，如果所有的政策参与及未参与个体都是完全同质的，其各方面特征均完全一致，则选择偏误会等于零，此时 ATET = ATEU = ATE。但是这种完全理想的状况基本不可能实现，尤其对于被动观测到的非实验数据，这种苛刻的条件通常无法满足。如果对于观测数据，直接将处理组与对照组进行比较来估计政策效应，其结果会出现偏误。政策评估从另一个角度来说，是处理数据缺失问题，也就是说，对于观测数据而言，一旦某些实施了政策，所有的研究对象，要么是政策参与者，属于处理组，抑或是非政策参与者，属于对照组，缺失了所有研究对象的反事实数据。

在政策评估实践中，最大的挑战就是去构造合理的反事实，一种最直接有效的方法是借用医学中的随机对照试验（random controlled trails，RCT）来构造反事实，通过完全随机安排政策实施对象的方式，来确保对照组能够刻画出处理组如果不参与政策时的潜在结果。但是随机对照试验的问题在于，需要保证处理组和对照组在被选中实施随机政策之前能够有足够的相似性，从而使得随机政策安排之后观测到的处理效应具有一般

性。通常，可以采取两阶段随机试验方法来实施 RCT：第一阶段，随机选择潜在的参与样本，被选定样本应该在一定的抽样误差内能够代表总体，从而确保外部有效性；第二阶段，在选定样本中，随机实施政策安排，确保内部有效性（Gertler et al.，2016）。两阶段随机实验方法能够实现处理组与对照组在均未参与政策之前有相同的期望结果，此时，$E[Y_i(0) | T_i = 1] - E[Y_i(0) | T_i = 0]$，选择偏误等于零，可以直接对观测到的两组结果进行比较。

但是 RCT 的实施成本非常高昂，而且实验过程控制较为困难，加之很多政策实施会存在潜在的社会伦理及公平问题，通常较难实施。更多的政策评估是在政策实施之后被动观测到的非实验数据，比如，本书中收集到的生活垃圾源头分类减量政策实施前后数据，其不是实验数据，政策实施也并非随机选择城市实施，如果直接比较处理组与对照组的垃圾减量结果，除了存在选择偏误，还可能存在自选择问题。通常对于非实验数据的政策效果评估，需要借助相应的计量方法来构造反事实，尽量模拟出自然实验或随机试验的反事实结果，而通过构造反事实来估计政策效应的计量模型，也称为鲁宾反事实模型（Rubin，1974），或者称为处理效应模型（Heckman and Vytlacil，2005）。

在当前非实验数据的政策评估中，用于解决反事实数据缺失问题的政策评估理论方法有很多，常用的包括倾向得分匹配（propensity score matching，PSM）、双重差分（difference in difference，DID）、工具变量（instrumental variable，IV）、断点回归（regression discontinuity，RD）等，由于不能像 RCT 那样通过随机实验来消除选择偏误，这些非实验政策评估方法通常需要对潜在选择偏误形式进行各种假设。因而各种方法的不同假设对于选取不同政策评估方法有着至关重要的作用。这些方法各自存在利弊，都是通过各种方法尽量趋近真实的政策实施效果，具体采用哪种方法，需要结合具体的可用分析数据以及研究背景进行选择。

例如，PSM 通过设定不同的匹配标准，基于可观测的特征对未参与政策的对照组进行筛选，筛选出与参与政策的处理组尽量相似的群体作为反事实来估计政策效果，因此，PSM 假设选择偏误仅仅取决于可观测的特征，即条件独立假设（conditional independence，CI），无法解决不可观测因素会影响个体是否选择参与政策的情况，而不可观测因素导致政策参与选择在非实验数据中并不少见（Caliendo and Kopeinig，2008）。DID 可以通过对政策实施前后及处理组和对照组的两次差分，来解决部分不可观测因素导致政策选择的问题，但是 DID 只能差分掉那些不随时间变化的不可观测因素（Bertrand et al.，2004）。PSM 和 DID 在实证中也经常合并使用，可以进一步减少估计偏误，得到更加稳健的估计政策效果。在部分非实验数据中，有时候可以利用外生的政策准入标准，来比较政策准入门槛临近范围内的处理组和对照组的潜在结果，此时，政策准入的断点可以作为外生的工具变量来识别政策效果，这种方法称为 RD，RD 可以同时允许可观测及不可观测异质性的存在。但是，RD 仅仅只能估计断点附近的局部处理效应，有时候这种特定样本的局部效应不一定能代表总体的潜在政策效果，此外，RD 的断点并不是在所有的政策实施中都能够找到，而且如果断点附近的观测样本较少，其估计结果也会对函数形式的设定非常敏感（Lee and Lemieux，2010）。

Ⅳ通过寻找与政策变量（T_i）高度相关，但是又不与影响政策结果的不可观测因素相关的变量作为工具变量，来矫正不可观测因素导致的选择偏误问题，其允许采用更灵活的策略来处理非实验数据中无法观测的异质性，放松了 OLS 和 PSM 所要求的外生性假定，也允许这些不可观测因素在政策实施期间随时间变化而变化，对存在随时间变化的选择偏误情况更加稳健，这也是 DID 所不具备的特征。政策评估可以用回归分析的形式来表示：

$$Y_i = \alpha X_i + \beta T_i + \varepsilon_i \qquad (3-41)$$

其中，X_i 表示研究样本中所有个体的可观测特征，ε_i 是反映不可观测特征的误差项，由于 T_i 通常在非实验数据中是非随机的，例如，生活垃圾源头分类减量政策的实施是精准选择，由具有某些特征的城市来实施，而这些特征有些无法观测，因此，OLS 的外生性假定不成立。如果放松外生性假定，允许不可观测的特征 ε_i 既影响政策结果 Y_i，同时又与政策实施 T_i 相关，政策效果 β 的估计结果就会因为内生性问题而出现偏误。在一般面板数据中，如果不可观测因素不随时间的变化而变化，可以通过 DID 将这种异质性差分掉，但是如果不可观测因素随时间发生变化，则Ⅳ是一种可行的替代方法。Ⅳ通过寻找与政策变量 T_i 相关，但是又不与 ε_i 相关的工具变量 Z_i，来解决由于 $\text{cov}(T_i, \varepsilon_i) \neq 0$ 的内生性问题。当然，寻找合适的工具变量是一项具有挑战性的工作，而其中最传统也是相对可靠的一种Ⅳ估计策略是两阶段最小二乘法（two-stage least squares，2SLS）（Wooldridge，2001），在第一阶段计算出内生政策 T_i 条件于一系列可观测变量的政策实施概率，在第二阶段用预测的概率作为工具变量替代 T_i 来估计政策效果。

由于在评估用于缓解终端处置压力的生活垃圾源头分类减量政策时，存在不可观测因素会导致选择偏误，例如，条件于经济变量的显著环境意识差异可能会增加垃圾回收率，从而也可能会影响一个城市是否实施生活垃圾源头分类减量政策，而环境意识差异也会随着经济发展的变化而出现时变。因此，本书选择 2SLS 作为评估缓解垃圾终端处置压力的垃圾过程减量政策估计策略，同时在回归分析的框架中，也可以纳入空间因素的影响效应，在分析中考虑空间因素，进一步缩小参数估计偏误。因此，构建一个空间两阶段最小二乘法（spatial-two-stage least squares，S2SLS）的估计框架来定量估计用于缓解终端处置压力的垃圾减量政策效果。

从逻辑链条上来看，除了源头生活垃圾产生量持续增长，生活垃圾终端处置设施压力巨大的另一个可能原因是当前用于缓解生活垃圾终端处置压力的生活垃圾管理政策未能在过程管控中将垃圾量控制在处置能力范围内，因此，本书提出第二个假说。

假说 2：当前缓解生活垃圾终端处置压力的生活垃圾管理政策未能将垃圾产生量控制在处置负荷内。

3.3 生活垃圾终端处置方式选择供给侧的生产行为理论框架

在当前中国，生活垃圾终端处置设施作为一种公共物品由各地方政府进行统一供给，而对于这种类型的区域公共物品 G 到底是如何"生产"的，环境及城市经济学家们并没有对此进行明确的机制阐释，这种情形下的隐含假设是，区域公共物品要么是外生的，抑或者是经济发展过程中的无意识伴生品（Kahn and Walsh，2015）。部分学者在研究中通过采取简约形式的方法来对区域公共物品供给的生产行为进行理论建模，例如，通过将测度环境质量的空气污染和公共安全的犯罪对一系列可观测变量进行回归：$G = f(X)$（Kahn，1999；Levitt，2004）。

其中，G 指的是某区域的公共物品供给变量向量，X 是一系列区域特定的可观测特征变量向量。用这种简约形式的回归方程来表示区域公共物品的供给，实际上是对于经济学中生产理论的基本应用。生产理论起源于马歇尔对竞争性市场理论中关于生产者行为与消费者行为分离的标准方法（Färe，1988），然后用市场均衡的概念来匹配供给与需求。在生产理论中，厂商的生产技术通常假定为外生给定且固定不变，生产技术的作用是将生产的投入要素转化为产出，将产出表示为投入要素函数的数学表达式，并称为生产函数，生产函数描述生产投入要素与产出之间的关系。一般形式的生产函数可以表示为：

$$Q = f(inputs) = f(x_1, x_2, x_3, t, \cdots) \qquad (3-42)$$

其中，Q 表示产出水平，x_1，x_2，x_3，$\cdots$ 表示各种用于生产的投入要素，t 表示技术水平。式（3-42）表示在生产过程中给定特定组合的投入要素量与技术水平可以生产的最大产出。

生活垃圾终端处置设施是各个城市最基础的公共服务，各个城市作为供给方，为城市居民提供生活垃圾终端处置服务，因此，可以将生活垃圾终端处置设施的建设看作各城市的地方政府提供相应公共服务的生产行为。很明显，在影响生活垃圾终端处置设施建设的因素中，人口扮演了重要的角色，更多的人口会带来更广泛的税基和更高的税收收入，也会给各城市地方政府更多的资金用于市容环境卫生设施的建设。与此同时，人口更多的城市会产生更多的潜在生活垃圾量，城市相应也面临着更大的压力，会倒逼城市建设更多的生活垃圾终端处置设施。但是人口并不能解释生活垃圾终端处置设施建设的数量，例如，在2016年，人口前三大规模城

市——上海、北京、重庆的城市人口总数占全部样本城市人口总数的
7.2%，然而其生活垃圾终端处置设施数量却占全国总量的12.61%。① 此
外，生活垃圾终端处置设施建设是生活垃圾管理全链条中最昂贵的环节，
较富有的城市更有可能投入更多资金来进行终端处置服务设施建设。

可以考虑如下情景：城市 i 的生活垃圾终端处置服务设施数量 S_i 取决
于人口数量 N_i、经济水平 Y_i 及供给生活垃圾终端处置服务的差异化技术水
平 A_i（或生活垃圾管理能力），则城市 i 的生活垃圾终端处置设施数量生产
函数为：

$$S_i = A_i F(Y_i, N_i) \qquad (3-43)$$

对于各城市地方政府在生活垃圾终端处置设施数量的生产函数设定
上，并没有太多的理论参考，柯布—道格拉斯生产函数至今仍是生产函数
理论和经验分析中最普遍的形式，依照生产理论框架，本章采取柯布—道
格拉斯函数的形式对式（3-43）的具体形式进行如下设定：

$$S_i = A_i Y_i^\alpha N_i^\beta \qquad (3-44)$$

式（3-44）两边取对数，则可以将生活垃圾终端处置设施的生产函
数设定为：

$$\ln S_i = \ln A_i + \alpha \ln Y_i + \beta \ln N_i \qquad (3-45)$$

从罗森（Rosen，1974；2002）开始，城市经济学家开始将区域特征
纳入特征变量空间中，而从计量实证建模的角度而言，也就是要考虑待估
参数的空间异质性，具体到空间计量设定中，基于地理区位收集的数据，
其参数影响效应尺度通常会存在空间波动性，用简单平均参数估计无法识
别这种空间异质性（Budziński et al.，2018）。因此，本书在从供给侧对生
活垃圾终端处置设施的"生产"行为中进行探索性分析时，将采取地理加
权回归将表示城市 i 的地理坐标位置（u_i，v_i）纳入参数的空间波动性估计
中，以此矫正传统的计量回归模型仅能够从全局层面识别解释变量与被解
释变量之间的平均影响效应的缺陷，对这种空间异质性参数影响效应进行
估计，可以拓展对于因果机制区域分布的认识。

---

① 数据来自《中国城市建设统计年鉴》及《中国统计年鉴》。

本书同时考虑生活垃圾终端处置设施的供给和需求两方面的因素，当从供给侧对各城市地方政府当局供给终端处置设施这种公共服务的行为进行理论建模时，区域公共物品供给的生产理论为计量模型的设定提供了理论机制依据和参考。同时，考虑区域间的差异与生活垃圾终端处置设施的空间分布特征，提出如下两个假说。

假说3：经济变量与人口因素是决定生活垃圾终端处置设施供给的主要因素。

假说4：影响生活垃圾终端处置设施供给的因素存在空间异质性效应。

3.4 生活垃圾终端处置方式选择需求侧的社会福利评估理论框架

生活垃圾终端处置是市政环卫部门提供的一种基本公共服务，生活垃圾终端处置服务的供给类似于空气、水等公共物品，在特定地点的人群，享有相同数量和质量的生活垃圾终端处置服务，单独的个体可以选择其所居住的地点，但是无法选择公共物品的消费数量。新古典主义经济理论对于市场物品和公共物品的分析存在差异，对于市场物品而言，由于有可供观测的公共交易价格，市场参与者根据自身对市场物品的偏好和预算约束选择差异化的需求量；对于公共物品而言，由于产权界定不清、效用无法分割，所有的市场参与者对于公共物品的消费量固定在特定的水平，同时每个参与者对于该数量公共物品的边际价值存在差异。福利经济学的主要范式在于基于新古典主义经济学的传统，对市场参与者的个体福利变化进行分析。

3.4.1 福利经济学理论及社会福利评估方法

3.4.1.1 公共物品的福利分析

生活垃圾问题涉及公共物品的福利分析，其分析框架遵循新古典主义经济传统，但是由于公共物品的特殊性，相应的福利测量也有所差异。根据新古典经济理论的传统，无论是市场物品还是公共物品，都假定消费者具有定义良好的偏好簇①。如果不考虑预算约束，假定消费者对所想要的物品组合能够进行排序，完整的偏好序列假设是消费者选择理论的基础之一。此外，由于消费者的预算受到其收入的约束，新古典消费者选择理论的最优解就是在预算约束内选择让消费者效用最大化的物品组合。对于公共物品，消费者可能想要提升空气质量、改善水质、希望生活垃圾得到妥善的处置、优化生活垃圾处置带来的污染等，也可能愿意为之支付一定的费用。

假定某个消费者在一系列市场物品 X 与公共物品 G 之间进行权衡取舍，其中公共物品的供给是固定不变的，可以通过外生政策来改变整体公共物品的供给量，但是每个个体享受的公共物品数量是相同的。不同组合的 X、G 会给消费者带来差异化的效用水平 $U(X, G)$。市场物品的价格向量为 P，收入为 I，消费者选择理论的基本问题就是如何通过组合市场物品和公共物品来实现最高的效用水平，即求解如下最优化问题：

$$\text{Max} U(X, G)$$
$$\text{s. t. } PX \leqslant I, \ G = G^0 \tag{3-46}$$

其中，G^0 表示初始状态水平下消费者所享有的公共物品服务数量，由于所有人消费的公共物品数量相同，所以为常数。通过求解最优化问题，消费者对于市场物品的最优消费组合可以表示为 $X^* = X(P, G^0, I)$，而这就是消费者的需求函数。将这个最优市场物品的消费组合向量带入效用函数中，可以得到间接效用函数 $U(X^*, G^0) = V(P, G^0, I)$，$U(X^*, G^0)$ 表示在市场物品价格 P、公共物品数量 G^0 及收入 I 时，消费者可以获得的最高效用水平。

任何公共物品数量或质量的改变，通常需要花费成本，例如，在生活垃圾导入区建设垃圾终端处置设施，本质上可以理解为改善了生活垃圾导出区的生态环境，却增加了在生活垃圾导入区建设终端处置设施的成本。

---

① 假设受访者具有定义良好的偏好簇，即具有严格单调增、连续及严格拟凹的效用函数。

在现有的机制下，除了财政补贴之外，通过增加生活垃圾导出区居民的相关税费支出来补偿导入区的居民。由于导入区所影响的居民范围较导出区而言，相对更小，通常导出区的支付意愿总额远大于导入区居民的接受意愿总额（Caplan et al.，2007）。因此，研究生活垃圾导出区居民对于垃圾终端处置服务的偏好和支付意愿显得更加重要。这些来自需求侧的信息，对于评估不同生活垃圾终端处置方法的效率起着重要的作用。

3.4.1.2 补偿福利测量与等价福利测量

在福利经济学领域，有两种方法可以测度因为公共物品数量或质量改变导致的福利变动，这两种方法都需要借用间接效用的分析框架。

第一种测度方法指的是如果外生政策改变初始的公共物品状态，消费者愿意支付最高额度的货币量，这种方法称为"补偿福利测量"（compensating welfare measurement，CWM）。CWM 用间接效用函数表示如下：

$$V(P^0, G^0, I) = V(P^1, G^1, I - CWM) \qquad (3-47)$$

CWM 的基本逻辑是：当消费者在支付 CWM 单位的支出之后，政策带来的新的公共物品 G^1 与新的市场物品的消费组合给消费者带来的效用与初始状态无差异。如果 CWM 大于因政策实施带来的成本增加，则消费者的福利会增加，反之会下降。例如，在生活垃圾终端处置服务这个公共物品的供给中，如果导出区居民的支付意愿总额大于总的生态补偿收费，则导出区居民得到了正的净福利增加；反之，则导出区居民的净福利会下降。

第二种测度方法指的是如果不实施任何外生政策来改变初始公共物品状态，消费者愿意接受最高额度的货币量，这种方法称为"等价福利测量"（equivalent welfare measurement，EWM），EWM 用间接效用函数表示如下：

$$V(P^0, G^0, I + E) = V(P^1, G^1, I) \qquad (3-48)$$

EWM 的基本逻辑是：当消费者在获得 EWM 单位的收入之后，初始状态的公共物品和市场物品消费组合带来的效用与政策实施之后的效用水平一样。这两种测度方法的差异在于隐含的产权制度的安排，CWM 是以初始效用水平作为比较的基准，而 EWM 是以外生政策实施之后的效用水平作为比较的基准。如果初始公共物品状态是合法的产权状态，实施某项用于改善环境的新政策，则 CWM 更合适；相反，如果有一个关于某项公共物品所供给服务的最低质量标准，而环境质量恶化至最低标准之下，需要实施政策将环境提升至最低标准，此时，政策改善之后的公共物品状态是合法的产权状态，则 EWM 更适用。

在生活垃圾终端处置服务的供给上，其本质是为公众提供生活垃圾的妥善处置服务，但是不同处置服务方式的供给需要建设相应的实体终端处置设施，而终端处置设施会给其周边的公众造成一定的负外部影响，这种负外部影响实质上也是为公众供给生活垃圾终端处置服务的成本之一，只不过这种成本的分担在空间上存在不均等。因此，生活垃圾终端处置服务的供给，可以视为一种改善公众初始环境状态的新政策，如果没有这种政策，也就是没有终端处置服务，公众将会面临"垃圾围家"的窘境，因此，在研究生活垃圾终端处置服务时，CWM 是更合适的福利测量方法。

3.4.1.3　支付意愿与接受意愿

在具体的实证研究中，通常用支付意愿（willingness to pay，WTP）和接受意愿（willingness to accept，WTA）来替代 CWM 和 EWM，WTP 通常与公共物品的改善有关，表示初始公共物品状态朝消费者合意的方向跃迁，而 WTA 往往与公共物品的恶化有关，指代初始公共物品状态向消费者想要避免的方向变动。对于 WTP 或 WTA 的测量，在不同的研究情况中，需要采取不同的方法。例如，在生活垃圾终端处置设施供给的社会福利评估中，生活垃圾终端处置设施的供给为非设施所在地的居民提供了经济价值，因为避免在本地建设此类"邻避"型设施而带来了环境改善。如果某个非终端处置设施所在地居民的初始收入水平是 Y，他为了避免在其所在区域建设某种特征的生活垃圾终端处置设施，最多愿意支付 X 元，从该行为人的权衡取舍行为可以看出，其在初始收入水平 Y 时所获得的效用水平与支付了 WTP 之后，未在其所在地建设终端处置设施的收入水平 $Y-WTP$ 所获得的效用水平一样，因此，WTP 就测度了该环境质量改变的货币化经济价值。

3.4.1.4 社会福利计算与卡尔多希克斯准则

生活垃圾终端处置服务供给作为一种公共物品，其供给带来的改变是否是社会合意的水平，福利经济学理论中通常用帕累托最优作为标准来进行评价，但是帕累托最优标准要求达到这样的一种状态，即无法在不损害任何一个利益相关者的情况下，至少让一个相关方变得更好。通常任何社会政策都很难达到这个标准，而更具实践性的标准是识别出潜在的帕累托改进，也就是说，任何社会政策的变化，如果得者所得能够完全补偿失者所失，则这种改变就可以提升社会福利，因为这意味着至少有一个人变得比以前更好，这种替代性的社会福利衡量标准最早由卡尔多（Kaldor，1939）和希克斯（Hicks，1939）提出，称为卡尔多希克斯准则（Kaldor - Hicks criterion）。因此，在得到对于生活垃圾终端处置方式的 WTP 之后，可以计算相应的社会成本，以检验社会总收益是否超过社会总成本。

$$\text{Max} \sum_{n=1}^{N} \left[WTP_{nj}(d_j) - C_{nj}(d_j) \right] \tag{3-49}$$

其中，$WTP_{nj}(d_j)$ 表示个体 n 选择生活垃圾终端处置服务 j 的支付意愿，用以度量社会收益，$C_{nj}(d_j)$ 表示社会成本，如果其差额为正，则表示该生活垃圾终端处置方式带来了社会福利的提升，反之，则造成了净福利的损失。

在当前我国多地正在实施的生活垃圾跨区处置生态补偿政策背景下，本书将基于福利经济学理论，从需求侧评估生活垃圾导出区公众对于差异化垃圾终端处置服务选项的支付意愿，并基于微观的福利测量的基础上，评估区域异质性的总社会福利损失或收益，对当前中国的生活垃圾终端处置设施供给服务进行卡尔多希克斯准则的检验。

3.4.1.5 社会福利经济价值评估方法

由于个人对公共物品的偏好，没有可观测的市场价格，大多数生活垃圾终端处置设施外部性经济成本的评估方法是基于最优化资源分配以实现个人及社会福利最大化的福利经济学理论（European Commission，2000）

来进行评估。总体而言，非市场物品社会福利经济价值评估方法大致包括两类，其一是经济评估方法，其二是近似方法。经济评估方法指的是基于福利经济学理论的直接陈述偏好方法及间接揭示偏好方法；近似方法指的是基于专家判断与评估的经验近似方法，以下仅综述经济评估方法。各种评估方法如图3.1所示。

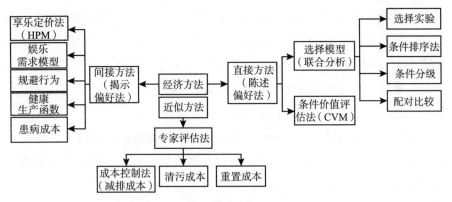

图 3.1　社会福利经济价值的评估方法

生活垃圾终端处置设施的建设为社会提供了改善环境的经济价值，从而提升了社会福利，这种社会福利对于非终端处置设施所在地的居民而言，来自因为避免在本地建设此类"邻避"型设施而带来的效用，而这种效用取决于居民的偏好，这种偏好决定了因为避免在本地建设垃圾处置设施而给当地居民带来的满足程度，其程度具有个体异质性。例如，不同的居民对于垃圾填埋、焚烧或混合处置具有不同的偏好程度，相应地导致其效用具有差异。而福利或效用是一个主观且抽象的概念，在具体研究中，需要具有定量意义的福利代理变量，其中一个被广泛采用的概念是最大支付意愿（willingness to pay，WTP）或接受意愿（willingness to accept，WTA）①，前

---

① WTP 与 WTA 均可用于评估环境质量变化的经济价值，如果环境改善导致个体效用增加，居民的支付意愿（WTP），等同于给多少补偿，居民愿意接受（WTA）环境不改善。同理，如果环境恶化导致个体效用下降，给多少补偿，居民愿意接受（WTA）这种下降，等同于为避免这种恶化，居民的支付意愿（WTP）（Atkinson and Mourato，Susana，2008），理论上，两者应该相等。

者指个人为了获取某种特定结果而愿意支付的最高货币额度，后者指个人为了避免某种环境恶化而愿意接受的最低货币额度。

具体到环境经济学中，通常将经济福利概念与 *WTP* 或 *WTA* 联系起来（Freeman Ⅲ et al.，2014）。例如，假定某个经济代理人的收入为 Y，初始环境状况为 E_0，若发生某种特定的环境损害，会使得环境状况恶化为 E_1，为了避免这种环境恶化，代理人最多愿意支付 *WTP* 单位的货币。对于以上代理人所做出的经济权衡取舍，我们可以推断出，代理人在环境状况为 E_1，且收入为 Y 时的效用，等于代理人在环境不恶化，但是收入为 $Y -$ *WTP* 时的效用。即 $U(Y, E_1) = U(Y - WTP, E_0)$。*WTP* 就测度了因为避免环境恶化这种改变给经济代理人带来的价值或福利。

当前，评估 *WTP* 或 *WTA* 的方法主要有两类。

其一，揭示偏好方法（revealed preference）指的是基于行为主体的可观测行为来评估其对于环境质量的支付意愿或接受意愿。有些处置设施本身的外部成本并没有反映在其自身的建设、运营决策中，但是却在一定程度上影响相关市场的价格水平，例如，垃圾处置设施的建设会导致周边房地产价格的下降。因此，可以通过估计因为垃圾处置设施的建设导致的房屋价格损失来间接估计其外部成本，类似这种方法称为揭示偏好方法，具体包括特征价格法（hedonic pricing）、娱乐需求模型（recreation demand models）、行为避免等方法。当被调查者购买与改善环境质量（或避免环境影响）相关的商品或服务时，将可观测的商品或服务的市场价格作为环境质量的互补品或者替代品，从而揭示出隐含外部性的经济价值（Defra，2003），也就是说，显示偏好的方法是通过寻找与要研究的环境质量相关的市场商品或服务，观测消费者行为选择，以此作为参照物度量消费者对于环境质量的支付意愿。所谓揭示，指的是通过相关市场交易中实际可观测的参与者行为变化来揭示参与者的偏好。

其二，陈述偏好方法（stated preference）往往通过设计调查问卷或直接访谈的方式，构造假想的环境交易市场选择环境，诱导受访者直接陈述其对有害设施的看法，从而揭示利益相关者对于有害设施建设的偏好。陈述偏好的方法要求被调查者直接表达其对于环境质量提升或为了避免环境

恶化的 *WTP* 或 *WTA*。通常包括条件价值法（contingent valuation，CV）以及离散选择实验（discrete choice experiments，DCEs）。前者是指通过一系列信息工具来描述环境物品或服务的精确变化，然后要求被试回答愿意为环境质量的改变而支付的费用，这种方法依赖于信息的准确性；后者是指通过预先定义好的不同选择场景选项，以等级、排序或者选择的形式让被试进行选择，以揭示其对环境的偏好，这种方法不太取决于特定信息的精确描述，但是依赖于刻画不同选择场景的准确特征，选择反映了个体对于不同场景特征的权衡取舍（Boxall et al.，1996）。

　　条件价值评估法的早期研究主要集中在环境经济学领域，但是后来逐渐扩展到健康经济学（Gustafsson - Wright et al.，2009）、食品价值评估（Tonsor and Wolf，2011）、文化价值评估（Bedate et al.，2009）、各种场景下风险下降带来的价值及对于统计生命价值的评估（value of statistical life，VSL）（Hultkrantz et al.，2006）。然而，条件价值评估法一直以来受到更多的批评和质疑，离散选择实验似乎在逐渐成为陈述偏好方法中探索个人偏好的主要研究方法（Carlsson and Martinsson，2003）。最早使用离散选择实验的是卢维埃和亨舍（Louviere and Hensher，1982）以及卢维埃和伍德沃思（Louviere and Woodworth，1983），离散选择实验在理论上与兰卡斯特（Lancaster，1966）的微观经济方法一致。行为模型的刻画是基于随机效用理论（Thurstone，1927）。

　　陈述偏好方法具有很多揭示偏好方法所不具有的优势（Ryan et al.，2007），首先，陈述偏好方法能够评估公众对现实中所不存在的选择场景的偏好，但是构成这些假想选择场景的某些属性水平可能是影响公众选择的非常重要的潜在因素。其次，揭示偏好方法的运用受到可用数据的限制，尤其在发展中国家，数据可得性问题更加严重，此外，现实中存在的大量非市场物品或服务，通常没有可供交易的市场，也没有可观测的价格。由于个人对环境质量的偏好，没有可观测的市场价格，大多数生活垃圾处置方式外部性经济成本的评估方法是基于最优化资源分配来实现个人及社会福利最大化的福利经济学理论（European Commission，2000）来进行评估。

3.4.2 需求侧偏好信息识别的随机效用理论

要识别与估计个体的 WTP 及偏好信息，需要对个体选择行为进行理论建模，通常包括两个路径，其一是基于偏好的方法，其二是基于选择的方法。前者预先假设个体对于一系列商品或服务存在客观的偏好顺序，并且假设偏好满足完备性、传递性、单调性、局部非餍足性、凸性及连续性，基于此来推断个体的行为选择。后者则基于实际观测到的消费者的行为选择，假设满足显示偏好弱公理。生活垃圾终端处置设施作为公共物品，由于没有可供观测的生活垃圾终端处置设施的供需交易市场及价格信号，来自社会公众需求侧的信息并不能直接可观测。因此，本书通过离散选择实验让受访者在假设的选择场景中进行选择，以此来模拟真实市场的情形，从而揭示受访者的偏好以及计量其社会福利量化价值，符合基于选择的消费者理论建模方法。

离散选择实验符合兰卡斯特（Lancaster，1966）需求理论的逻辑，即认为消费者从所消费的商品或服务的潜在特征中获得效用，而并非商品或服务本身。离散选择实验中个体行为选择结果的建模是基于随机效用理论（Thurstone，1927），在随机效应理论中，个体 n 选择选项 j 的效用可以用如下方程来表示：

$$U_{nj} = V_{nj} + \varepsilon_{nj}, \; j = 1, \; \cdots, \; J \qquad (3-50)$$

以上函数表示，个体 n 选择选项 j 的效用可以表示为可观测的系统性部分 V_{nj} 与不可观测的随机部分 ε_{nj}，随机部分代表影响个体选择商品或服务效用的不可观测扰动项或者设定误差以及测量误差。

我们无法观察到个体从选择某个选项所获得的效用 U_{nj}，而仅能观测到个体做出了怎样的选择，假设受访者总是做出符合理性预期的效用最大化选择，某个受访者 n 选择了选项 j，那么当且仅当受访者从选项 j 获得的效用最大时，才会做出这样的选择。则受访者 n 选择了选项 j 的概率可以表示为：

$$Pr_{nj} = Pr(C_n = j) = Pr(U_{nj} - U_{ni} > 0)$$
$$= Pr(V_{nj} - V_{nj} > \varepsilon_{nj} - \varepsilon_{ni}), \; \forall \, i \neq j \qquad (3-51)$$

式（3-51）中，C_n 表示个体选择结果的随机变量，通过假设式（3-51）中随机扰动项的概率密度函数服从不同的分布，可以推导出不同的离散选择模型。例如，假设扰动项是服从 $i.i.d$ 的极值 I 型耿贝尔分布，则对以上选择概率的估计可以用条件 Logit 模型来表示。如果假设扰动项服从多元正态分布，则可以推导出 Probit 模型用于拟合离散选择数据。基于福利经济学理论与对受访者建模的随机效用理论，结合在第 7 章离散选择实验中对当前生活垃圾终端处置设施需求侧福利效应的文献综述和属性水平实验设计，本书提出如下假说。

假说 5：以传统的填埋处置为基准水平，受访者最偏好混合处置方式，其次是传统的填埋处置，最后是焚烧处置。

假说 6：以轻度污染为基准水平，随着污染程度增加，受访者福利水平下降。

假说 7：以小规模终端分拣设施为基准水平，随着终端分拣设施规模增加，受访者福利水平上升。

假说 8：随受访者居住点距终端处置设施的距离增加，受访者福利水平上升。

假说 9：随终端处置设施供给收费上升，受访者福利水平下降。

3.5　理论框架小结

本章构建并阐释了研究中所用到的经济学理论。

首先，在对生活垃圾产生量与经济增长之间的耦合现状进行分析时，将生活垃圾流量及存量的动态变化过程纳入新古典经济增长理论框架中并进行理论推导，在前人研究的理论模型基础上，通过纳入人口增长因素，将其拓展至更一般的理论框架，使其有更强的解释力，基于推导出的生活垃圾库兹涅茨曲线理论模型，提出假说 1。此外，基于收集到的当前中国生活垃圾管理政策实施的非实验数据，通过政策评估理论的比较和筛选，选择评估当前生活垃圾管理政策减量效果的空间两阶段最小二乘法，提出假说 2。

　　其次，如果生活垃圾源头产生量与经济增长呈现出同步的持续增长态势，并且当前生活垃圾管理政策又未能将生活垃圾产生量抑制在终端处置设施的处置能力范围内，则势必要增加终端处置设施供给。一方面，从供给侧对生活垃圾终端处置进行分析时，将生活垃圾终端处置设施的建设看作各城市地方政府提供相应公共服务的生产行为，借助生产理论推导终端处置方式选择的生产行为理论模型，提出假说 3 和假说 4；另一方面，从需求侧评估不同生活垃圾终端处置方式的社会福利影响时，借助福利经济学理论框架构建基本概念，同时对比、选择合适的社会福利价值评估方法，在社会调查中运用离散选择实验来收集社会公众的偏好信息，采取贝叶斯最优实验设计来尽量最大化受访者信息、减少研究偏误，据此对生活垃圾终端处置方式选择的社会福利价值进行评估，并用随机效用理论对受访者选择行为进行理论建模。最后结合在第 7 章离散选择实验中的现有研究梳理总结和最优实验设计，提出假设 5 ~ 假说 9。本书的理论基础与研究逻辑之间的关系如图 3.2 所示。

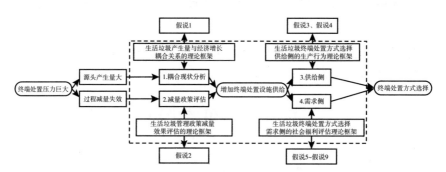

图 3.2　理论基础与研究逻辑之间的关系

第 4 章

生活垃圾产生量与经济增长的耦合现状分析

4.1 问题引出

生活垃圾从源头产生、过程减量到终端处置的全生命周期管理，是一个联系紧密的系统性过程，生活垃圾终端处置压力的增加，根本原因是由于生活垃圾源头产生量的持续增长。由于经济增长是驱动生活垃圾产生量增长的主要因素（Mazzanti and Zoboli，2009），在长期的时间序列中观测两者的耦合关系，生活垃圾产生量的增长并非随着经济增长而呈线性增长状态，而是可能出现解耦关系（Johnstone and Labonne，2004）。因此，为了验证第 3 章中构建的生活垃圾产生量与经济增长耦合关系的假说 1，需要对中国生活垃圾产生量随经济增长的动态耦合过程进行实证分析，评估当前的耦合状态并作出定量预测，也是制定和优化缓解生活垃圾终端处置压力政策的必要前提。

经济发展是发展中国家实现诸多社会经济目标的必要途径，同时也导致了诸如生活垃圾等环境生态问题的产生。中国城市生活垃圾问题已不容忽视，不规范的垃圾处置方式严重威胁着居民健康和社会经济的可持续发展。当前，国内对于城市生活垃圾问题的研究，更多侧重于垃圾分类、回收利用、垃圾管理服务和终端处置技术研究（徐林等，2017），少有研究从源头预防和减量的角度来进行解析生活垃圾产生量与经济发展的动态演进过程。

早在 2008 年，欧共体的固体废物框架指导方针（Directive 2008/98/EC）就要求各成员国按照固体废物管理金字塔的优先层级框架，在 2013 年底前建立固体废物预防规划（waste prevention programmes）。自此欧洲各国逐渐将城市生活垃圾管理策略的重心由金字塔的下端往上移动，从终端处置（disposal）转移至预防和回收（prevention and recycling）。回收率增加直接导致填埋率下降，既减轻了对环境的压力，也创造了就业机会（EEA，2017）。而提升垃圾管理层级的本质在于尽量从生活垃圾源头预防来提升资源使用效率。欧盟在第七个环境行动规划（the 7th environmental action programme）中将提高资源效率视为实现 2050 年"在资源有限的地球上生活得更好"的三个关键目标之一。资源效率提升的直接表现就是用更少的资源实现经济增长，换言之，投入更少、产出不变甚至更多。

而资源效率提升的目的就是要打破经济增长与资源消耗增加之间的强链接，对于生活垃圾问题而言，首先要做的就是对生活垃圾产生量随经济发展的动态演化过程进行定量耦合现状估计，测度经济增长是否快于资源消耗增长及与其相关的环境压力增长，即相对解耦（relative decoupling），检验是否出现了随经济增长而资源消耗下降的绝对解耦（absolute decoupling），以此来为终端处置压力的化解提供量化决策依据。对生活垃圾产生量与经济指标间的动态演进过程进行解耦分析，可以为理解生态环境与经济发展之间的动态变化以及政策评估提供有用的见解（Copeland and Taylor，2004）。城市生活垃圾产生量的峰值在什么水平？当前是否已经到达峰值水平？如果没有到达，将会在何时到达？在一个资源和生态承载能力有限的世界里，解答这些问题具有重要的理论价值和政策含义。

而经济发展有很多表征指标，如范子英等（2016）采用卫星灯光数据作为经济增长的代理变量来检验政治关联与经济增长的关系。城市生活垃圾是人们经济生活的伴生物，有人类的经济活动，就会产生生活垃圾，而且经济模式的变化也必然会影响生活垃圾产生量和种类的变化。因此，经济活动的空间相关特征也必然会影响生活垃圾的空间特征。从逻辑上讲，中国各省份的城市人均生活垃圾产生量会呈现出一定的空间相关特征。

这种空间相关的现象，一方面可能是由于各省的经济发展水平不同，经济发展呈现区域收敛的特征（Tian et al.，2010），在不同的集聚区块中，产业分布、发展模式和经济发展水平的不同相应地会导致居民对于消费和环境的边际替代率的差异，从而导致生活垃圾产生量的差异；另一方面也有可能是缘于地理区位和居民消费偏好差异，比如，南北消费文化的差异，也会影响生活垃圾产生量。因此，在对中国省级层面的城市人均生活垃圾产生量进行解耦分析时，应该充分考虑空间单元间的相关关系。

　　本章试图在解耦分析的框架内，采用 2004～2016 年中国 31 个省级行政区域①的面板数据，充分考虑空间相关，运用空间计量模型来分析城市生活垃圾产生量与居民实际消费水平之间的动态耦合现状，并在总体上评估中国在城市生活垃圾终端处置上的压力，为优化缓解生活垃圾终端处置压力的政策决策，提供了量化事实依据和背景性实证分析。本章余下内容安排：第二部分是对当前相关研究及解耦分析进行简要梳理总结；第三部分介绍了计量模型的设定及数据；第四部分是对生活垃圾产生量与居民消费水平之间的动态耦合关系进行实证估计；第五部分是基于实证分析，对生活垃圾产生量与经济增长之间的耦合现状进行解耦状态判定；第六部分是本章的简要小结。

4.2　现有相关研究梳理

　　随着社会经济发展和居民生活水平的大幅改善，人们对环境质量的需求日益提高，如何有效治理生活垃圾难题已引起国内外学者和各国政府的广泛关注。根据生活垃圾所处的不同阶段，现有的相关研究主要可分为以下三类：垃圾产生和源头减量、垃圾分类回收利用、垃圾管理服务和终端处置。目前国内外大多数文献的研究内容主要集中于后两类。

　　在生活垃圾分类回收利用方面，国内学者大多侧重于从居民垃圾分类行为的微观机制角度来进行研究，例如，分别从社会资本（韩洪云等，

---

　　①　不包括台湾地区、香港和澳门特别行政区。

2016)、成本利益机制（吴晓林等，2017）及非正式系统（徐林等，2017）等方面探讨了影响生活垃圾分类行为的因素；陈绍军等（2015）研究发现，城市居民垃圾分类意愿与行为之间存在较大差异，表明居民对环保的认知程度与实际行为之间有偏差；王伟等（2017）通过建立斯塔克伯格博弈模型，界定生活垃圾分类回收过程中的利益责任；吕彦昭等（2017）通过实证分析，研究了影响公众参与城市生活垃圾管理的因素。

国内学者对生活垃圾管理服务与终端处置的研究主要分为两方面。一方面是从处置技术或生物特性角度来进行研究，比如，垃圾焚烧热值（李晓东等，2001）及垃圾渗滤液处置方案优选（李艳等，2017）的分析；黄福义等（2017）发现，某垃圾填埋场附件河流中抗生素抗性基因检出率、富集倍数都显著增加，抗性基因污染加剧；也有学者从生物技术角度研究了生活垃圾堆肥、填埋的腐殖质、渗滤液的动态及特性（杨超等，2017；赵威等，2014）。另一方面是从生活垃圾管理服务的角度来进行研究，如垃圾处置中的"邻避"冲突研究（高军波等，2016）及生活垃圾服务管理投资效应（宋国君等，2017）；江源（2002）通过对照国外城市垃圾处理经验，提出除了单纯依靠工程技术的末端处置外，还应导入垃圾减量化、资源化和无害化的新政策。

从垃圾产生和源头减量的视角来考察资源效率的研究相对缺乏，更多的源头减量研究与居民垃圾分类行为考察联系在一起（张莉萍等，2016；曲英等，2009）。而在笔者掌握的文献中，尚未发现国内学者从解耦分析角度研究垃圾产生量随经济发展的动态演进过程。若将自然资源作为人类生产活动的一种投入要素，可持续则意味着自然资源的生产效率或者生产技术水平不断提高，这也是长期环境政策的核心要素。国外学者基于生活垃圾来评估资源效率的方法，除了生命周期评估法（life cycle assessment）（Lozano et al.，2009）和数据包络分析法（data envelopment analysis）（Rogge and De Jaeger，2012）以外，解耦分析（decoupling analysis）被越来越广泛地用于测量与经济活动有关的环境或资源效率的改善（Gupta，2015）中。发达国家对于工业原料和能源效率的解耦分析已进行了几十年（Llorca et al.，2016）。经济与合作发展组织在研究中广泛使用解耦指标用于政策评估（OECD，2002），而且欧洲环境署（EEA）在一系列报告中也使用了大量的解耦指标，强调了以市场为基础工具的重要性，以期实现生活垃圾更强的解耦指标（Kovanda and Hak，2007）。

20 世纪 90 年代初，解耦分析的研究被拓展至空气污染和温室气体排放中，实证研究显示，一些污染物与该国收入之间随时间变化呈倒"U"型关系（Grossman and Krueger，1995；Holtz - Eakin and Selden，1995；Selden and Song，1994），这种倒"U"型曲线被描述为"环境库兹涅茨曲线（environmental Kuznets curve，EKC）"，之所以称为环境库兹涅茨曲线，是因为其类似于库兹涅茨（Kuznets，1955）对于长期收入分配不平等时间序列模式的描述。如果倒"U"型关系成立，那么环境问题会随着长期经济增长而自动得到解决，导致问题产生的原因反而成了解决环境问题的最好方式。短期的环境恶化，会随着长期经济发展而得到改善，变得更加富裕是当前我们能找到的改善环境的最优路径（Beckerman，1992）。EKC 是对于解耦分析的一个自然拓展和具体应用，也是当前研究中用来评估环境状况及资源效率的主要工具之一。

因此，对环境问题的讨论也就转变为了对于经济发展与环境污染物之间动态关系的分析，如果 EKC 框架成立，经济发展是应对环境恶化的良方，而不是威胁（Stern et al.，1996）。但是分析的关键在于，环境污染与经济发展之间是否出现相互背离的动态关系，即呈现解耦状态，若这种解耦关系不存在，那么以上结论都不足以作为分析环境问题和制定政策的依据。

EKC 曲线并不是来自理论模型，而是来自实证数据的回归结果。虽然有大量的实证研究尝试验证污染物的 EKC 曲线是否存在，可是，目前为止，对于 EKC 曲线的存在性依然有很多争论，并不存在令人信服的一致结论，后续对于 EKC 曲线的理论模型研究结论也并不能得到稳健的实证结果（Kijima et al.，2010）。有学者认为，由于污染物存量的外部性以及污染物存量随着收入增长而上升，污染物与经济发展指标之间很难呈现出倒"U"型的曲线关系（Lieb，2004）。另外，对于不同的污染物，环境污染指标与收入之间的解耦状况并不完全一致。哈尔科斯和派萨诺斯（Halkos and

Paizanos，2013）发现，二氧化碳的排放存在倒"U"型 EKC 曲线；阿佐玛侯等（Azomahou et al.，2006）的结果却显示，这种倒"U"型的 EKC 曲线并不存在；沙菲克（Shafik，1994）发现，固体颗粒物与收入之间是单调递增的关系。因此，斯特恩（Stern，1998）认为，那些外部效应部分被内化的污染物，比如二氧化硫（SO_2），污染物与经济增长指标呈现出解耦的 EKC 模式，而那些外部效应没有被内化的污染物，如二氧化碳（CO_2）、生活垃圾污染物与经济增长指标呈现出单调递增的模式。所以，在解耦分析中使用不同的污染标识物、不同类型的数据以及各异的计量模型可能会导致不同的实证结果。

现有以 EKC 为框架来研究环境质量的解耦分析，更多集中于二氧化碳（CO_2）、二氧化硫（SO_2）、氮氧化合物（NO_x）和 $PM_{2.5}$ 等流动性污染物，研究生活垃圾环境库兹涅茨曲线（waste Kuznets curve，WKC）的相对较少。早期研究生活垃圾问题的文献发现，家庭生活垃圾产生量具有缺乏收入弹性的特征（Wertz 1976），这为进一步检验解耦关系提供了线索，但其关注点是生活垃圾产生量及生活垃圾管理服务需求的影响因素，而非生态环境相关的动态解耦关系，数据量也比较小。较早研究对于生活垃圾的解耦分析是马修等（Matthhew et al.，1997）根据跨国面板数据对许多环境指标与人均收入之间的 WKC 曲线的检验，结果显示，仅有当地的大气污染物存在倒"U"型曲线，并没有发现城市生活垃圾与经济指标之间存在解耦的证据。王平等（Wang，1998）利用美国县级层面的截面数据，证实了有害固体废物存在 WKC 的倒"U"型曲线。费舍尔和阿曼（Fischer and Amann，2001）发现，经济合作与发展组织（OECD）国家的填埋垃圾存在绝对解耦，而垃圾产量的分析却只是相对解耦（Johnstone and Labonne，2004）。

国内对于生活垃圾产生量与经济发展之间动态关系研究得相对较少，廖传惠（2013）以人均 GDP 作为经济发展指标的代理变量，以城市生活垃圾清运总量作为因变量，通过拟合 1996~2011 年的数据，得出 WKC 为 N 型曲线；曹海艳等（2017）选取了 1980~2013 年城市生活垃圾清运总量与城镇居民人均可支配收入的时间序列数据，构建误差修正模型，验证了

WKC 曲线的倒 "U" 型关系。而在生活垃圾问题的解耦分析中，有几个关键点：首先，在解析环境标识变量与经济发展之间动态关系时，经济发展水平代理变量的选取，要综合考量研究对象的具体政治、经济情境，尤其是研究生活垃圾这种与个人收入和消费密切相关的生态环境问题，数据出现测量误差，可能导致内生性问题；其次，污染物代理变量选取城市生活垃圾清运总量会受到人口规模的影响，比如，中国西部地区的新疆、西藏，地广人稀，其生活垃圾清运量总量也许不高，但人口规模却相对较少，人均生活垃圾产生量不一定较少；最后，国内当前对于生活垃圾的研究仅仅只是在 WKC 框架内验证了垃圾清运量与经济发展指标之间的关系，并没有进一步对其进行解耦分析。

　　另外值得注意的问题是，当前研究忽略了变量间的空间相关关系。孔令强等（2017）对 2014 年中国城市生活垃圾排放特征进行聚类检验，结果显示，中国城市生活垃圾排放存在区域性，并将全国按照经济发展程度高低和排放程度高低分为四个维度，认为应该加强城市生活垃圾的时空分布研究。经济变量以及社会人口统计变量的观测值通常存在基于地理的或者社会经济网络的空间集聚以及溢出现象，很多学者也已经将空间相关关系纳入研究框架中（Elhorst et al.，2010；Moscone et al.，2012；Francesco Moscone and Knapp，2005；Revelli，2005）。因此，对城市生活垃圾产生量进行解耦分析时，应该考虑其时空分布特征。

　　基于以往研究，本章将解耦分析由流动性污染物扩展至固体废弃物污染物，通过采取以下几个方面的设计，尝试构造一种新的对于城市生活垃圾产生量与经济增长之间动态耦合关系的分析：第一，将人均生活垃圾产生量作为环境质量的代理指标，将其纳入最优增长动态模型中，拓展以往研究对于 WKC 曲线的理论模型，以此来分析垃圾产生流量及存量的动态变化；第二，为避免以往文献因忽略空间关系而导致的估计偏差，在计量模型选择上，充分考虑空间相关关系，构建空间杜宾模型（SDM）来实证分析生活垃圾产生量与经济发展之间的动态关系，以此来进行城市生活垃圾产量的解耦分析；第三，在变量指标选择和数据处理上，考虑数据可比性和可靠性，选取城市人均生活垃圾产生量和居民实际消费水平分别作为环境识别变量和经济发展的代理变量;第四,以 WKC 为分析框架来进行城市生活垃圾的解耦分析。

4.3　计量模型构建与数据说明

4.3.1　基本计量模型

结合第 3 章理论框架中对于 WKC 曲线的理论推导式(3-23)、式(3-33)、式(3-26)及动态最优化问题的欧拉方程式(3-36)、式(3-37),生活垃圾产生量与经济增长之间在长期会呈现出解耦状态的 WKC 曲线形态,即随着经济的增长,生活垃圾产生量的相对增长率会下降,同时,生活垃圾产生量的绝对量会下降。为了检验第 3 章中提出的假说 1,本章构建了计量模型并对此进行检验。如何在 WKC 框架内设定解耦分析的计量模型,学术界尚未有一致的标准,纳入二次项、三次项,甚至四次项,相应会产生不同的 WKC 曲线形状,也会有不同的经济解释,而纳入高次项意味着经济活动对环境影响有着非线性的规模效应。索布希和桑吉夫(Sobhee and Sanjeev,2004)建议在回归中加入主要解释变量的三次项,以便于更好地趋近环境退化与人均收入之间的真实关系。因此,本章将城市人均生活垃圾产生量对城市居民消费水平的回归模型设定如下:

$$\ln pmsw_{it} = \beta_1 \ln c_{it} + \beta_2 (\ln c_{it})^2 + \beta_3 (\ln c_{it})^3 + \delta Z_{it} + u_i + \gamma_t + \varepsilon_{it} \quad (4-1)$$

其中,$\ln pmsw_{it}$ 表示 i 省 t 年的城市人均垃圾产生量的对数形式,$\ln c_{it}$ 表示 i 省 t 年的城镇居民实际消费水平的对数形式,Z_{it} 表示相应的控制变量,u_i 表示 i 省的个体固定效应,而 γ_t 表示时间效应,ε_{it} 表示服从独立同分布($i.i.d$)的随机扰动项。对被解释变量和主要解释变量取对数可以减少数据的波动性,而且也可以在一定程度上降低可能的异方差带来的估计结果的影响。

式(4-1)的模型设定并没有考虑变量间的空间相关关系,因此,为了处理潜在的空间依赖关系，本章首先检验城市人均生活垃圾产生量与居民消费水平是否存在空间相关关系，若不存在空间相关关系，则使用传统的标准计量经济方法，但若存在空间相关关系，则应用空间计量经济模型。

4.3.2　空间计量模型

4.3.2.1　空间相关性检验

目前，莫兰 I 指数（Moran's I index）以及莫兰散点图是通常采用的衡量空间相关关系的定量指标。莫兰 I 指数是由莫兰（Moran，1950）提出的一个变量之间相关系数的指数，其统计量由如下公式给出：

$$I = \frac{N(e'We)}{S(e'e)} \qquad (4-2)$$

其中，N 是观测值的数量，e 是最小二乘回归残差的向量，W 是权重矩阵，S 是一个等于权重矩阵中所有要素之和的标准化因子。若对权重矩阵行标准化，则式（4-2）简化为：

$$I = \frac{e'We}{e'e} \qquad (4-3)$$

很显然，莫兰 I 指数的计算结果条件于所选择的权重矩阵 W，因此，对于空间相关关系的检定，权重矩阵的设定非常重要（LeSage，2008）。而莫兰散点图则是将观测值与其空间滞后画成散点图的形式，其中 X 轴为观测值，Y 轴则是观测值的空间滞后项，通过莫兰散点图可以直观地判定空间相关关系。莫兰 I 指数介于 -1 和 1 之间，正值代表正的空间相关关系，负值表示负的空间相关关系，莫兰 I 指数实际上是莫兰散点图线性回归线的斜率。在本章中，通过设定 i 省与 j 省相邻的距离阈值矩阵 $W(1)$ 和邻接矩阵 $W(2)$ 来计算莫兰指数 I 以及拟合莫兰散点图，来检验城市人均垃圾产生量在各省之间是否存在空间相关关系。具体权重矩阵设定如下：

$$W(1): w_{ij} = \begin{cases} 1, & if \quad d_{ij} \leqslant d \\ 0, & if \quad d_{ij} > d \end{cases} \qquad (4-4)$$

$$W(2): w_{ij} = \begin{cases} 1, & if \quad i \quad j \quad contiguity \\ 0, & if \quad not \end{cases} \tag{4-5}$$

本章在设定距离阈值矩阵 $W(1)$ 时，首先，采用空间计量实践中常用的方法，将距离阈值设定为区域 i 与区域 j 之间最长的距离（Hao et al.，2016），即乌鲁木齐到西宁的距离（1439 千米，$d = 1439$km），且用考虑地表弧度的弧度距离来设定区域之间的距离。其次，使用后相邻（queen contiguity）的相邻规则定义 $W(2)$，即如果两个相邻省份有共同的边或顶点，则权重矩阵元素 $w_{ij} = 1$，否则 $w_{ij} = 0$。由于海南省在后相邻的规则中没有相邻的省份，因此，人为将海南省的邻接省份设定为距离最近的广东省。若确认存在空间相关关系，则通过设定相应的空间权重矩阵，作为各变量空间滞后权重来控制空间因素。

4.3.2.2 空间计量模型设定

最一般化的空间计量模型是广义嵌套空间回归模型（general nesting spatial regression model，GNS），如下所示：

$$\ln pmsw_{it} = \beta X_{it} + \rho \sum_{j=1}^{N} w_{it} X_{jt} + \delta \sum_{j=1}^{N} w_{it} \ln pmsw_{jt} + \eta Z_{it} + u_i + \gamma_t + v_{it}$$

$$v_{it} = \lambda \sum_{j=1}^{N} w_{it} v_{jt} + \varepsilon_{it}, \varepsilon_{it} \sim N(0, \sigma^2 I_n) \tag{4-6}$$

其中，X_{it} 为 $1 \times k$ 的自变量向量，β 为 X 的 $k \times 1$ 参数向量，Z_{it} 为 $1 \times k$ 的协变量向量，η 为 Z 的 $k \times 1$ 参数向量。应用最广泛的空间计量模型包括空间滞后模型（spatial lag model，SLM）、空间误差模型（spatial error model，SEM）、空间杜宾模型（spatial Durbin model，SDM）（Anselin et al.，2006）。当 $\rho = 0$，$\delta = 0$ 时，即为空间误差模型（SEM）：

$$\ln pmsw_{it} = \beta X_{it} + \eta Z_{it} + u_i + \gamma_t + v_{it}$$

$$v_{it} = \lambda \sum_{j=1}^{N} w_{it} v_{jt} + \varepsilon_{it}, \varepsilon_{it} \sim N(0, \sigma^2 I_n) \tag{4-7}$$

空间误差模型的经济解释是空间上相互依赖的两个单元，其不可观测的随机误差项互相影响，如果不考虑空间依赖关系，会产生估计偏误。当 $\rho = 0$，$\lambda = 0$ 时，即为空间滞后模型（SLM），也称为空间自回归模型

（spatial autoregressive model）：

$$\ln pmsw_{it} = \beta X_{it} + \delta \sum_{j=1}^{N} w_{it} \ln pmsw_{jt} + \eta Z_{it} + u_i + \gamma_t + \varepsilon_{it}$$

$$\varepsilon_{it} \sim N(0, \sigma^2 I_n) \qquad\qquad (4-8)$$

空间自回归模型之所以称为空间滞后，是因其借鉴时间序列里的滞后概念，但是空间滞后的经济意义却不同于时间序列的时间先后，而是指空间单元的因变量与邻近区域的因变量之间存在空间依赖关系。当 $\lambda = 0$ 时，即为空间杜宾模型（SDM）：

$$\ln pmsw_{it} = \beta X_{it} + \rho \sum_{j=1}^{N} w_{it} X_{jt} + \delta \sum_{j=1}^{N} w_{it} \ln pmsw_{jt} + \eta Z_{it} + u_i + \gamma_t + \varepsilon_{it}$$

$$\varepsilon_{it} \sim N(0, \sigma^2 I_n) \qquad\qquad (4-9)$$

在空间计量模型中，分别设定邻接矩阵 $W(2)$、距离倒数邻接矩阵 $W(3)$ 和距离倒数矩阵 $W(4)$。对邻接矩阵 $W(2)$ 的设置，依然采取上文后相邻（queen contiguity）的定义来界定；对距离倒数邻接矩阵 $W(3)$ 的设置，若区域 i 与区域 j 有共同的边或者顶点，则权重矩阵元素为 $1/d_{ij}$，若不相邻，则 $w_{ij} = 0$；对距离倒数矩阵 $W(4)$ 的设定直接以区域 i 与区域 j 之间的距离倒数作为空间权重矩阵的元素，即 $w_{ij} = 1/d_{ij}$。三种权重矩阵设置具体如下所示：

$$W(2): w_{ij} = \begin{cases} 1, & if \quad i\ j\ contiguity \\ 0, & if \quad not \end{cases} \qquad (4-10)$$

$$W(3): w_{ij} = \begin{cases} 1/d_{ij}, & if \quad i\ j\ contiguity \\ 0, & if \quad not \end{cases} \qquad (4-11)$$

$$W(4): w_{ij} = 1/d_{ij} \qquad\qquad (4-12)$$

4.3.3 数据说明

本章采用 2004～2016 年全国 31 个省级行政区域的面板数据，数据来源于历年《中国统计年鉴》《中国人口与就业统计年鉴》《中国建设统计年鉴》和国家统计局网站。回归模型中主要变量解释如下。

4.3.3.1　城市人均生活垃圾产生量

在解耦分析中，环境压力标识变量到底该选取绝对值指标、人均指标、基于产出的指标、基于投入的指标还是每单位 GDP 的指标，没有固定的标准，不同的指标选取有着不同的含义和解释。对于因变量的选择应当依赖于所研究的问题，人均指标的选取可能更符合环境退化来自人口增长相关的过度开发，而绝对强度指标则更适用于与产业相关的外部性情形（Mazzanti and Zoboli，2009）。

本章采用城市人均生活垃圾产生量作为被解释变量，人均指标还可以消除人口规模的影响。计算公式采用各省份的城镇垃圾年清运量除以当期的城镇人口。虽然生活垃圾产生量更能反映源头垃圾总量，但是由于缺乏生活垃圾产生量的数据，本章采取生活垃圾清运量的数据来替代生活垃圾产生量。

4.3.3.2　城镇居民实际消费水平

在对环境污染物的解耦研究中，由于生活垃圾产生流量与消费支出更加相关，而且对于市政垃圾及包装垃圾，家庭消费支出是更合适的经济增长代理变量（Rothman，1998）。因此，本章采用城镇居民实际消费水平作为经济发展的代理变量，同时为了避免通货膨胀的影响，本章将城市居民消费价格指数折算为城镇居民实际消费水平。

4.3.3.3　城市人口密度、城市化率及城市就业人口

同样，对于影响环境表现的控制变量也没有统一的选择标准，社会经济变量（Harbaugh et al.，2002）及政策变量（Markandya et al.，2006）均在研究中被作为协变量。对于环境质量代理变量的选取以及解释变量的选取，更多取决于数据可得性和研究目的。在新加坡、东京地区，随着城市化的进程，人口密度已经或正在达到峰值水平，土地价值非常高，人口密度和城市化率成为解耦分析的重要协变量（Lang，2005；Ozawa，2005；Yang and Innes，2007）。

因此，本章将这三个变量纳入回归模型，城市人口密度是指城区内的人口疏密程度（人/平方千米）。根据《中国统计年鉴》的数据显示，其计算公式为：城市人口密度＝（城区人口＋城区暂住人口）/城区面积；城市化率采用城镇人口占总人口的比重来衡量；城市就业人口数是指在 16 周岁及以上，在城市从事一定社会劳动并取得劳动报酬或经营收入的人员。

4.3.3.4　平均家庭规模、总抚养比与受教育程度

除了经济变量以外，人口结构变量也会影响居民生活垃圾产生量。约翰斯通和拉博纳（Johnstone and Labonne，2004）验证了平均家庭规模对生活垃圾产生量的负向影响效应；范霍特文和莫里斯（Van Houtven and Morris，1999）分析了不同年龄段人口比例对生活垃圾产生量的影响；韩洪云等（Han et al.，2016）分析了总抚养比与生活垃圾产生量之间的关系。此外，受教育程度较高的人具有较好的环保意识，从而会产生更少的垃圾（Benítez et al.，2008），但这种关系并不稳健（Hage and Söderholm，2008），甚至还有可能是正相关关系（H. Han et al.，2016）。

本章将平均家庭规模、总抚养比和受教育程度纳入回归模型中。采用平均每户人数作为衡量家庭规模的指标；总抚养比由人口总体中非劳动年龄人口数与劳动年龄人口数之比计算得出；使用居民受教育年限的加权平均数来衡量不同地区的受教育程度，计算方法为接受小学、初中、高中及大学教育的 6 岁及以上人口数各自占总体人口的比重分别乘以 6、9、12 和 16 的权重。

4.3.3.5　其他解释变量

移动互联网和现代物流业的发展是当今信息时代的显著特征，颠覆了传统的零售商业模式，互联网的长尾市场导致商品价格下降，需求量上升，从逻辑上而言，相应也可能导致垃圾产生量的大量增加，因此，本章将互联网上网人数、快递业务量作为控制变量。城市化进程带来人们生活习惯的改变，比如，在外就餐增加，也可能会影响生活垃圾产生量，因此，将餐饮业餐费收入（亿元）作为协变量纳入回归模型中。

在国外众多研究中，政策变量是非常重要的影响因素（Mazzanti and Zoboli，2009）。生活垃圾收费政策和垃圾源头分类政策是中国当前最主要的垃圾管理政策，总体而言，当前中国生活垃圾管理政策对居民生活垃圾产生量的影响依然存在争议（叶岚等，2017），垃圾分类是一个从源头产生到终端处置的系统性问题，同时韩等（Han et al.，2016）研究发现，虽然生活垃圾收费政策及垃圾源头分类政策分别单独对生活垃圾产生量有一定的抑制作用，但是其交互作用却会导致生活垃圾产生量的增加，总效应不明确，而且本书将在下一章对当前中国垃圾减量政策进行系统分析及重新评估，因此，本章未将政策变量纳入模型中，且通过固定效应模型可以控制政策变量。

表 4.1   变量描述性统计

变量符号	变量名	均值	标准差	最小值	中位数	最大值
PMSW	城市人均生活垃圾产生量（千克/人）	266.1354	142.6757	126.1345	241.9573	2500
C	城镇居民实际消费水平（元/人）	2762.987	1161.129	1078.96	2577.05	7869.92
POPD	城市人口密度（人/平方千米）	2558.558	1335.061	186	2375	6307
URBR	城市化率（%）	50.8686	14.9322	20.0268	49.1898	89.8232
URBE	城市就业人口（百万人）	1.5978	1.4223	0.0727	1.2061	9.8647
FAMS	平均家庭规模（人）	3.2238	0.3819	2.45	3.23	4.66
DEPD	总抚养比（%）	36.3006	6.7596	19.3	36.8	57.6
EDU	受教育程度（年）	9.1195	0.8984	5.0852	9.0801	12.342
EXP	快递业务量（亿件）	2.2844	6.9221	0.0031	0.294	76.7242
NETIZEN	互联网上网人数（千万人）	1.3533	1.3176	0.007	0.999	8.024
CATERING	餐饮业餐费收入（亿元）	93.391	127.2297	0.1	37.4	641.7

从表 4.1 可以看出，城镇人均生活垃圾产生量的最大值为 2500 千克/人，是同期总体均值 266.14 千克/人的近十倍，此外，西藏自治区在 2004 年、2005 年的城镇人均生活垃圾产生量分别为 687.4759 千克/人和

767.2414 千克/人，而同期全国城镇人均生活垃圾产生量分别为 311.187 千克/人和 297.576 千克/人，属于明显的异常值。这一方面与西藏的地理区位和自然条件有关，地广人稀，大部分地区为牧区，城市化率在全国各省市中处于最低水平，不足 30%，另一方面也许跟统计数据偏误有关，因此，对城镇人均生活垃圾产生量数据进行异常值缩尾处理，用 1% 的百分位数和 99% 的百分位数分别替换低于或高于 1% ~ 99% 的百分位数范围的极端值。

4.4　生活垃圾产生量与经济增长的动态耦合关系估计

4.4.1　不考虑空间因素的实证分析

4.4.1.1　面板单位根检定

当使用时间序列数据进行分析时，如果时间序列数据是非平稳的，那么就有可能在不相关的数据间得到显著的回归结果，从而出现所谓的伪回归。此时最小二乘估计量并不具备最佳线性无偏估计（BLUE）的特性，t（统计量）也是不可靠的，因此，在回归前，先对变量进行单位根的平稳性检定。通常针对面板数据的单位根检定方法有 LLC、HT、IPS、Breitung、Fisher – ADF、Fisher – PP 以及 Hadri – LM 检验。本章采用 LLC（Levin et al.，2002）和 IPS（Im et al.，2003）对回归分析的主要解释变量进行面板单位根检定，且均纳入时间趋势，并为了减少可能存在的截面相关的影响，先将面板数据减去各截面单位均值，再进行单位根检定，在 IPS 方法中，用 AIC 信息准则来选择最优滞后阶数，具体结果如表 4.2 所示，检定结果均至少在一种检验方法中显著拒绝数据非平稳的原假设，可以进行回归分析。

表4.2 数据单位根检定

变量名	LLC	IPS
ln$PMSW$	− 12.3543 ***	− 5.3761 ***
ln$C$	− 9.6014 ***	− 1.4108 **
ln$POPD$	− 22.4006 ***	− 10.5239 ***
$URBR$	− 2.9018 ***	− 1.2173
$URBE$	− 1.4034 *	0.9871
$FAMS$	− 4.6129 ***	0.098
$DEPD$	− 10.7032 ***	− 6.4892 ***
EDU	− 4.6835 ***	− 4.3158 ***

注：*、**、***分别表示在10%、5%和1%的水平上拒绝数据非平稳的原假设。

4.4.1.2 实证估计结果

本章首先估计不考虑空间因素的回归模型，采用混合最小二乘回归估计城市生活垃圾人均产生量与城镇居民实际消费水平之间是否存在解耦的WKC曲线动态相关关系。

表4.3显示，在模型 $M(0)$ 中，城市人均生活垃圾产生量与城市居民实际消费水平间的线性关系并不显著。加入城市居民实际消费水平的二次项 $(\ln C)^2$，$(\ln C)^2$ 和 $\ln C$ 的估计系数在模型 $M(1)$ 中均在1%的水平上显著为正，符号分别为正、负。在模型 $M(2)$ 中，加入 $(\ln C)^3$ 之后，各项系数显著性有所下降，三次项和二次项在10%的水平上分别显著为负、正，一次项在5%的水平上显著为负。说明在样本区域的城镇人均生活垃圾产生量与城镇居民实际消费水平之间存在着"U"型或者倒"N"型的WKC曲线。

表 4.3　　　　　　　　　WKC 曲线的混合最小二乘估计结果

解释变量	Pooled – OLS					
	M（0）		M（1）		M（2）	
	Coef		Coef		Coef	
$\ln C$	0.0537	(0.0412)	– 8.5296 ***	(1.2754)	– 65.4932 **	(31.2579)
$\ln C^2$			0.5425 ***	(0.0806)	7.7009 *	(3.9256)
$\ln C^3$					– 0.2992 *	(0.1641)
$CONS$	5.0897 ***	(0.3234)	38.9555 ***	(5.0391)	189.7375 **	(82.8236)
$R^2\ adjusted$	0.0017		0.1011		0.1063	
N	403		403		403	

注：N 为样本观测值，括号中的数字为稳健标准误；*、**、*** 分别表示在 10%、5% 和 1% 的水平上显著。

但是，混合最小二乘估计假设所有截面单元的估计参数 $\beta = \beta_j\ \forall j,\ i,$ t，忽略了面板数据的特性，没有考虑截面单元之间的异质性，假设过于严格，其残差项可能会存在截面单元组间异方差和组内序列相关的问题，因此，其估计参数不准确。而既能够识别个体异质性，又能够利用面板数据丰富信息的估计方法，是用截距项的差异来刻画所有截面单位的个体异质性。相应的，有两种识别个体特征的面板数据估计方法：固定效应模型和随机效应模型。表 4.4 给出了个体固定效应、双向固定效应和随机效应估计模型的估计参数值。

表 4.4　　　　　　　WKC 曲线的固定效应和随机效应估计结果

解释变量	Individual_FE					Twoway_FE	RE
	M(3)	M(4)	M(5)	M(6)	M(7)	M(8)	M(9)
	Coef	Coef	Coef	Coef	Coef	Coef	Coef
$\ln C^3$	– 0.3662 **	– 0.2314	– 0.2300	– 0.3998 **	– 0.4283 **	– 0.4214 **	– 0.4312 ***
	(0.1416)	(0.1720)	(0.1635)	(0.1908)	(0.1746)	(0.1722)	(0.1642)
$\ln C^2$	9.0380 **	5.8701	5.7459	9.6852 **	10.6342 **	10.4513 **	10.7255 ***
	(3.3785)	(4.0898)	(3.8829)	(4.5088)	(4.1746)	(4.1219)	(3.9330)
$\ln C$	– 74.1775 ***	– 49.5805	– 47.7681	– 78.0754 **	– 86.2305 **	– 84.6735 **	– 87.0060 ***
	(26.8373)	(32.2928)	(30.6126)	(35.3743)	(33.0769)	(32.6762)	(31.2661)

续表

解释变量	Individual_FE					Twoway_FE	RE
	M(3)	M(4)	M(5)	M(6)	M(7)	M(8)	M(9)
	Coef	Coef	Coef	Coef	Coef	Coef	Coef
ln*POPD*		-0.0270 (0.0341)	-0.0221 (0.0374)	-0.0239 (0.0345)	0.7285 (0.5623)	0.6787 (0.6116)	0.7537 (0.5740)
URBR		1.6108 (1.0092)	1.7385* (1.0106)	1.9218* (0.9848)	9.6922* (5.3718)	9.6475* (5.5319)	10.5002** (5.3009)
URBE		-0.0208 (0.0195)	-0.0317 (0.0221)	-0.0292 (0.0297)	-0.0208 (0.0285)	-0.0262 (0.0298)	-0.0186 (0.0273)
FAMS			0.2899* (0.1510)	0.3200** (0.1555)	0.3457** (0.1561)	0.3244 (0.2066)	0.3070** (0.1260)
DEPD			-0.0576 (0.5441)	-0.1778 (0.5046)	-0.3681 (0.4562)	-0.5325* (0.3151)	-0.9021*** (0.3047)
EDU			-0.0196 (0.0167)	-0.0069 (0.0167)	0.0070 (0.0139)	0.0156 (0.0270)	0.0169 (0.0243)
EXP				0.0070*** (0.0024)	0.0068*** (0.0023)	0.0066*** (0.0022)	0.0059*** (0.0022)
NETIZEN				-0.0858* (0.0484)	-0.0897* (0.0456)	-0.0835* (0.0444)	-0.0820** (0.0377)
CATERING				0.0002 (0.0004)	0.0002 (0.0004)	0.0003 (0.0004)	0.0003 (0.0004)
ln*C* × ln*POPD*					-0.1008 (0.0757)	-0.0927 (0.0832)	-0.1033 (0.0768)
ln*C* × *URBR*					-1.0865 (0.7320)	-1.0727 (0.7346)	-1.2454* (0.6825)
CONS	207.9402*** (70.9489)	144.2924* (84.8848)	136.2074 (80.2642)	213.3514** (92.1292)	233.2663** (86.7393)	228.9165** (85.6881)	235.5176*** (82.3331)
R^2 within	0.2128	0.2482	0.2764	0.3210	0.3487	0.3636	0.3588
R^2 between	0.0922	0.1285	0.1169	0.1523	0.1785	0.1935	0.2672
R^2 overall	0.0678	0.1422	0.1404	0.1738	0.2114	0.2250	0.2875
N	403	403	403	401	401	401	401

注：N 为样本观测值，R^2 within 为组内 R^2，R^2 between 为组间 R^2，R^2 overall 为总体 R^2；括号中的数字为稳健标准误；*、**、*** 分别表示在 10%、5% 和 1% 的水平上显著。

从表 4.4 可以看出，当采用个体固定效应 $M(3)$ 估计时，$(\ln C)^3$、$(\ln C)^2$、$\ln C$ 分别在 5%、5% 和 1% 的水平上显著为负、正、负，结合具体参数值的大小，显示城市人均生活垃圾产生量与城镇居民实际消费水平之间呈倒 "N" 型曲线关系，但此时的参数估计没有加入控制变量，会产生内生性问题，导致估计参数结果有偏。

在模型 $M(4)$ 中，将城市人口密度、城市化率和城市就业人口数作为协变量纳入回归方程中。在纳入以上控制变量之后，城镇居民实际消费水平的三次项、二次项和一次项系数的符号正负与 $M(3)$ 一致，但是进行稳健标准误调整后，均变得不显著。模型 $M(5)$ 继续加入平均家庭规模、总抚养比和受教育程度进行回归，稳健标准误调整后的城镇居民实际消费水平各项系数依然不显著，但三次项、二次项和一次项系数的符号正负依然显示样本区域的城市人均生活垃圾产生量与城镇居民实际消费水平之间呈倒 "N" 型关系。此外，城市化率的回归系数变得显著为正，表明城市化率的提升会导致城市生活垃圾人均产生量的提高。

模型 $M(6)$ 增加了快递业务量、互联网上网人数和限额以上餐饮业餐费收入作为控制变量，回归方程的三次项、二次项和一次项符号分别为负、正、负，且均在 5% 的水平上显著。城市化率的回归系数依然显著，快递业务量对城市人均生活垃圾产生量在 1% 的水平上显著正相关。出乎意料的是，互联网上网人数与城市人均生活垃圾产生量之间呈负相关关系，从回归系数看，互联网上网人数增加导致城市人均生活垃圾产生量下降，这需要对互联网的发展带来的人们生活模式和习惯的改变进行进一步解读，也许跟外出活动的减少有关。

为了考察城镇居民实际消费水平和城市人口密度、城市化率之间的相互影响，在模型 $M(7)$ 中加入城镇居民实际消费水平与城市人口密度、城镇居民实际消费水平与城市化率的交乘项，回归结果显示，交乘项系数均为负，即城镇居民实际消费水平与城市人口密度和城市化率之间会负向影响城市人均生活垃圾产生量，但是交乘项回归系数并不显著。

在双向固定效应模型 $M(8)$、随机效应模型 $M(9)$ 中，均控制了时间变量，对两模型中的时间固定效应进行联合检验，F 值分别为 2.73（$p =$

0.0126）和 38.85（ $p = 0.0001$ ），说明应该控制时间变量。而在固定效应模型 $M(8)$ 和随机效应模型 $M(9)$ 的豪斯曼检验中，卡方值为 4.72， p 值为 0.9992，无法拒绝固定效应估计量和随机效应估计量没有系统性差别的原假设，因此，应采用控制时间变量的随机效应模型估计模型 $M(9)$ 。其估计系数显示，城镇居民实际消费水平的三次项、二次项和一次项均变得在 1% 的水平上显著，且其符号正负显示城市人均生活垃圾产生量与城镇居民实际消费水平之间是倒"N"型的 WKC 曲线关系，此外，总抚养比的估计参数在模型 $M(8)$ 、 $M(9)$ 中均显著为负。

根据前文分析，若在构建的回归方程式（4 - 1）中，变量之间存在着显著的空间相关关系，需采用合适的空间计量模型来进行参数估计，而采用空间计量模型之前，先进行空间相关性检验，下文首先采取常用的空间相关性指标莫兰 I 指数和莫兰散点图来检验空间相关性。

4.4.2 纳入空间因素的实证分析

4.4.2.1 空间相关性检验

如果莫兰 I 指数和莫兰散点图证实了不可忽视空间相关性的存在，则需要在实证分析中纳入空间因素。按照前文所述，首先设置距离阈值矩阵 $W(1)$ 和邻接空间权重矩阵 $W(2)$ 来计算莫兰 I 指数及拟合莫兰散点图。本章用 Geoda 软件来进行莫兰 I 指数的计算和散点图的拟合，图 4.2 呈现的是分别在 $W(1)$ 、 $W(2)$ 的设定下，2004 ~ 2016 年 31 个省级行政区域城市人均生活垃圾产生量（平均量）的莫兰 I 指数，以及莫兰散点图。左下角的低—低区域与右上角的高—高区域表示正的空间相关，右下角的高—低区域和左上角的低—高区域表示空间负相关。图 4.1 中大多数的省份均出现在左下角的第三象限和右上角的第一象限中，莫兰 I 指数分别为 0.152777 和 0.131716，同时对莫兰 I 指数进行 999 次随机排列模拟，伪 p 值为 0.05，在 0.05 的水平上显著。以上结果表明，中国城市人均生活垃圾产生量在省级层面存在空间正相关关系，应纳入合适的空间滞后项来估

计式 (4 - 1) 的参数, 否则回归结果会由于遗漏重要变量而产生估计偏误。

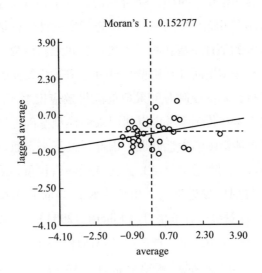

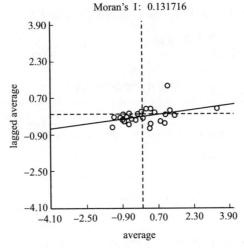

图 4.1　省级行政区域 2004 ~ 2016 年平均城市人均生活垃圾产生量的莫兰散点图

（左图为邻接矩阵, 右图为距离阈值矩阵）

4.4.2.2　实证估计结果

空间误差模型 (SEM)、空间滞后模型 (SLM) 和空间杜宾模型

（SDM）都是广义嵌套空间回归模型（GNS）的特殊形式。而通常在实践中，回归模型中如果没有遗漏重要的解释变量，误差项不会存在空间相关关系，采用空间杜宾模型（SDM）是合适的，基于充分考虑空间相关性的原因，本章先采用广义嵌套空间回归模型进行了估计，但是式（4-6）中误差空间相关项 λ 的估计系数在距离倒数矩阵和距离倒数邻接矩阵中均不显著，因此，本章采用空间杜宾模型（SDM）来进行参数估计。

根据前文分析，采用控制时间效应的随机效应模型 $M(9)$ 最为合适，而空间计量模型则是在传统不考虑空间因素的模型基础上纳入各变量的空间相关关系来尽可能消除内生性问题。因此，接下来，通过设定上文所述空间权重矩阵 $W(2)$、$W(3)$、$W(4)$ 作为变量滞后权重，采用空间杜宾模型（SDM）来进行回归参数估计。由于在解释变量中纳入了空间权重矩阵①，最小二乘估计量会是有偏估计（Elhorst，2003）。一般而言，有两种方法来估计空间面板模型：第一种是广义矩估计（generalized method of moments，GMM）；第二种是准极大似然估计（Quasi – maximum likelihood，QML）（Belotti et al.，2017），本章采用准极大似然估计对回归方程进行参数估计。估计结果如表 4.5 所示。

表 4.5　　　　　　　　　空间杜宾模型估计结果

解释变量	SDM – RE					
	邻接矩阵 $W(2)$		距离倒数邻接矩阵 $W(3)$		距离倒数矩阵 $W(4)$	
	Coef		Coef		Coef	
$\ln C^3$	− 0.2921 ***	(0.0293)	− 0.2636 ***	(0.0198)	− 0.2572 ***	(0.0513)
$\ln C^2$	7.4180 ***	(0.6983)	6.6890 ***	(0.4478)	6.5404 ***	(1.2487)
$\ln C$	− 60.7479 ***	(5.6624)	− 54.8014 ***	(3.5438)	− 53.6908 ***	(10.1409)
$\ln POPD$	0.6908 **	(0.3187)	0.7352 **	(0.3151)	0.7355 **	(0.3194)
$URBR$	12.9190 ***	(2.7195)	9.9727 ***	(2.6809)	9.4208 ***	(2.8098)
$URBE$	0.0045	(0.0185)	− 0.0077	(0.0179)	− 0.0081	(0.0179)

① 在空间计量模型中，因变量、自变量及误差项的空间权重矩阵均可以设置不同的权重矩阵，本章统一使用相同的空间矩阵。

续表

解释变量	SDM – RE					
	邻接矩阵 $W(2)$		距离倒数邻接矩阵 $W(3)$		距离倒数矩阵 $W(4)$	
	Coef		Coef		Coef	
FAMS	0.3305 ***	(0.0806)	0.3762 ***	(0.0799)	0.3620 ***	(0.0812)
DEPD	− 0.7013 **	(0.3075)	− 0.5840 *	(0.3129)	− 0.6394 **	(0.3107)
EDU	0.0197	(0.0247)	0.0213	(0.0246)	0.0244	(0.0247)
EXP	0.0039 **	(0.0016)	0.0039 **	(0.0016)	0.0037 **	(0.0016)
NETIZEN	− 0.0742 ***	(0.0228)	− 0.0685 ***	(0.0226)	− 0.0680 ***	(0.0229)
CATERING	0.0002	(0.0002)	0.0002	(0.0002)	0.0003	(0.0002)
$\ln C \times \ln POPD$	− 0.0934 **	(0.0427)	− 0.1004 **	(0.0422)	− 0.1003 **	(0.0428)
$\ln C \times URBR$	− 1.5240 ***	(0.3578)	− 1.1084 ***	(0.3521)	− 1.0246 ***	(0.3707)
CONS	165.5892 ***	(15.5389)	149.8024 ***	(9.7978)	147.3679 ***	(27.4744)
W						
ρ	− 0.1470 ***	(0.0430)	− 0.1951 ***	(0.0513)	− 0.2190 ***	(0.0652)
δ	0.1846 ***	(0.0602)	0.2280 ***	(0.0749)	0.2238 **	(0.0937)
sigma_u	0.2268 ***	(0.0310)	0.2279 ***	(0.0310)	0.2125 ***	(0.0294)
sigma_e	0.1068 ***	(0.0043)	0.1060 ***	(0.0043)	0.1066 ***	(0.0043)

注：W 为空间权重矩阵，括号中的数字为标准误；*、**、*** 分别表示在 10%、5% 和 1% 的水平上显著。

由表 4.5 可知，解释变量 $\ln C_{it}$ 的空间滞后项估计系数 ρ 以及因变量 $\ln pmsw_{it}$ 的空间滞后项估计系数 δ 在三种空间权重矩阵设定下均至少在 5% 的水平上显著，说明在城市生活垃圾的解耦分析中，应该考虑空间相关关系。在控制空间因素后，$(\ln C_{it})^3$、$(\ln C_{it})^2$ 及 $\ln C_{it}$ 的估计系数在三种空间权重矩阵设定下均在 1% 的水平上显著，其符号分别为负、正、负，结合参数值大小，意味着城市人均生活垃圾产生量与城镇居民实际消费水平之间呈倒"N"型关系，不同于廖传惠（2013）得出的倒"U"型和曹海艳等（2017）得出的"N"型关系。这可能是因为选取的经济指标不同，也可能是由于模型和估计方法不同所致。相比纳入空间相关关系之前的固定效应和随机效应估计模型而言，城市人口密度在空间计量模型中均变得显著为正，与比德和布鲁姆（Beede and Bloom，1995）得出人口密度对城市生活垃圾有显著正效应一致。城市化率在 1% 的水平上显著为正，说明城市化会明显提升城市人均生活垃圾产生量，印证了约翰斯通和拉博讷（Johnstone and Labonne，2004）基于效用最大化模型的研究结论。

此外，平均家庭规模均在 1% 的水平上显著为正，意味着随着城市家庭中人口数的增加，城市人均生活垃圾产生量会相应地增加，这与詹金斯等（Jenkins et al.，2003）得出的家庭规模在生活垃圾产生量上具有家庭规模经济的结论相异。但总抚养比回归结果显示，随着家庭中非劳动人口的增加，城市人均生活垃圾产生量减少。结合平均家庭规模的正效应与总抚养比的负效应，也许意味着家庭规模的增加不一定产生人口的生活垃圾规模经济效应，而非劳动人口的增加会产生人口的垃圾产量规模效应，因为非劳动人口缺乏相应的经济收入，家庭决策更倾向于购买家庭套装等量贩包装商品。受教育程度对于生活垃圾产生量的影响不显著，与哈格和索德霍尔姆（Hage and Söderholm，2008）结论一致。

与未控制空间因素的模型相比，快递业务量、互联网上网人数依然分别显著为正和负，而当前我国的物流行业发展正处于快速发展时期，2018 年第一季度，快递业务量累计完成 99.2 亿件，快递业务收入达到 1271.3 亿元，分别同比增长 30.6% 和 29.1%，受"一带一路"和跨境电商等因素的影响，预计这一增长将成为常态[①]，我国未来城市生活垃圾管理形势不容乐观。值得一提的是，从回归结果来看，互联网上网人数的增加对城市人均生活垃圾产生量会有一定的抑制作用，且这种反向作用在样本数据中是稳健的，当前"互联网 +"战略的实施也许会重塑经济社会形态和人们生活模式。

此外，在控制空间因素以后，城镇居民实际消费水平与城市人口密度及城市化率的交乘项在三种空间权重矩阵下，均变得显著为负，说明城市人口密度、城市化率对城市人均生活垃圾产生量的影响与城镇居民实际消费水平对城市人均生活垃圾产生量的影响之间存在逆向关系，也就是说，相同人口密度或者城市化率的省份之间，居民实际消费水平越高，人均生

---

① 国家邮政局的《2018 年 3 月中国快递发展指数报告》。

活垃圾产生量越少；反之，相同居民实际消费水平的省份之间，人口密度、城市化率的上升会抑制人均生活垃圾产生量。说明清洁环境需求是正常物品，收入上升，消费需求对清洁环境需求的边际替代率下降，相应会减少垃圾产生量。

在三种不同的空间权重矩阵设定下，主要解释变量 $(\ln C_{it})^3$、$(\ln C_{it})^2$ 及 $\ln C_{it}$ 的估计参数较稳定，相差幅度不大，而在没有控制空间因素的回归模型中，估计参数波动幅度较大。另外，在三种不同空间权重矩阵设定下，$(\ln C_{it})^3$、$(\ln C_{it})^2$ 及 $\ln C_{it}$ 的估计参数与未控制空间因素的随机效应模型 $M(9)$ 相比，绝对值有较大幅度下降，导致拟合曲线的形状有较大变化。

由于空间计量回归模型是探索空间单元间的复杂空间依赖结构，特定空间单元的某个解释变量或因变量变化，一方面会影响该空间单元自身，另一方面也会影响所有其他空间单元。这种相互之间的空间依赖关系会产生反馈效应，因此，直接按照空间回归模型的估计参数来解释空间单元间的相互关系会导致较大的偏误。表 4.6 给出了三种空间权重矩阵设定下按照 Delta - Method 方法估计的直接效应、间接效应和总效应平均值估计量。

如表 4.6 所示，$(\ln C_{it})^3$、$(\ln C_{it})^2$ 及 $\ln C_{it}$ 估计参数的符号在三种不同权重矩阵设定下分别为负、正、负，与上文分析结果一致，再次证实了城市人均生活垃圾产生量与城镇居民实际消费水平之间的倒"N"型关系，且间接效应均显著，说明存在不容忽视的空间溢出效应，应该纳入空间相关关系进行回归。直接效应汇报的是当忽略溢出效应时，某个解释变量的平均变化量对因变量的影响，比如，以邻接矩阵为例，当人口密度上升 1% 时，会导致本省城市人均生活垃圾产生量上升 0.69% 。而间接效应指的是溢出效应，人口密度上升会导致人均生活垃圾产生量提高，而这种提高的溢出效应会进一步提高垃圾产生量，其结果是 0.13% ，总效应则是直接效应与间接效应之和（0.82%）。

如表 4.6 所示，在其他因素不变的情况下，城镇居民实际消费水平对城市人均生活垃圾产生量的影响效应中，本省居民实际消费水平的增加对本省人均生活垃圾产生量的直接影响大概在 80% 左右，而另外 20% 的人均生活垃圾产生量的增加是由于其他省份的居民实际消费水平的增加所导致的溢出效应。

表 4.6　三种空间权重矩阵的直接效应、间接效应和总效应

变量	SDM - 邻接矩阵			SDM - 距离倒数邻接矩阵			SDM - 距离倒数矩阵		
	直接效应	间接效应	总效应	直接效应	间接效应	总效应	直接效应	间接效应	总效应
lnC^3	-0.2937*** (0.0201)	-0.0534** (0.0210)	-0.3471*** (0.0321)	-0.2650*** (0.0126)	-0.0337*** (0.0128)	-0.2986*** (0.0198)	-0.2580*** (0.0157)	-0.0648* (0.0346)	-0.3228*** (0.0403)
lnC^2	7.4609*** (0.4623)	1.3551** (0.5326)	8.8159*** (0.7754)	6.7235*** (0.2795)	0.8540*** (0.3240)	7.5775*** (0.4656)	6.5605*** (0.3537)	1.6478* (0.8782)	8.2083*** (0.9925)
lnC	-61.1035*** (3.7218)	-11.2422** (4.4076)	-72.3458*** (6.3351)	-55.0884*** (2.3388)	-7.1054** (2.6848)	-62.1938*** (3.8609)	-53.8586*** (2.8771)	-13.7736** (7.3059)	-67.6323*** (8.2216)
$lnPOPD$	0.6948** (0.3208)	0.1262* (0.0746)	0.8210** (0.3805)	0.7390** (0.3180)	0.0939* (0.0538)	0.8329** (0.3606)	0.7377** (0.3193)	0.1853 (0.1279)	0.9230** (0.4134)
$URBR$	12.9937*** (2.7200)	2.3599** (1.0769)	15.3536*** (3.4275)	10.0242*** (2.6719)	1.2732** (0.5458)	11.2973*** (2.9840)	9.4498*** (2.7249)	2.3735* (1.3062)	11.8233*** (3.3965)
$FAMS$	0.3324*** (0.0808)	0.0604** (0.0258)	0.3928*** (0.0953)	0.3781*** (0.0804)	0.0480** (0.0214)	0.4261*** (0.0939)	0.3631*** (0.0812)	0.0912* (0.0553)	0.4543*** (0.1194)
$DEPD$	-0.7053** (0.3088)	-0.1281* (0.0680)	-0.8334** (0.3596)	-0.5870* (0.3139)	-0.0746** (0.0424)	-0.6615* (0.3477)	-0.6413** (0.3113)	-0.1611 (0.1024)	-0.8024** (0.3804)
EXP	0.0039** (0.0016)	0.0007* (0.0004)	0.0046** (0.0019)	0.0039** (0.0016)	0.0005 (0.0003)	0.0044** (0.0018)	0.0037** (0.0016)	0.0009 (0.0006)	0.0046** (0.0020)
$NETIZEN$	-0.0747*** (0.0229)	-0.0136** (0.0065)	-0.0882** (0.0273)	-0.0689*** (0.0227)	-0.0087** (0.0042)	-0.0776*** (0.0256)	-0.0682*** (0.0227)	-0.0171 (0.0105)	-0.0853*** (0.0294)

注：括号中的数字为标准误；*，**，***分别表示在10%、5%和1%的水平上显著。

城市化率、平均家庭规模、快递业务量的增加均对其他省份的生活垃圾产生量有正的溢出效应，且其对空间相关省份的溢出效应平均在 25% 左右，总抚养比与互联网上网人数对城市人均生活垃圾产生量的影响在三种权重矩阵中均显著为负，且其溢出效应也均为负。以距离倒数矩阵为例，在其他条件不变的情况下，当本省的互联网上网人数增加了 1000 万人时，本省的城市人均生活垃圾产生量减少 0.07%，同时其他所有空间依赖省份的互联网上网人数增加 1000 万人，会导致本省城市人均生活垃圾产生量减少 0.01%，总效应为导致人均生活垃圾减少 0.08%。

4.4.3　稳健性检验

将城镇居民实际消费水平作为经济增长的代理变量来检验 WKC 关系，城镇居民实际消费水平及其高次项均在 1% 的水平上显著，城市人均生活垃圾产生量与城镇居民实际消费水平之间呈现出倒 "N" 型关系，并且在三种空间权重矩阵的设定中稳健。为了进一步确定这种 WKC 关系，将城镇居民实际消费水平替换为城镇居民人均实际可支配收入[①]，重新利用杜宾模型进行计量回归，回归结果如表 4.7 所示。

表 4.7　基于不同空间权重矩阵的随机效应空间计量模型稳健性检验

解释	SDM – RE					
	邻接矩阵 $W(2)$		距离倒数邻接矩阵 $W(3)$		距离倒数矩阵 $W(4)$	
	Coef		Coef		Coef	
$\ln PCDI^3$	– 0.3829 ***	(– 0.8784)	– 0.3350 ***	(– 0.3809)	– 0.3038 ***	(– 0.9810)
$\ln PCDI^2$	9.7641 ***	(0.7297)	8.7028 ***	(0.5089)	7.8542 ***	(0.2082)
$\ln PCDI$	– 82.1805 ***	(– 0.2143)	– 74.6675 ***	(– 0.6148)	– 66.6986 ***	(– 0.9444)
$POPD$	0.4380	(1.4436)	0.3961	(1.2827)	0.5025 *	(1.7103)
$URBR$	9.6959 ***	(5.0546)	6.9730 ***	(2.9224)	6.1482 ***	(2.8081)
$\ln PCDI \times \ln POPD$	– 0.0595	(– 1.4871)	– 0.0546	(– 1.3353)	– 0.0657 *	(– 1.6945)

---

① 城镇居民人均实际可支配收入是通过居民消费价格指数（1978 = 100）折算而来的。

续表

解释	SDM – RE					
	邻接矩阵 $W(2)$		距离倒数邻接矩阵 $W(3)$		距离倒数矩阵 $W(4)$	
	Coef		Coef		Coef	
$\ln PCDI \times URBR$	– 0. 9692 ***	(– 3. 8953)	– 0. 6103 **	(– 1. 9975)	– 0. 5419 *	(– 1. 9535)
EXP	0. 0005 ***	(3. 4558)	0. 0003 **	(2. 1583)	0. 0003 **	(2. 4401)
$NETIZEN$	– 0. 0610 ***	(– 3. 9255)	– 0. 0489 ***	(– 2. 7908)	– 0. 0498 ***	(– 3. 0461)
$CATERING$	0. 0004 *	(1. 7346)	0. 0001	(0. 5057)	0. 0002	(1. 1754)
$CONS$	233. 2208 ***	(21. 1857)	216. 5608 ***	(4. 8122)	191. 7922 ***	(16. 5855)
W						
ρ	– 0. 1806 ***	(– 4. 2548)	– 0. 2322 ***	(– 5. 0038)	– 0. 1066 *	(– 1. 7921)
δ	0. 2550 ***	(4. 0337)	0. 2813 ***	(4. 0311)	0. 0369	(0. 4323)
$sigma\_u$	0. 2507 ***	(0. 6979)	0. 2453 ***	(0. 9106)	0. 2204 ***	(0. 9732)
$sigma\_e$	0. 1023 ***	(0. 4302)	0. 1031 ***	(0. 2211)	0. 1072 ***	(0. 5971)

注：W 为空间权重矩阵，括号中的数字为稳健标准误；*、**、***分别表示在10%、5%和1%的水平上显著。

在表 4.7 中，$\ln PCDI$ 表示城镇居民家庭实际可支配收入，可以看出，以城镇居民人均实际可支配收入作为经济指示变量的空间杜宾模型依然在三种权重矩阵中在 1% 的水平上显著，且其符号与上文以居民消费水平估计的符号保持一致，再次证明了上文估计结果的稳健性。

4.5 生活垃圾产生量与经济增长的耦合状态判定

如果环境污染物指标与经济发展指标之间存在解耦关系，环境压力的拐点将会在经济指标达到什么水平时出现？在达到拐点时，会对环境造成多大伤害？这种伤害是否可逆？是否只能通过继续促进经济增长来降低环境污染压力，还是应该采取政策管制？解耦分析是回答上述问题的前提。

在前文中，我们首先从不考虑空间因素的传统 WKC 框架来进行计量实证分析，然后通过莫兰指数 I 及莫兰散点图证实了城市生活垃圾产生量的空间相关特征，最后通过设定邻接矩阵 $W(2)$、距离倒数邻接矩阵 $W(3)$ 和距离倒数矩阵 $W(4)$，运用空间杜宾模型（SDM）进行参数估计，根据 SDM 估计参数的拟合曲线计算极值点，见表4.8。

表4.8　空间杜宾模型的极值点估计结果

变量	Individual_FE		Twoway_FE	RE	SDM – RE		
	$M(6)$	$M(7)$	$M(8)$	$M(9)$	邻接矩阵 $W(2)$	距离倒数邻接矩阵 $W(3)$	距离倒数矩阵 $W(4)$
	极小值/极大值						
	倒"N"型						
RC (1985)	2303/4483	1211/12755	1209/12538	1179/13493	1030/21879	1053/21116	1065/21627
NC (2016)	15582/30326	8190/86289	8181/84818	7977/91278	6965/148014	7122/142852	7207/146307

注：RC(1985) 表示拟合曲线极值点对应的以 1985 年为基年的城镇居民实际消费水平（单位：元），NC(2016) 表示按 CPI 折算为 2016 年的名义消费水平（单位：元）。

表4.8 显示，倒"N"型曲线极大值点所对应的城镇居民消费水平在模型 $M(6)$、模型 $M(7)$、模型 $M(8)$ 和模型 $M(9)$ 中依次上升，纳入空间因素之后，极大值点所对应的城镇居民实际消费水平更是大幅度上升，而且实证结果表明，两者之间的倒"N"型曲线较不考虑空间关系的模型更加显著，表明城市人均生活垃圾产生量与城镇居民实际消费水平之间存在着解耦特征。此外，在纳入空间相关关系之后，三种权重矩阵设定下的极值点非常接近，表明在其他条件不变的情况下，城市人均生活垃圾产生量与城镇居民实际消费水平之间存在稳健的倒"N"型曲线解耦特征。

样本数据中 2016 年城镇居民实际消费水平的最小值为 2682 元，最大值为 7870 元，均值为 4030 元，按照 $M(6)$ 的估计，样本数据中已经有部分省份跨过倒"N"型曲线中的极大值点，城市人均生活垃圾产生量开始下降，城市人均生活垃圾产生量与城镇居民实际消费水平之间呈现绝对解耦关系。但是在空间杜宾模型估计中，样本数据中的城镇居民实际消费水平均处于各模型拟合曲线极小值点和极大值点中间，也就是说，城市人均生活垃圾产生量将会随着城镇居民实际消费水平的上升而上升，但是上升的幅度会逐渐下降，处于相对解耦状态，远未到达绝对解耦状态。

更为重要的是，在控制空间因素之后，绝对解耦状态到来的时间大大推迟。按照空间杜宾模型三种不同权重矩阵的设置，绝对解耦状态所对应的城镇居民实际消费水平分别为 21879 元、21116 元和 21627 元（均值为 21541 元），折算为 2016 年的名义价值分别为 148014 元、142852 元和 146307 元（均值为 145724 元），远高于样本数据中 2016 年城镇居民实际消费水平的均值，为 4030 元（名义值为 21777 元）。依照样本数据中 2016 年城镇居民消费水平的均值及 6.5% 的年增长率来计算，要达到绝对解耦状态，在其他条件不变的情况下，城市人均生活垃圾产生量在未来 30 年内还将继续上升。即使按照样本数据中 2016 年城镇居民实际消费水平最高的上海（7870 元/名义价值 53241 元）来计算，要达到生活垃圾产生量的绝对解耦状态，也尚需 16 年的时间，这意味着，如果不及时采取行之有效的生活垃圾管理政策，城市人均生活垃圾产生量在未来很长的时间里将会保持持续增长的态势，对于我国的生活垃圾管理将会是不小的挑战。

4.6 本 章 小 结

本章采用 2004～2016 年中国 31 个省级行政区域的面板数据，对中国的城市人均生活垃圾产量与城镇居民实际消费水平之间的动态关系进行解耦分析。采用空间杜宾模型，以消除由于忽略空间依赖关系而导致的传统回归估计参数偏误。空间计量回归估计结果表明，中国城市人均生活垃圾产生量与城镇居民实际消费水平之间存在着倒"N"型的 WKC 曲线动态解耦特征，假说 1 成立。城市人均生活垃圾产生量与城镇居民实际消费水平间存在相对解耦关系，且倒"N"型曲线的拟合参数较不考虑空间因素的回归模型更加显著和稳健。

此外，空间计量回归结果还表明，城市人口密度、城市化率和快递业务量与城市人均生活垃圾产生量有着显著的正向关系，且空间相关省份的以上变量变化均对特定省份的城市人均生活垃圾产生量有着25%左右的正溢出效应。但是平均家庭规模及总抚养比对城市人均生活垃圾产生量的影响却是相反的，家庭规模的增加会提高城市人均生活垃圾产生量，而总抚养比的增加却会抑制生活垃圾产生量，这也许是由于中国家庭中非劳动人口的增加会产生生活垃圾产生量的规模经济效应，家庭规模的增加则不会。

同时，在考虑空间关系之后，城镇居民实际消费水平与城市化率的交乘项在三种不同的空间权重矩阵下均变得显著为负，说明城市化率对城市人均生活垃圾产生量的影响与城镇居民实际消费水平对城市人均生活垃圾产生量的影响之间存在相互抑制关系，表明人们对于消费需求与清洁环境需求的函数是凸效用函数，消费需求与清洁环境需求是正向替代关系。另外，在回归结果中，互联网上网人数的增加对于城市人均生活垃圾产生量有显著的抑制作用，"互联网＋"在改变人们生活方式和习惯的同时，也会影响人居生态环境。

值得注意的是，在控制空间因素之后，城市人均生活垃圾产生量的峰值将会推迟到来，按照样本数据中城镇居民实际消费水平的均值（3219元），以及6.5%的年增长率大致估算，在其他条件保持不变的情况下，未来城市人均生活垃圾产生量还将持续增长30年，也就是说，生活垃圾产生量的绝对解耦状态的到来遥遥无期，而2016年58%的城市生活垃圾还是以填埋的方式进行处置[①]，这对于中国日益紧缺的城市土地资源和日趋严峻的人居生态环境都将会是不小的压力。

最后，考虑到时空分布特征，制定相应的生活垃圾管理策略应该充分考虑区域间的经济、地域和文化差异，比如，西部省份地广人稀，人均生活垃圾产生量较高，居民实际消费水平却相对较低。也就是说，在未来很长的一段时间内，这些省份的人均生活垃圾会随着居民实际消费水平的增加而继续上升，而且上升周期将会比其他居民消费水平高的省份更长。因

---

① 根据国家统计局网站的生活垃圾清运量和生活垃圾卫生填埋处理量计算整理而得。

此，及时在这些地区优先采取生活垃圾减量化、资源化和无害化策略，鼓励资源效率的提升，不仅可以保护这些地区的人居生态环境，而且还会对其他所有空间相关省份产生溢出效应。

综上所述，对于生活垃圾产生量与经济增长的耦合现状分析表明，当前中国的生活垃圾产生量与经济增长之间处于相对解耦状态，但是尚未达到绝对解耦状态，并且未来生活垃圾产生量的绝对量还将持续增长。这种背景性的耦合状态分析结果表明，已经处于超负荷运行状态的生活垃圾终端处置设施在未来相当长的时间中依然会存在较大的终端处置压力，而且随着经济增长与垃圾产生量绝对量的持续高企，考虑终端处置设施的"邻避"特征，新增生活垃圾终端处置设施供给绝非易事，终端处置的绝对压力还将持续上升。客观上，这对中国当前缓解终端处置压力的垃圾减量政策效果提出了很高的要求和期望，因此，下章将对现有缓解终端处置压力的减量政策进行定量效果评估。

第 5 章

生活垃圾管理政策的减量效果评估

5.1 问 题 引 出

由第 4 章分析可知，当前中国生活垃圾源头产生量与经济增长之间呈现出相对解耦状态，也就是随着经济的增长，生活垃圾源头产生量的相对增长速度在下降，但是其绝对量依然会持续增长，且平均而言，生活垃圾产生量在未来 30 年还将持续增长。这种绝对量增长并非仅仅是中国的特殊情况，预计也将是未来全世界面临的一项主要挑战，尤其对发展中国家而言。预计到 2050 年，城市生活垃圾总量将达到 270 亿公吨，其中 1/3 来自亚洲。且鉴于当前中国生活垃圾产生量与经济增长的相对解耦状态，生活垃圾终端处置的巨大压力在未来很长的时间内还将持续存在。图 5.1 是中国首批生活垃圾分类收集试点城市的生活垃圾终端处置设施无害化处置能力利用率的变化趋势①。

从图 5.1 中可以看出，2006~2016 年，中国首批生活垃圾分类收集试点城市的生活垃圾终端处置设施在多数年份均处于超负荷运行状态，其中，广州的城市生活垃圾处置能力利用率均在 100% 以上，2010 年、2011 年、

---

① 2000 年 6 月，原建设部确定北京、上海、广州、深圳、杭州、南京、厦门及桂林作为首批生活垃圾分类收集试点城市，详见《关于公布生活垃圾分类收集试点城市的通知》。处理能力利用率等于年处理量除以年处理能力，数据来自《中国城市建设统计年鉴》。

2012 年甚至超过 250%，2011 年达到 389.44% 的峰值。作为生活垃圾分类收集试点城市，经过近 20 年的垃圾分类试点实践，生活垃圾管理绩效更高，相对经济实力更强，同时其所面对的生活垃圾减量压力也更大。作为代表性城市，结合第 1 章背景中各城市生活垃圾终端处置压力的描述性统计数据，也佐证了中国各城市在生活垃圾管理上所面对的巨大压力。鉴于当前城市生活垃圾管理的迫切状态，同时，结合第 4 章的分析，生活垃圾源头产生量依然将在较长的时间内保持绝对增长，因而，优化和制定化解终端处置压力的政策，需要首先评估当前缓解生活垃圾终端处置设施压力的垃圾减量政策能否在过程管控中减少最终运输到处置终端的垃圾量，从而减轻生活垃圾终端处置的负担，提高生活垃圾管理的可持续性。

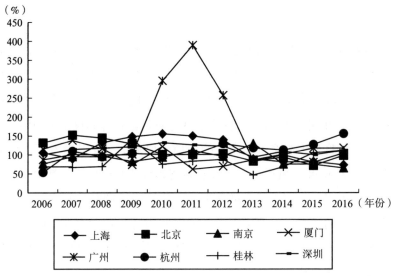

图 5.1　中国首批生活垃圾分类收集试点城市的生活垃圾
终端处置设施无害化处置能力利用率

从经济学视角来看，生活垃圾产生量的增加之所以会成为问题，是源于其典型的负外部性特征。所谓外部性，是指个体或企业的行为对第三方产生了影响，但是却没有为之承担成本的现象，其结果会导致市场交易价格并不能反映所有的社会成本或收益。基于经济学理论，有许多矫正外部性的方法，从而实现垃圾产生量的帕累托最优。例如，管理者可以通过征收庇古税（Pigouvian tax）来纠正负外部性，税收等于垃圾产生所导致的负外部成本，从而实现社会最优。因此，经济学用于解决生活垃圾产生量过多的问题，通常使用包括三种类型的税收/补贴计划：上游政策、下游政策和押金返还政策①，这三种政策分别针对生活垃圾从收集到处置全过程的不同阶段进行征税②，也称为最优政策设计。

但是考虑到这些政策组合在实践中的可行性，生活垃圾管理的经济政策要么是通过产权税或者固定收费的形式来实施，如按月征收垃圾处置费。但是在这样的收费制度下，个人或家庭每增加一单位垃圾的边际成本为零，经济政策起不到减量效应。因此，市政当局只有有限的政策工具，尤其是在市场经济不发达的发展中国家，主要依靠传统的行政管制政策，例如，要求企业回收固定比例其所产生的包装废弃物（Kinnaman，2009），要求企业在其产品中使用一定比例的回收材料（Palmer and Walls，1997），以及由中央政府提出但由地方政府实施的自上而下的城市生活垃圾源头分类政策，即一种被称为环境联邦制的分散的环境管理体系（Anderson and Hill，1997）。我国环境联邦制的政策实施主体主要是市级行政区域，其中88%为地级市行政区域，地方政府主要有两个政策工具来用于控制生活垃圾产生量的增长，即收费政策和分类政策。然而，对于收费政策的实证研究表明，这个政策无论在中国还是其他国家均是失败的（Fullterton and Kinnaman，1995；Han et al.，2018）。所以，城市生活垃圾分类政策是当前中国控制垃圾增长，实现垃圾减量的主导政策。

生活垃圾源头分类政策也是当前世界范围内被广泛用于提升回收绩效、减少源头垃圾产生量的主要生活垃圾管理政策之一。在发达国家，这已被证明是实现垃圾减量和循环经济的有效方法（Rousta et al.，2015；Tai et al.，2011）。在许多发展中国家也进行了类似的垃圾分类尝试，例如，马来西亚的强制垃圾分类政策改革（Moh and Abd Manaf，2017），加

---

① 也有学者将最优政策设计分为三种形式：购买相关政策、处置相关政策和混合相关政策（Hanley and Fenton，1994）。

② 征税额可以为负数，也就是补贴。

纳通过经济激励来鼓励居民参与垃圾分类行动（Owusu et al.，2013），以及泰国进行的不同垃圾分类可能对垃圾收集和转运影响的研究（Sukholtha-man and Sharp，2016）。同时，自上而下的垃圾源头分类政策也是当前中国控制城市生活垃圾增长的主导政策，到目前为止，中国主要实施了三次自上而下的城市生活垃圾源头分类政策。第一次是在2000年，建设部发布了《关于公布生活垃圾分类收集试点城市的通知》，将北京、上海、广州、深圳、杭州、南京、厦门和桂林8个城市作为首批生活垃圾分类收集试点城市。第二次是在2015年，住建部等五部门发布了《关于公布第一批生活垃圾分类示范城市（区）的通知》，要求到2020年，各示范城市（区）建成区的居民小区和单位的生活垃圾分类收集覆盖率应达到90%。第三次是在2017年3月，国务院办公厅制定并发布了《生活垃圾分类制度实施方案》，提出在46个城市和党政军机关、学校、医院等公共机构率先开展生活垃圾强制分类工作，除第一批生活垃圾分类收集试点城市以外，将垃圾分类扩展到所有直辖市、省会城市和计划单列市。当前，中国正在对第三次自上而下的生活垃圾源头分类政策进行推广和试点实施。

尽管中国城市生活垃圾分类政策已经实施了十多年，仍不清楚目前正在大规模推广的城市生活垃圾分类政策是否起到了垃圾减量的效果。而城市生活垃圾服务的支出又是相对昂贵的公共服务（Chifari et al.，2017）。例如，从20世纪90年代初到2000年，德国的人均收入仅增长了近30%，而垃圾处置支出却增长了约80%（Bilitewski，2008）。在一些低收入国家，城市生活垃圾管理的公共支出约占可用预算的20% ~ 50%（World Bank，2011）。因此，当地方政府在资源有限的情况下，选择一些成本高昂的公共政策时，应该考虑对纳税人的责任。例如，当前中国正在推广及执行第三次城市生活垃圾分类政策，将会耗费大量财政资源，定量地评估垃圾分类政策的减量效应，对于完善和修订垃圾分类减量政策具有重要的意义，从而由生活垃圾的管理过程实现减量，缓解终端处置压力。

在生活垃圾研究领域，中国城市生活垃圾排放存在区域关联性已经被证实（孔令强等，2017）。邹剑锋（2019）基于空间计量模型验证了人均生活垃圾产生量与经济代理变量之间的非线性关系，但是在生活垃圾政策评估研究中，尚未考虑空间相互关系。而基于可观测的典型事实，城市生活垃圾存在比较明显的空间集聚现象，倘若基于地理位置的数据是随机分布的，则不会观测到这种集聚现象。如果空间相关性确实存在，在评估垃圾源头分类政策对人均生活垃圾产生量的减量效应时，应该将空间因素考虑到实证分析中，下文将对空间相关性进行正式检验。

本章提出了一个空间两阶段最小二乘法（spatial-two-stage least squares，S2SLS）的估计框架，来定量估计生活垃圾分类政策对人均生活垃圾产生量的政策减量效果，以此验证第 3 章提出的假说 2，S2SLS 既考虑了城市间的空间溢出效应，也可以矫正内生性政策选择问题带来的估计偏误。本章余下部分安排如下：第二部分是对包括垃圾分类的垃圾减量政策及政策评估研究进行梳理；第三部分是本章的研究实证设计及计量模型设定；第四部分是对所使用的数据进行说明；第五部分是汇报计量回归结果及相应的讨论；第六部分是对本章进行小结。

5.2　现有相关研究梳理

5.2.1　垃圾分类减量政策研究

如果生活垃圾分类政策实施的成功，可以将不同种类的垃圾在源头上划分为不同类型，从而为市政部门或非正规回收部门的回收提供了更大的便利。例如，从城市生活垃圾中分离出不同种类的物质对于提高垃圾的回收率和堆肥率至关重要，这是两种减少源头生活垃圾流向终端处置设施的主要途径。减少生活垃圾的终端处置量具有许多环境效益，如减少温室气体排放、最小化垃圾预处置操作以及通过堆肥回收能源（Wei et al.，2017）。阿菲尔等（Aphale et al.，2015）已经证实，生活垃圾回收情况与垃圾分类效率呈正相关，通过生活垃圾源头分类增加回收的数量可以减少需要运输到处置过程中的数量，也就是说，成功的垃圾分类政策可以起到源头减量的效应。

由于垃圾分类政策不仅要求垃圾在源头上进行分类，而且在垃圾处置的全过程中也要进行相应的分类收集、处置能力建设，所以垃圾分类是利用可循环资源和处置危险废弃物，从而实现循环经济和有效垃圾处置的关键环节（Hopper et al.，1993）。有学者认为，垃圾分类政策是控制垃圾产生量的先导政策，也是最优先的政策，同时中国当前的垃圾分类试点应该扩大到更多的城市（Tai et al.，2011）。强制性政策被认为比自愿性政策有更高的参与率（Viscusi et al.，2011），而当前中国各地正在逐步开展强制性垃圾分类政策，因此，未来中国将有更多的城市和公众受到垃圾分类政策的影响，但是当前研究更多的是偏重对于垃圾分类微观个体参与行为的分析（冯林玉等，2019；徐林等，2019），从宏观层面对生活垃圾分类政策实际减量效应的准确定量评估相对缺乏。

5.2.2 政策评估及空间溢出研究

政策评估中所收集到的数据通常是观测数据，对所有独立同分布个体的政策效应进行估计时，通常需要假设所有个体的处理效应是相互独立的，也就是说，排除个体处理效应间的溢出效应，这个假设称个体处理效应稳定假设（stable-unit-treatment-value assumption，SUTVA）（Rubin，1978）。SUTVA 忽略了在许多情况下可能存在的个体间的相互作用，而大多数先前的政策评估研究都采用了 SUTVA（Fowlie et al.，2012；Nichols，2007）。但是 SUTVA 在很多情况下并不一定正确，例如，最典型的是在公司的研发行为和流行病学中，普遍存在个体之间的溢出效应（Cerulli，2015）。同样，第二次城市生活垃圾分类政策，可能不仅会减少城市自身的垃圾产生量，也可能影响邻近城市的城市生活垃圾管理绩效。到目前为止，只有少数研究在政策评估中正式纳入了单元之间的相互作用（Cerulli，2015），而在城市生活垃圾管理领域的政策评估中则相应的研究更少。

与此同时，有学者认为，原则上无法对 SUTVA 进行检验（Fowlie et al.，2012）。但是在环境经济实证研究中，空间交互作用往往会影响对于参数的估计，如果忽略研究样本间的空间相互关系，则可能会造成遗漏重要变量，从而导致模型估计的参数出现偏差（Anselin，2001）。地理学第一定律认为，如果实证分析所用到的样本数据存在明显的地理区位差异，则基于样本单元收集到的数据往往并非互相独立，通常空间相邻单元之间的空间交互关系相对于较远的空间样本之间会更强（Tobler，1970）。很多领域都已经将空间交互关系作为重要的因素纳入研究框架之中（Elhorst et al.，2010；Moscone et al.，2012；Francesco Moscone and Knapp，2005；Revelli，2005）。

在生活垃圾管理领域，越来越多的实证文献开始将空间效应纳入分析中，比如，在生活垃圾管理绩效评估（Agovino et al.，2018）、生活垃圾回收结果评价（Hage et al.，2018）及人均生活垃圾产生量的影响因素研究中（Gui et al.，2019）。具体到人均生活垃圾产生量的空间相关性，一个城市的人均生活垃圾产生量可能会受到邻近城市的垃圾管理政策及实践的影响，可以从以下几方面来进行解释。

首先，从个体行为层面上来看，人均生活垃圾产生量的下降代表居民亲环境行为的改善和可持续性指标的提高。基于心理学的理论研究表明，行为一致性效应和社会认同效应可以产生人们亲环境行为的正向溢出效应（Truelove et al.，2014）。阿戈维诺等（Agovino et al.，2016）采用垃圾收集习惯作为亲环境行为的代理指标，基于意大利的省级数据进行研究发现，具有良好亲环境习惯的省份可能会对邻近省份产生正向的空间溢出影响。克罗西亚塔等（Crociata et al.，2016）则选取城市生活垃圾的分离收集作为亲环境态度的代理变量，并证实了意大利各省有良好生活垃圾分类收集习惯的省份之间存在正向的空间溢出效应。换言之，如果某个空间单元的临近空间单元均具有较好的生活垃圾分类习惯，则该空间单元也更有可能采取相同的行为（Agovino et al.，2018）。因此，由于相似的社会和文化环境，一个城市的人均生活垃圾产生量下降可能会导致邻近城市的人均生活垃圾产生量下降。

其次，考虑到区域差异和空间分布特征，具有相似城市特征的相邻城市可能更容易彼此交流和模仿对方的生活垃圾管理经验（Hage et al.，2018），从而影响各自的生活垃圾管理政策，进而影响人均生活垃圾产生量。此外，由于相邻地区经济发展水平和消费文化的相似性，例如，在试点城市实施的生活垃圾源头分类政策，这种政策更容易影响相邻城市居民的垃圾分离意识、知晓率和垃圾分类知识。同时，这种正向的空间溢出效应早就在奥斯坎普等（Oskamp et al.，1991）的开创性工作中被观察到。因此，一个城市的人均生活垃圾产生量可能会通过以上阐述的机制受到邻近城市的影响。

最后，生活垃圾是人类生活的伴生品，随着人类经济活动的产生而产生。此外，某个区域经济模式的改变将不可避免地影响该区域生活垃圾的类型和产生量。对于中国的经济发展研究表明，区域之间存在经济收敛（Tian et al.，2010），这意味着将会有不同的经济集聚区域，各个区域内相邻城市之间的空间相关性将大于较远城市之间的空间相关。在一个经济收敛区块中，如果某个城市的经济增长率较高，则邻近的城市可能会模仿其经济发展模式和产业结构分布，而生活垃圾是经济活动的副产品，因此，临近城市的生活垃圾类型和产生量则将受到该城市经济发展和生活垃圾管理政策的影响。

因而，中国各城市的人均生活垃圾产生量之间可能会存在不能忽视的空间相关关系，如果这种空间关系存在，则 SUTVA 假设不会成立，从而导致传统的最小二乘法会产生有偏估计，因此，需要在计量估计中考虑这种空间溢出效应，而这种溢出效应通常随着城市之间距离的增加而下降，具体的溢出效应设定反映在下文的空间权重矩阵中。

另外，在非实验数据中识别第二次城市生活垃圾分类政策 T_i 对人均城市生活垃圾产生量 Y_{it} 的效果，似乎面临着不可克服的困难，如果城市 i 实施了第二次垃圾分类政策，则 $T_i = 1$，否则 $T_i = 0$。在政策评估文献中，通常将 $T_i = 1$ 的城市称为处理组，将 $T_i = 0$ 的城市称为控制组，政策效果称为处理效应。由于政策通常并不是随机执行的，同时也可能存在许多可能的不可观测因素会影响政策实施，例如，可能包括城市在垃圾管理上的可选方案有多少，城市居民的环保偏好、垃圾管理的绩效以及在官员晋升考核竞争中地方官员的潜在政治利益等（Tiebout，1956）。因此，当政策并不是随机安排时，则对政策效果的评估可能是有偏的、不一致的估计，这种问题称为选择偏误。

城市生活垃圾管理是一个系统的过程，需要整个链条的密切协作与配合，任何一个环节的缺失都会导致垃圾分类政策可能无法达到预期的效果。由于第一次生活垃圾分类政策的实施是在 22 年前，当时的公众对生活垃圾分类并无清晰概念，城市生活垃圾管理各个环节的硬件和软件还没有达到让垃圾分类政策起作用的合适条件。第一次生活垃圾分类政策的失效也已被证明（Han and Zhang，2017）。而第三次城市生活垃圾分类政策启动较晚，时间点接近于第二次，政策效果上可能存在第二次分类政策的滞后现象。因此，本书的主要目的是研究第二次城市生活垃圾分类政策对人均城市生活垃圾产生量的减量效应。

第二次生活垃圾分类政策虽然是 2015 年确立的垃圾分类示范城市（区），但第二次政策实施的时间实际上是从 2014 年 3 月开始的，住建部等五部门联合发布了《住房城乡建设部等部门关于开展生活垃圾分类示范城市（区）工作的通知》，要求各城市人民政府自主申报生活垃圾分类示范城市（区），因此，2015 年被选为试点城市（区）的城市，实际上至少在 2014 年就开始实施垃圾分类政策。

由于这些示范城市是地方政府主动申请的，再通过评审来确定，因此，在政策评估中会出现自选择问题（Angrist and Pischke，2012）。如果城市生活垃圾分类政策是地方政府主动选择的政策，需要识别和控制影响政策选择的因素（Besley and Case，2000）。常用的政策评估方法包括随机对照试验、倾向得分匹配、双重差分估计、工具变量法及断点回归法（Cerulli，2015）。通常来说，随机对照实验是最可靠的方法，但是在社会科学中，其实施会面临潜在的高成本及道德伦理问题。两阶段最小二乘法的本质是一种工具变量方法，放松了 OLS 的外生性假定，同时在面板数据中，工具变量法通过寻找那些与政策实施哑变量（T_i）高度相关，但是与影响结果变量的误差项不相关的变量，可以允许随时间变化的选择偏误，这是其他类似双重差分、匹配估计识别策略所不具备的特征。例如，条件于经济变量的显著环境意识差异可能会增加垃圾回收率，从而也可能会影响一个城市是否实施第二次生活垃圾分类政策，而环境意识差异会随着经济增长而发生变化。据笔者所掌握的文献，现有的城市生活垃圾政策评估研究，并没有同时考虑空间因素和内生性政策两个潜在的问题。

本章可能的边际贡献如下：首先，在确认了普遍存在的空间溢出效应之后，允许各城市的人均生活垃圾产生量之间存在空间相关性，而以往政策评估文献中关于相邻单元间的独立假设不再成立。到目前为止，只有少数文献正式考虑了处理组个体对控制组个体的空间溢出效应（Cerulli，2015）。其次，可能的政策实施内生性问题会导致对政策效果估计的偏误，由于每个城市都有其自身可能会影响政策实施的不可观测特征，在计量估计中如果忽略这些不可观测因素可能会导致各城市实施垃圾分类政策的概率发生改变。

5.3 实 证 设 计

根据第 3 章构建的生活垃圾减量政策效果评估理论框架，为了控制可能的内生性政策选择问题，本章首先对中国各地级行政区域实施第二次生活垃圾分类政策的决策行为进行建模，将政策实施行为作为一系列可观测外生变量的函数。其次，预测政策实施的概率，用两阶段最小二乘法（two-stage least squares，2SLS）将可能的内生哑变量替换为政策实施的预测概率。利用政策实施前后的面板数据，2SLS 可以允许不可观测的特征随时间变化。最后，在 2SLS 中通过设定不同的空间权重矩阵，纳入不同的空间滞后项来放松 SUTVA 假设，从而控制空间溢出效应，以此来估计第二次生活垃圾分类政策对人均生活垃圾产生量的政策减量效果，从而检验第3 章提出的假说 2。

5.3.1　SUTVA 假设的计量设定

5.3.1.1　离散选择模型

在第一阶段回归中，利用非线性因变量模型来计算每个城市实施第二次生活垃圾分类政策（$SEP2$）的预测概率，也就是说，用离散选择模型对各个城市是否实施第二次生活垃圾分类政策进行建模，最常用的选择模型是 Logit 和 Probit 模型，两者均可以在效用最大化行为的假设下推导得出。假定地方政府在选择是否实施第二次垃圾分类政策时面临着收益与成本的权衡取舍，潜变量 S_i^{SEP2} 定义为城市 i 从实施政策所获得的净收益，则：

$$U_i^{SEP2} = \gamma' Z_i^{SEP2} + \varepsilon_i^{SEP2} \quad SEP2 \in \{0, 1\} \tag{5-1}$$

其中，向量 Z_i^{SEP2} 包括所有可能影响地方政府选择的变量，例如，市容环境卫生专用车辆数量、无害化处置场（厂）数量以及其他的城市 i 的外生特征变量，γ 是相应的待估参数变量，ε_i^{SEP2} 是随机扰动项。然而，实施垃圾分类政策的净收益 U_i^{SEP2} 无法观测，仅能观测到某个城市是否实施了这样的项目，如下所示：

$$SEP2 = \begin{cases} 1, & \text{and iff } U_i^{SEP2} > 0 \\ 0, & \text{and otherwise} \end{cases} \tag{5-2}$$

因此，城市 i 以如下的概率选择是否实施分类政策：

$$\begin{aligned} Pr(SEP2 = 1 \mid Z_i^{SEP2}) &= Pr(\gamma' Z_i^{SEP2} + \varepsilon_i^{SEP2} > 0 \mid Z_i^{SEP2}) \\ &= Pr(\varepsilon_i^{SEP2} > -\gamma' Z_i^{SEP2} \mid Z_i^{SEP2}) \\ &= Pr(\varepsilon_i^{SEP2} < \gamma' Z_i^{SEP2} \mid Z_i^{SEP2}) \end{aligned} \tag{5-3}$$

如果假设 ε_i^{SEP2} 服从标准的 Logistic 分布，则垃圾分类政策的实施概率可以用 Logit 模型表示：

$$Pr(SEP2 = 1 \mid Z_i^{SEP2}) = (1 + \exp(-\gamma' Z_i^{SEP2}))^{-1} \tag{5-4}$$

在余下的分析中，本章利用式（5-4）来估计各个城市采取第二次垃圾分类政策的预测概率 $\widehat{PR}$，然后在第二阶段回归中将 $\widehat{PR}$ 作为工具变量来替换可能的内生政策变量（*SEP2*）。

5.3.1.2　两阶段最小二乘模型

在传统的计量设定中，对第二次生活垃圾分类政策的处理效应评估设定如下：

$$\ln Y_{it} = \alpha + \beta SEP2 + \theta' X_{it} + \mu_i + \varphi_t + \varepsilon_{it} \tag{5-5}$$

其中，Y_{it} 表示人均生活垃圾产生量，X_{it} 是影响人均生活垃圾产生量的协变量向量，μ_i 是城市层面的固定效应，φ_t 代表时间效应，ε_{it} 是扰动项，β 是所要估计的垃圾分类政策对人均生活垃圾产生量的减量效应。预测概率 $\widehat{PR}$ 仅仅包含处理效应中的外生波动，因此，利用 $\widehat{PR}$ 作为外生工具变量来替代政策实施哑变量，则第二阶段回归设定为：

$$\ln Y_{it} = \alpha + \beta \widehat{PR} + \theta' X_{it} + \mu_i + \varphi_t + \varepsilon_{it} \tag{5-6}$$

在实证中，对变量取对数可以减少数据波动性以及异方差的潜在影响，因而，下文计量分析中会对部分连续变量取对数。

5.3.2　空间计量模型设定

5.3.2.1　空间相关性检验

进行空间计量模型设定的第一步是对样本数据的空间相关性进行检验，如果没有空间相关性，则不需要纳入空间滞后项，采用传统的回归设定即可。莫兰 I 指数（Moran，1950）及莫兰散点图是用于测度空间相关性的常用量化指标，其中莫兰 I 指数定义如下：

$$I = \frac{N(e'We)}{S(e'e)} \tag{5-7}$$

其中，N 是可观测空间单元的数量，e 是最小二乘法回归的残差向量，W 是空间权重矩阵，S 是等于空间权重矩阵中所有元素之和的标准化因子。如果对权重矩阵进行标准化，则式（5-7）变为如下形式：

$$I = \frac{e'We}{e'e} \tag{5-8}$$

在本书的空间权重矩阵设定中，$W(1)$ 是距离阈值矩阵，其设定规则是：如果城市 i 与城市 j 的距离超过了一个距离阈值 d，则 w_{ij} 会被设定为 0，否则 $w_{ij}=1$。为了确保每个城市都至少有一个邻接的城市，我们采取空间计量实证中常用的方法，将距离阈值设定为两个相邻城市 i 与城市 j 之间的最远距离（Hao et al.，2016）。具体而言，d 等于 2109 千米，这是样本数据中两个相邻城市之间地表弧度距离的最远距离。此外，用后相邻（queen contiguity）的相邻规则定义空间邻接矩阵 $W(2)$，如果城市 i 与城市 j 有共同的边或顶点，则权重矩阵元素 $w_{ij}=1$，否则 $w_{ij}=0$。空间权重矩阵的具体设定形式如下：

$$W(1): w_{ij} = \begin{cases} 1, & if\ d_{ij} \leqslant d \\ 0, & if\ d_{ij} > d \end{cases}$$

$$W(2): w_{ij} = \begin{cases} 1, & if\ i\ j\ contiguity \\ 0, & if\ not \end{cases} \qquad (5-9)$$

5.3.2.2　空间两阶段最小二乘模型

如果莫兰 I 指数及莫兰散点图确定了空间相关性的存在，则应该采取合适的空间计量模型来控制空间单元之间的交互关系，将空间相关性纳入以上矫正内生性政策的第二阶段回顾模型中，则计量模型设定如下：

$$\ln Y_{it} = \alpha + \beta \widehat{PR} + \mu_i + \varphi_t + \theta' X_{it} + \rho W \ln Y_{it} + \delta W x_{jt} + (I - \sigma W)^{-1} \varepsilon_{it}$$

$$(5-10)$$

W 是刻画了可观测的空间单元间相互关系的空间权重矩阵，w_{ij} 代表了空间单元 i 与空间单元 j 之间的潜在空间溢出效应。$W \ln Y_{it}$ 是因变量的空间滞后项，ρW 测度了邻近结果变量之间的溢出效应，$W x_{jt}$ 表示存在空间相关性的自变量 x_{jt} 的空间滞后项，δW 衡量了临近协变量 x_{jt} 对空间单元 i 的溢出效应，σ 是误差项的空间相关参数，用于测量不可观测的邻近因素之间的空间交互作用。

式（5-10）的设定是最一般化的空间计量模型，同时允许因变量、自变量及误差项存在空间相关性，称为广义嵌套空间模型（generalized nesting spatial model，GNS）。如果 $\delta=0$，$\sigma=0$，则 GNS 会退化为空间滞后模型（spatial lag model，SLM），也被称为空间自回归模型。如果 $\rho = 0$，$\delta = 0$，则 GNS 就是空间误差模型（spatial error model，SEM）。若 $\sigma = 0$，则 GNS 变为空间杜宾模型（spatial Durbin model，SDM）。因此，SEM、SLM 及 SDM 都是 GNS 的特殊形式，本书用 GNS 模型来进行估计，以充分考虑空间相关性。

在空间计量模型设定中，通过设定三种不同的空间权重矩阵来控制空间相互关系。空间邻接矩阵依然按照上文 $W(2)$ 的后相邻规则进行设定（CON matrix），距离倒数空间权重矩阵 $W(3)$（IDIS matrix）的各元素等于城市间距离的倒数，即假设城市间的空间溢出效应与其距离的倒数呈比例关系。距离倒数空间邻接矩阵 $W(4)$（IDIS – CON matrix）则是综合 $W(2)$、$W(3)$ 的设定，当两个城市相邻时，则矩阵元素等于城市之间的距离倒数，否则矩阵元素等于 0，三种权重矩阵的设定如下所示：

$$W(2): w_{ij} = \begin{cases} 1, & if\ i\ j\ contiguity \\ 0, & if\ not \end{cases}$$

$$W(3): w_{ij} = 1/d\ ij$$

$$W(4): w_{ij} = \begin{cases} 1/d_{ij}, & if\ i\ j\ contiguity \\ 0, & if\ not \end{cases} \qquad (5-11)$$

5.4 数据说明

本章收集了中国第二次生活垃圾分类政策实施的相关样本数据，具体包括政策实施前后（2000～2016 年）的 569 个设市城市的面板数据。使用面板数据可以矫正潜在的遗漏变量及控制不同城市的异方差问题。同时，基于前文所述，对于缓解生活垃圾终端处置设施压力的生活垃圾分类减量政策的效果评估，需要考虑空间溢出效应，为了使用各城市的空间地理信息来生成空间权重矩阵，将面板数据与中国地级行政区域的地图文件进行了合并，最终用于计量分析的数据样本量是 288 个地级行政区域。所有数据均来自官方统计年鉴，包括历年《中国统计年鉴》《中国城市建设统计年鉴》、各城市统计年鉴，表5.1列出了变量的描述性统计。

表 5.1　　　　　　　　　　　　　变量描述性统计

变量符号	定义	均值	标准差	最小值	最大值
PMSWG	城市人均生活垃圾产生量(千克/人/年)	270.741	264.848	1.468	4818.248
VEH	市容环卫专用车辆(台)	258.491	504.877	10	3478
HLS	无害化处置厂(场)数(座)	1.669	1.808	0	27
HLC	无害化处置能力(万吨/年)	41.7962	68.1408	0	888.4465
PGDP	人均 GDP(元)	30793.44	25198.34	3430.049	125000
TOTF	城市维护建设资金收入(万元)	241000	541000	2117	3600000
TOTE	城市维护建设资金支出(万元)	202000	430000	2045	2800000
SAINV	市容环境卫生固定资产投资(万元)	6371.656	14954.36	24	108000
BAR	建成区面积占城区面积比例(%)	0.365	0.288	0.003	1
POPD	人口密度(人/平方千米)	3393.332	2812.363	27	20093
URBP	城区人口数 (万人)	231.214	250.8749	1.778	2420.46
URBR	城市化率(%)	0.54	0.283	0.008	1
SEP2	实施了第二次垃圾分类政策 =1，其他 =0	0.08	0.271	0	1
FEE	垃圾处置费收入(万元)	1579.773	3728.381	9	26524
PROCAP	省会城市 =1，其他 =0	0.108	0.31	0	1
EAST	东部城市 =1，其他 =0	0.378	0.485	0	1
MIDDLE	中部城市 =1，其他 =0	0.219	0.413	0	1
WEST	西部城市 =1，其他 =0	0.274	0.446	0	1
NORTHEAST	东北城市 =1，其他 =0	0.128	0.335	0	1

在本书 288 个城市的样本数据集中，总共有 23 个城市实施了第二次城市生活垃圾分类政策①，为检验实施了第二次生活垃圾分类政策的城市与未实施该政策的城市之间是否存在显著差异，表 5.2 对两组城市的主要变量均值进行了对比。

表 5.2　　　　　　　　处理组与控制组部分主要变量均值对比

SEP2	ln*MSWG*	ln*PMSWG*	*PGDP*	*POPD*	*URBR*
0	3.21	0.22	29380.63	3410.72	0.53
1	4.36	0.24	47071.41	3192.94	0.68
Total	3.31	0.22	30793.43	3393.33	0.54

从表 5.2 可以看出，两组城市在很多主要的城市特征变量之间存在较大的差异，实施第二次垃圾分类政策的城市，生活垃圾总产生量和平均产生量均显著大于非生活垃圾分类城市的平均水平和所有城市的平均值。同时，两组城市在人均 GDP、人口密度和城镇化率方面存在显著差异。从表 5.2 中可以看出，数据是不平衡的，地级行政区域在城市生活垃圾的产生、经济特征和人口统计变量上存在较大的差异，这些差异可能会影响该计划能否实施，也就说这个政策并非随机分配。图 5.2 考察了两组城市的生活垃圾产生总量和人均生活垃圾产生量的分布情况。可以看出，两组城市生活垃圾总量及平均量的密度分布存在显著差异。这种显著的差异再次表明垃圾分类政策的实施并非随机选择，可能会导致潜在的内生性政策问题，应采用适当的计量经济学方法加以解决。

---

① 2015 年共有 26 个城市（区）入选"第一批生活垃圾分类示范城市（区）"，其中北京、上海均有 2 个区，天津 1 个区，重庆 1 个区入选，本书将北京、上海、天津整个城市近似作为政策实施城市，此外，西藏日喀则市没有数据，最后剩余 23 个城市作为处理组城市进行政策估计。

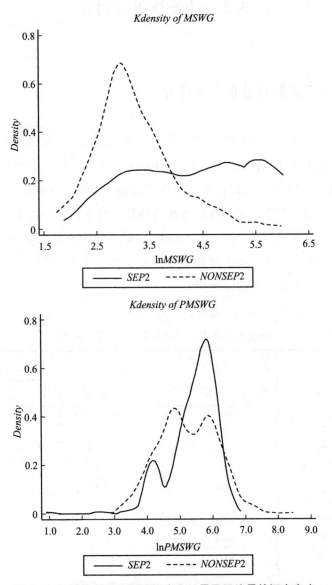

图 5.2　处理组与控制组垃圾产生总量及平均量的概率密度

5.5 计量结果及讨论

5.5.1 两阶段最小二乘估计

第一个阶段，首先，将一组与 T_i 相关但与误差项不相关的外生变量作为解释变量来估计方程式（5-4）。由于第二次生活垃圾分类政策的实际实施时间是 2014 年，所以首先用政策实施前（2006~2013 年）不受政策影响的可观测外生变量来估计分类政策的预测概率，然后再去替代内生政策哑变量。方程式（5-4）中定义的 Logit 模型回归结果如表 5.3 所示。表 5.3 的第四列估计了特定解释变量的改变对一个城市实施第二次生活垃圾分类政策概率影响的边际效应。

表 5.3   实施第二次生活垃圾分类政策的预测概率

解释变量	Logit		
	Coef		Marginal Effects
lnVEH	0.2780 **	(0.1292)	0.0145
lnHLC	0.0059 ***	(0.0017)	0.0003
HLS	0.1483 ***	(0.0522)	0.0077
ln$SAINV$	-0.1097 **	(0.0553)	-0.0057
ln$TOTF$	-0.5049 ***	(0.1862)	-0.2627
ln$TOTE$	0.6144 ***	(0.1894)	0.0319
ln$PGDP$	-0.0103	(0.1443)	-0.0005
BAR	-0.9594 ***	(0.2883)	-0.0499
$PROCAP$	1.7094 ***	(0.2132)	0.0889
$CONS$	-4.6793 ***	(1.1469)	
N	3456		
$Pseudo\ R^2$	0.2974		
$LR\ chi2$	572.3811		

注：N 为样本观测值，括号中的数字为稳健标准误；*、**、*** 分别表示在 10%、5% 和 1% 的水平上显著。

估计结果显示，在控制了其他协变量之后，如果市容环卫专用车辆数量增加 1 个百分点，实施第二次垃圾分类政策可能性将增加约 1.45%，而当无害化处置能力增加 1%，则会导致实施分类政策的概率增加 0.03%。无害化处置厂（场）的数量也与实施垃圾分类政策的可能性显著正相关。也许在基础设施方面表现较好的城市更愿意申请这种自上而下的试点项目，以获得潜在的特殊政治利益。结果还表明，相比其他城市而言，省会城市实施第二次生活垃圾分类政策的可能性要高出 8.89%。一般来说，省会城市有更充足的财政资金和发达的经济，所以更有可能采取该计划来响应这种自上而下的政策。从表 5.3 中的其他变量的边际效应我们也可以推断出，其他变量对城市选择实施第二次生活垃圾分类政策概率的影响。表 5.3 中的结果本身具有启发性和趣味性，但离散模型估计的主要目的是建立一个外生预测变量来替代方程式（5 - 5）中的政策虚拟变量 SEP2。

在第二阶段回归中，从以上 Logit 模型中得出的第二次生活垃圾分类政策的预测概率（$\widehat{PR}$）作为外生解释变量替代内生政策变量，进而估计方程式（5 - 6）。为了更好地近似环境恶化与经济增长之间的确切关系，索布希和桑吉夫（Sobhee and Sanjeev, 2004）建议在回归中加入主要经济解释变量的高阶项。因此，我们将人均 GDP 以非线性的方式纳入方程式（5 - 6）中。方程式（5 - 6）的面板数据估计结果如表 5.4 所示。

表 5.4　　　　　　　　基于 SUTVA 假设下的政策效果评估

解释变量	Individual - Fixed Effect		Two - way - Fixed Effect		Random Effect	
	Coef		Coef		Coef	
$\widehat{PR}$	- 0.1046	(0.0837)	- 0.1275	(0.0829)	0.0400	(0.0815)
$\ln PGDP$	- 6.2097 ***	(1.7368)	- 5.8375 ***	(1.7520)	- 5.9148 ***	(1.7687)
$(\ln PGDP)^2$	0.7218 ***	(0.1746)	0.6685 ***	(0.1755)	0.6688 ***	(0.1772)
$(\ln PGDP)^3$	- 0.0263 ***	(0.0058)	- 0.0243 ***	(0.0059)	- 0.0241 ***	(0.0059)
$\ln POPD$	- 0.0377 ***	(0.0065)	- 0.0236 ***	(0.0067)	- 0.0155 **	(0.0067)
$URBR$	2.0456 ***	(0.4011)	1.5815 ***	(0.4072)	0.6766 *	(0.4006)
$\ln URBP$	- 1.7039 ***	(0.0833)	- 1.5459 ***	(0.0848)	- 1.5220 ***	(0.0856)
$\ln FEE$	- 0.0061	(0.0046)	- 0.0048	(0.0046)	0.0035	(0.0046)

续表

解释变量	Individual – Fixed Effect		Two – way – Fixed Effect		Random Effect	
	Coef		Coef		Coef	
$\ln PGDP \times URBR$	– 0. 2445 ***	(0. 0394)	– 0. 1949 ***	(0. 0398)	– 0. 1194 ***	(0. 0396)
$\ln PGDP \times \ln URBP$	0. 0839 ***	(0. 0087)	0. 0734 ***	(0. 0088)	0. 0810 ***	(0. 0088)
$\ln PGDP \times PROCAP$	0. 1036 ***	(0. 0269)	0. 1332 ***	(0. 0271)	0. 1046 ***	(0. 0274)
$\ln PGDP \times EAST$	0. 2232 ***	(0. 0235)	0. 2399 ***	(0. 0234)	0. 2491 ***	(0. 0234)
$\ln PGDP \times MIDDLE$	0. 1203 ***	(0. 0233)	0. 1150 ***	(0. 0230)	0. 1100 ***	(0. 0232)
$\ln PGDP \times WEST$	0. 2124 ***	(0. 0227)	0. 2066 ***	(0. 0225)	0. 1995 ***	(0. 0226)
$PROCAP$					0. 0890	(0. 2898)
$EAST$					– 2. 7992 ***	(0. 2451)
$MIDDLE$					– 1. 5068 ***	(0. 2423)
$WEST$					– 2. 4956 ***	(0. 2375)
$CONS$	– 7. 9839	(5. 7293)	– 7. 9787	(5. 8108)	– 6. 9033	(5. 8653)
N	4320		4320		4320	
$R – Square$	0. 3078		0. 3117		0. 6880	

注：N 为样本观测值，括号中的数字为稳健标准误；*、**、*** 分别表示在 10%、5% 和 1% 的水平上显著。

表 5.4 表明，除了随机效应模型外，个体效应估计及双向固定效应估计的符号均表明，第二次生活垃圾分类政策的实施（$\hat{PR}$）估计会降低城市人均生活垃圾产生量，但是两者的估计值均不显著于零，说明在修正了内生的政策选择之后，第二次生活垃圾分类政策对城市人均生活垃圾产生量的绝对减量效应不显著。因此，单纯从以上估计结果来看，泰等（Tai et al.，2011）提出，应该大力在中国推广垃圾分类计划并将其扩展到更多城市缺乏足够的绩效证据支撑。

在影响生活垃圾产生量的研究中，类似人口密度、城区人口及城市化率等人口统计变量均被作为解释变量（Johnstone and Labonne，2004；Kinnaman and Fullerton，2000；Mazzanti and Zoboli，2008），在表 5.4 估计中，本书也将以上变量纳入回归模型中，同时将人均 GDP 与人口统计变量及地理区位哑变量的交乘项纳入模型中。由于地理区位变量在面板数据中并不随时间发生改变，因此，在个体固定效应及双向固定效应估计中无法被估计。与此同时，城市生活垃圾管理的收费政策变量，即垃圾处置费收入（$\ln FEE$），也作为解释变量被纳入回归模型中，在表 5.4 中，除了随机效应模型外，垃圾收费机制对城市人均生活垃圾产生量的影响均为负，但所有模型的系数都不显著，说明垃圾收费政策对城市人均生活垃圾产生量并没有起到绝对减量效果。

在模型估计之后的统计检验中，个体固定效应模型中所有城市的常数项相等的原假设不成立，F 检验的统计量为 40.08，对应的 p 值小于 0.01，表明 OLS 会导致不一致的估计结果，应该控制城市特定的异质性。此外，双向固定效应模型在个体固定效应模型的基础上加入了时间效应，时间效应的联合检验在 1% 的水平上显著（$F = 9.94$，$df = 14$，$p < 0.01$），表明时间效应应该被纳入回归模型中。因此，在随机效应模型中也控制了时间效应，对于时间效应的卡方检验高度拒绝时间效应不显著的原假设（$chi2 = 238.65$，$df = 14$，$p < 0.01$）。而在固定效应与随机效应选择的豪斯曼检验中，高度拒绝随机估计量是一致的原假设（$chi2 = 51.06$，$df = 27$，$p < 0.01$），因此，随机效应估计量的结果不是一致估计量，采取双向固定效应估计量更优。

在以往的大多数研究中，一般在 SUTVA 假设下，假定观测样本之间没有相互作用，排除空间依赖关系。但如果样本间存在空间交互作用，则估计系数存在偏倚。因此，如果表 5.4 的估计中，样本城市之间存在空间相关关系，则其结果是有偏的。在接下来的分析中，确认了空间依赖的存在后，在回归分析中控制空间因素，以纠正忽略空间相关性所造成的估计偏差。

5.5.2　空间相关性检验

本章通过 Geoda 计算了莫兰指数 I 以及拟合了莫兰散点图，图 5.3 是中国 288 个地级行政区域在 2002 年、2006 年及 2002 ~ 2016 年平均的城市人均生活垃圾产生量的莫兰散点图。图 5.3 中的上半部分的三个图用空间

权重矩阵 $W(1)$ 来计算拟合，而下半部分的三个图则用权重矩阵 $W(2)$ 来计算拟合。每个图的低—低（左下）和高—高象限（右上）表示空间正相互作用，低—高（左上）和高—低（右下）象限表示空间负相关。如图 5.3 所示，288 个城市多数出现在右上区域及左下区域，对每个莫兰 I 指数进行了 999 次随机排列模拟，伪 p 值均小于 0.01，在 1% 的水平上显著。

这些结果表明，城市人均生活垃圾产生量具有不可忽视的正的全局空间依赖性。需要加入适当的空间滞后项来估计方程式（5-6）的参数。否则，会由于遗漏重要的变量产生回归结果偏差。

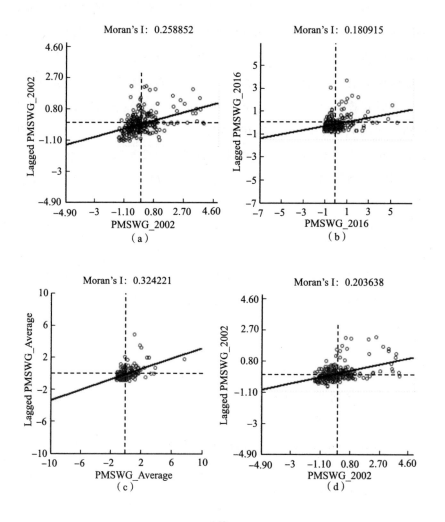

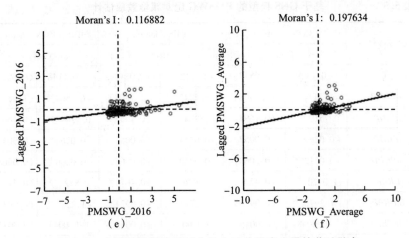

图 5.3　中国地级行政区域人均生活垃圾产生量的莫兰散点

注：(a)、(b)、(c) 为距离阈值矩阵；(d)、(e)、(f) 为邻接矩阵。

5.5.3　空间两阶段最小二乘估计

在实证估计的第二个阶段，本书对方程式（5-10）的计量模型设定进行估计。首先将表 5.3 中 Logit 模型估计的各城市实施垃圾分类政策的预测概率作为解释变量替换内生政策变量纳入方程中，同时，将空间溢出效应以以下三种形式纳入方程中。

一是纳入 $\rho W Y_{it}$ 允许邻接城市的因变量存在空间溢出效应。

二是纳入 $\delta W x_{it}$ 允许邻接城市的协变量存在空间溢出效应。

三是纳入 $(1-\sigma W)^{-1}\varepsilon_{it}$ 允许邻接城市的不可观测误差项存在空间溢出效应。

根据前文分析，双向固定效应在所有模型中是最优的，由于空间计量模型是在传统模型的基础上放松 SUTVA 假设，同时考虑空间交互关系来进行建模，因此，本书在双向固定效应模型的基础上通过设定空间权重矩阵 $W(2)$、$W(3)$ 和 $W(4)$ 来考虑空间相互关系，同时采取目前通行的准极大似然估计来拟合 GNS 模型（Lee and Yu，2010）。

表 5.5　　　　　　　　基于 GNS 模型的 PMSWG 绝对减量效应估计

解释变量	CON – matrix		IDIS – matrix		IDIS – CON – matrix	
	Coef		Coef		Coef	
$\widehat{PR}$	– 0. 1309	(0. 0817)	– 0. 1427 *	(0. 0812)	– 0. 1148	(0. 0821)
$\ln PGDP$	– 6. 7434 ***	(1. 6908)	– 5. 2242 ***	(1. 7507)	– 6. 5504 ***	(1. 6892)
$(\ln PGDP)^2$	0. 7510 ***	(0. 1694)	0. 5874 ***	(0. 1757)	0. 7269 ***	(0. 1693)
$(\ln PGDP)^3$	– 0. 0269 ***	(0. 0057)	– 0. 0214 ***	(0. 0059)	– 0. 0260 ***	(0. 0057)
$\ln POPD$	– 0. 0212 ***	(0. 0068)	– 0. 0230 ***	(0. 0067)	– 0. 0200 ***	(0. 0068)
$URBR$	1. 0722 **	(0. 4231)	0. 9026 **	(0. 4073)	0. 8721 **	(0. 4162)
$\ln URBP$	– 1. 2972 ***	(0. 0954)	– 1. 2747 ***	(0. 0924)	– 1. 2589 ***	(0. 0927)
$\ln FEE$	– 0. 0048	(0. 0045)	– 0. 0036	(0. 0045)	– 0. 0043	(0. 0045)
$\ln PGDP \times URBR$	– 0. 1361 ***	(0. 0417)	– 0. 1192 ***	(0. 0400)	– 0. 1169 ***	(0. 0409)
$\ln PGDP \times \ln URBP$	0. 0457 ***	(0. 0102)	0. 0437 ***	(0. 0097)	0. 0421 ***	(0. 0098)
$\ln PGDP \times PROCAP$	0. 1661 ***	(0. 0267)	0. 1779 ***	(0. 0267)	0. 1657 ***	(0. 0267)
$\ln PGDP \times EAST$	0. 2495 ***	(0. 0262)	0. 1409 ***	(0. 0298)	0. 2347 ***	(0. 0256)
$\ln PGDP \times MIDDLE$	0. 0881 ***	(0. 0265)	– 0. 0306	(0. 0326)	0. 0741 ***	(0. 0262)
$\ln PGDP \times WEST$	0. 1817 ***	(0. 0256)	0. 1277 ***	(0. 0266)	0. 1889 ***	(0. 0243)
$CONS$	0. 2479 ***	(0. 0028)	0. 2462 ***	(0. 0028)	0. 2475 ***	(0. 0028)
W						
ρ	0. 1271 ***	(0. 0261)	0. 4907 ***	(0. 0730)	0. 2280 ***	(0. 0324)
δ	0. 0690 ***	(0. 0229)	0. 3163 ***	(0. 0648)	0. 0787 ***	(0. 0291)
σ	0. 2192 ***	(0. 0376)	0. 8103 ***	(0. 0510)	0. 2553 ***	(0. 0456)
N	4320		4320		4320	
$Pseudo\ R – Square$	0. 1047		0. 0821		0. 1014	

注：W 为空间权重矩阵，括号中的数字为稳健标准误；*、**、*** 分别表示在 10%、5% 和 1% 的水平上显著。

从表 5.5 可以看出，因变量、经济变量及误差项的空间滞后项 ρ、δ 及 σ 在三种空间权重矩阵的设定下，均至少在 1% 的水平上显著为正。也就是说，城市人均生活垃圾产生量、经济变量和影响城市人均生活垃圾产生量的不可观测因素不是独立的，SUTVA 假设不成立。城市 i 的人均生活垃圾产生量及人均 GDP 的增加，会对空间相邻城市 j 的人均生活垃圾产生量产生正的溢出效应。此外，影响城市人均生活垃圾产生量的不可观测项也在城市 i 及城市 j 之间有正的溢出效应，因此，回归模型中应该考虑空间效应。

在控制空间因素之后，主要经济解释变量——人均 GDP 的各项估计系数均在 1% 的水平上显著，与前文双向固定效应估计量一致。但是，在引入空间因素之后，$(\widehat{PR})$ 在 IDIS 空间权重矩阵设定中变得在 10% 的水平上显著，换言之，在距离倒数空间权重的设定下，垃圾分类政策显著减少了城市人均生活垃圾产生量。但是，这个结果并不稳健，在 CON 矩阵及 IDIS – CON 矩阵设定中均不显著，意味着不能武断地得出垃圾分类政策起到了减量效果。

同时，人口统计变量的估计系数符号也与之前在不考虑空间依赖关系的情况下的估计结果一致，说明城市人口的增加会显著降低城市人均生活垃圾产生量，这与人口密度估计结果的含义是一致的。这一发现与人口集聚可能增加城市生活垃圾产生量的规模效应的结论类似（Kinnaman and Fullerton，2000），但是与马赞蒂和佐博利（Mazzanti and Zoboli，2008）的研究结论相反。同时，从以上估计结果来看，城市化率的增加显著增加了城市人均生活垃圾产生量，因为城市化率的提高并不一定代表人口的集聚，而只是城市人口在特定城市行政区域所占比例的提高，这一结果也验证了约翰斯通和拉博讷（Johnstone and Labonne，2004）基于效应最大化模型推导的结论。

在空间计量模型中依然纳入了交乘项作为解释变量，交乘项的估计结果依然与前文未考虑空间溢出效应的模型一致。此外，城市生活垃圾收费政策的估计系数依然在各个空间计量模型设定中不显著，也再次验证了当前垃圾收费制度的失效，与韩洪云等（Han et al.，2016）的研究结论一致。

从以上考虑空间相关性的分析可以看出，与 SUTVA 假设下的估计结果相比，实施第二次生活垃圾分类政策的绝对减量效应在其中一个空间计量模型中变得显著。因此，与空间估计相比，使用 SUTVA 的传统回归可能会低估垃圾分类政策的影响，虽然结果并未得到所有空间模型的支持，但是这为我们进一步研究提供了启示。

由于空间计量回归模型研究的是空间单元之间复杂的空间依赖结构，因此，改变一个特定空间单元的解释变量或因变量，一方面会影响空间单元本身，另一方面也会影响所有其他空间的相关单元。这种相互的空间依赖将产生反馈效应。因此，根据空间回归模型的估计参数直接解释空间单元之间的关系时，会产生较大的偏差。表5.6给出了在IDIS矩阵设定下，采用Delta-Method计算的直接效应、间接效应和总效应的平均估计量，仅列出了显著变量。

表5.6　空间权重矩阵IDIS设定下的直接效应、间接效应和总效应估计

变量	IDIS - matrix					
	Direct		Indirect		Total	
$\widehat{PR}$	− 0.1428 *	(0.0812)	− 0.0602 *	(0.0389)	− 0.2030 *	(0.1172)
ln$PGDP$	5.2300 ***	(1.7523)	2.8578 ***	(1.0749)	8.0878 ***	(2.6164)
ln$POPD$	− 0.0230 ***	(0.0067)	− 0.0097 ***	(0.0041)	− 0.0327 ***	(0.0101)
$URBR$	0.9034 **	(0.4077)	0.3807 **	(0.2065)	1.2841 **	(0.5913)
ln$URBP$	− 1.2758 ***	(0.0925)	− 0.5376 ***	(0.1638)	− 1.8134 ***	(0.2048)

注：括号中的数字为稳健标准误；*、**、***分别表示在10%、5%和1%的水平上显著。

在IDIS矩阵的设定下，表5.6中协变量的间接影响是显著的，意味存在着不能忽视的空间溢出效应，而直接效应指的是协变量对城市自身的影响。因此，以人均GDP为例，如果城市i的人均GDP增加1%，会导致城市i的人均生活垃圾产生量增加5.23%，同时其空间溢出效应还会进一步导致空间相邻城市j的人均生活垃圾产生量增加2.86%，这种影响的总效应是8.09%，等于直接效应与间接效应之和。

表5.6汇报了实施第二次生活垃圾分类政策后的平均变化。直接影响是城市人均生活垃圾产生量降低0.14个百分点，占总影响的70%；间接影响是导致空间相邻城市的人均生活垃圾产生量进一步降低30%，也就是对相邻空间城市的溢出效应为0.06个百分点，总体效果减少了0.2%。

人口密度的增加和城市人口均对城市人均生活垃圾产生量有负的溢出效应，即某个城市人口密度和城市人口的增加不仅会抑制该城市的人均生

活垃圾产生量，也会通过溢出效应对其他空间相邻城市的人均生活垃圾产生量产生减量效应，平均而言，这种空间相邻城市间的溢出效应大概是总效应的 30%。此外，城镇化率对人均生活垃圾产生量有显著的正向影响，其溢出效应也为正。

由于实施第二次生活垃圾分类政策的城市与其他城市在经济发展水平上存在显著差异，在以往的文献中，实证检验城市人均生活垃圾产生量与经济增长的各种线性和非线性关系是生活垃圾领域研究的热点之一（Ber-rens et al.，1997；Bloom and Beede，1995；Cole et al.，1997；Fischer - Kowalski and Amann，2001；Panayotou，1993；Shafik and Bandyopadhyay，1992；Wang et al.，1998），在许多发展中国家，城市人均生活垃圾产生量并没有与经济增长之间呈现出解耦关系，甚至在一些发达国家，完全解耦也尚未实现。也就是说，从时间趋势的角度来看，城市人均生活垃圾产生量的绝对量还会继续增加并且会持续较长时间（邹剑锋，2019）。因此，检验垃圾分类政策对城市人均生活垃圾产生量相对增长的影响更有意义。接下来，本书仍然采用上述相同的空间权重矩阵来控制空间相互依赖关系，将因变量替换为城市人均生活垃圾产生量的增长率，即验证垃圾分类政策对城市人均生活垃圾产生量的相对减量效应，且只考虑其与经济增长代理变量（$\ln PGDP$）之间的线性关系，第二次城市生活垃圾分类政策对城市人均生活垃圾产生量增长率的影响如表 5.7 所示。

表 5.7　　　　　基于 GNS 模型的 PMSWG 相对减量效应估计

解释变量	CON - matrix		IDIS - matrix		IDIS - CON - matrix	
	Coef		Coef		Coef	
$\widehat{PR}$	- 0.0579 *	(0.0333)	- 0.0583 *	(0.0343)	- 0.0585 *	(0.0341)
$\ln PGDP$	- 0.0698 ***	(0.0177)	- 0.0983 ***	(0.0203)	- 0.0845 ***	(0.0189)
$\ln POPD$	- 0.0017	(0.0026)	- 0.0024	(0.0028)	- 0.0017	(0.0028)
$URBR$	0.4894 ***	(0.1407)	0.5997 ***	(0.1439)	0.5852 ***	(0.1431)
$\ln URBP$	- 0.2985 ***	(0.0388)	- 0.3811 ***	(0.0394)	- 0.3630 ***	(0.0386)
$\ln FEE$	0.0008	(0.0018)	0.0009	(0.0019)	0.0009	(0.0019)
$\ln PGDP \times URBR$	- 0.0518 ***	(0.0138)	- 0.0646 ***	(0.0140)	- 0.0626 ***	(0.0140)

续表

解释变量	CON – matrix		IDIS – matrix		IDIS – CON – matrix	
	Coef		Coef		Coef	
$\ln PGDP \times \ln URBP$	0.0259 ***	(0.0041)	0.0344 ***	(0.0041)	0.0324 ***	(0.0040)
$\ln PGDP \times PROCAP$	−0.0301 ***	(0.0113)	−0.0406 ***	(0.0114)	−0.0372 ***	(0.0114)
$\ln PGDP \times EAST$	0.0035	(0.0085)	0.0195 *	(0.0117)	0.0069	(0.0097)
$\ln PGDP \times MIDDLE$	0.0040	(0.0083)	0.0236 *	(0.0129)	0.0093	(0.0100)
$\ln PGDP \times WEST$	−0.0004	(0.0082)	0.0060	(0.0102)	−0.0013	(0.0094)
W						
ρ	−0.0042 *	(0.0097)	−0.0569 ***	(0.0186)	−0.0290 **	(0.0124)
δ	−0.3498 ***	(0.0541)	−0.3276 ***	(0.0935)	−0.1882 ***	(0.0611)
σ	0.2498 ***	(0.0727)	0.0800 **	(0.0351)	0.0277 *	(0.0697)
$CONS$	0.0940 ***	(0.0012)	0.0952 ***	(0.0011)	0.0952 ***	(0.0011)
$Observations$	4032		4032		4032	
$Pseudo\ R - Square$	0.0182		0.0121		0.0169	

注：W 为空间权重矩阵，括号中的数字为稳健标准误；*、**、*** 分别表示在 10%、5% 和 1% 的水平上显著。

表 5.7 的估计结果表明，因变量的空间滞后项（ρ）、经济解释变量的空间滞后项（δ）及误差项的空间滞后项（σ）均至少在 5% 的水平上显著。表 5.7 中显著的空间滞后项估计系数表明，GNS 是用于控制空间相关关系的合适计量模型。同时，在表 5.7 中，城市人均生活垃圾产量的增长率对空间相邻城市有负的空间溢出效应，这与表 5.4 中的估计结果相反，而且人均 GDP 的空间溢出效应也变得显著为负，也就是说，城市 i 的人均 GDP 增加会抑制空间相邻城市的人均生活垃圾产生量，因此，仅从这个结果来看，变得更加富裕可能是当前能找到的改善当今环境的最好方法之一（Beckerman，1992）。

表 5.7 的估计结果还表明，实施第二次生活垃圾分类政策的城市，城市人均生活垃圾产生量的增长率更低，而且，这个估计系数在三种空间权重矩阵设定中非常接近。按照这个估计结果，当实施第二次城市生活垃圾

分类政策时，城市人均生活垃圾产生量的增长率将减少约 5.79%。因此，从估计结果来看，第二次城市生活垃圾分类政策显著降低了城市人均生活垃圾产生量的增长率，也就是说，垃圾源头分类政策虽然没有达到绝对减量，但是实现了相对减量。

在垃圾分类政策的相对减量效应评估结果中，人口密度的估计系数在三种空间权重设定下变得不再显著，但是城市化率及人口数量依然在 1% 的水平上分别显著为正和负，意味着城市化率的上升也会导致城市人均生活垃圾产生量的相对量增加，而城区人口数会导致城市人均生活垃圾产生量的相对量下降。此外，城市生活垃圾收费政策的效应依然在所有的模型中不显著。

在交乘项的估计结果中，人均 GDP 和城市化率的交乘项，以及人均 GDP 和城区人口数的交乘项，在三个空间模型中均在至少 1% 的水平上显著为负、正，这说明在经济发展水平相同的情况下，城市化率的提高会抑制城市人均生活垃圾产生量的增长率，而在人均 GDP 水平相同的情况下，城市人口的增加会导致城市人均生活垃圾产生量的增长率增加。此外，在人均 GDP 相同的城市，省级城市的城市人均生活垃圾产生量的增长率低于非省级城市。其原因可能是不同的城市在环境库兹涅茨曲线上处于不同的发展阶段（OECD，2002）。

综合以上分析，第二次城市生活垃圾分类政策对城市人均生活垃圾产生量的绝对量的抑制效应并不是在所有的空间计量模型中显著，也就是说，垃圾分类政策的绝对减量效应不稳健，但是，如果不考虑空间相关性，则会低估垃圾分类政策的减量效应。同时，第二次城市生活垃圾分类政策显著降低了城市人均生活垃圾产生量的相对量，且在不同的空间权重矩阵设定下稳健，也就是说，垃圾分类政策的相对减量效应显著且稳健。

为了正确解释空间溢出效应，表 5.8 汇报了利用 Delta – Method 计算的三种权重矩阵设定下的直接效应、间接效应及总效应平均估计量。

表 5.8　三种权重矩阵设定下的直接效应、间接效应及总效应估计

变量	CON – matrix			IDIS – matrix			IDIS – CON – matrix		
	Direct	Indirect	Total	Direct	Indirect	Total	Direct	Indirect	Total
$\widehat{PR}$	-0.0584 * (0.0343)	-0.0259 (0.0189)	-0.0842 * (0.0510)	-0.0589 * (0.0339)	-0.0217 * (0.0135)	-0.0806 * (0.0468)	-0.0587 * (0.0342)	-0.0072 * (0.0050)	-0.0659 * (0.0386)
ln$PGDP$	-0.0986 *** (0.0204)	-0.1208 *** (0.0431)	-0.2194 *** (0.0545)	-0.0712 *** (0.0180)	-0.0307 *** (0.0143)	-0.1019 *** (0.0276)	-0.0852 *** (0.0190)	-0.0292 *** (0.0103)	-0.1144 *** (0.0242)
$URBR$	0.6003 *** (0.1440)	0.2663 *** (0.1293)	0.8666 *** (0.2367)	0.4981 *** (0.1432)	0.1835 *** (0.0667)	0.6816 *** (0.2008)	0.5871 *** (0.1436)	0.0717 *** (0.0317)	0.6588 *** (0.1637)
ln$URBPOP$	-0.3814 *** (0.0395)	-0.1692 ** (0.0730)	-0.5506 *** (0.0901)	-0.3038 *** (0.0392)	-0.1119 *** (0.0264)	-0.4158 *** (0.0557)	-0.3642 *** (0.0386)	-0.0445 *** (0.0166)	-0.4087 *** (0.0452)

注: 括号中的数字为稳健标准误; *、**、*** 分别表示在 10%、5% 和 1% 的水平上显著。

在三种权重矩阵设置下，实施垃圾分类政策的预测概率对城市人均生活垃圾产生量的增长率的间接影响显著为负。这意味着在对内生的垃圾分类政策进行矫正后，垃圾分类政策对城市人均生活垃圾产生量的增长率具有负的溢出效应。以邻接空间矩阵为例，当某个城市实施垃圾分类政策时，该城市的人均生活垃圾产生量的增长率将下降 5.79%，其溢出效应将导致与空间相关城市的人均生活垃圾产生量的增长率下降 2.59%，具体而言，总减量效应中的 31% 是由于空间溢出效应的存在。

在垃圾分类政策对城市人均生活垃圾产生量增长率的影响估计中，人口密度的估计系数不再显著，因此，未在表 5.8 中列示。此外，人均 GDP、城区人口数和城市化率的直接效应和间接效应在所有空间权重矩阵设定中依然在 1% 的水平上显著。以邻接空间矩阵为例，在人均 GDP 增长 1% 对城市人均生活垃圾产生量增长率的总效应中，55% 的负效应是对空间相关城市的进一步溢出效应。城市人口增长和城市化率的提高对城市人均生活垃圾产生量的增长率的总效应中，约 30% 分别为负外溢效应和正外溢效应。

5.5.4　稳健性及安慰剂检验

基于以上分析，虽然第二次生活垃圾分类政策并未降低当前生活垃圾产生量的绝对增长量，但是政策的实施显著降低了生活垃圾产生量的增长率，也就是垃圾产生量的相对量，同时在各种空间权重矩阵设定中稳健。为了进一步验证估计结果的稳健性，采用各个城市的道路照明灯盏数（盏）作为经济变量的替代变量，重新利用 GNS 模型在各种权重矩阵设定下进行回归，对第二次生活垃圾源头分类减量政策的相对减量效应进行稳健性检验。回归结果如表 5.9 所示。

表 5.9　　基于 GNS 模型的 PMSWG 相对减量效应稳健性检验

解释变量	CON – matrix		IDIS – matrix		IDIS – CON – matrix	
	Coef		Coef		Coef	
$\widehat{PR}$	− 0.0147 *	(0.0245)	− 0.0066	(0.0268)	− 0.0125 *	(0.0261)

续表

解释变量	CON – matrix		IDIS – matrix		IDIS – CON – matrix	
	Coef		Coef		Coef	
ln*LAMP*	0.0029 *	(0.0029)	0.0029 *	(0.0031)	0.0028 *	(0.0031)
ln*POPD*	− 0.0013	(0.0017)	− 0.0011	(0.0019)	− 0.0011	(0.0018)
URBR	0.0078	(0.0912)	0.0763	(0.0994)	0.0839	(0.0969)
ln*URBP*	− 0.0990 ***	(0.0202)	− 0.1675 ***	(0.0204)	− 0.1588 ***	(0.0202)
ln*FEE*	0.0003	(0.0012)	0.0007	(0.0012)	0.0005	(0.0012)
ln*LAMP* × *URBR*	− 0.0068	(0.0089)	− 0.0156	(0.0096)	− 0.0158 *	(0.0093)
ln*LAMP* × ln*URBP*	0.0082 ***	(0.0021)	0.0149 ***	(0.0020)	0.0141 ***	(0.0020)
ln*LAMP* × *PROCAP*	− 0.0138 **	(0.0069)	− 0.0223 ***	(0.0071)	− 0.0200 ***	(0.0071)
ln*LAMP* × *EAST*	0.0019	(0.0050)	0.0001	(0.0077)	− 0.0002	(0.0061)
ln*LAMP* × *MIDDLE*	− 0.0050	(0.0046)	− 0.0072	(0.0080)	− 0.0054	(0.0059)
ln*LAMP* × *WEST*	− 0.0127 ***	(0.0043)	− 0.0234 ***	(0.0060)	− 0.0206 ***	(0.0052)
W						
ρ	0.0022	(0.0062)	− 0.0222 *	(0.0122)	− 0.0155 *	(0.0081)
δ	0.5576 ***	(0.0343)	0.4180 ***	(0.0729)	0.3841 ***	(0.0534)
σ	− 0.4356 ***	(0.0596)	0.1942 ***	(0.0334)	− 0.1217 *	(0.0707)
CONS	0.0601 ***	(0.0008)	0.0628 ***	(0.0007)	0.0627 ***	(0.0007)
Observations	4032		4032		4032	
Pseudo R – Square	0.0748		0.0325		0.0526	

注：W 为空间权重矩阵，括号中的数字为稳健标准误；* 、** 、*** 分别表示在 10%、5% 和 1% 的水平上显著。

从表 5.9 利用路灯盏数替代人均 GDP 之后的 GNS 回归结果可以看出，除了在距离倒数矩阵设定中，第二次生活垃圾分类政策的相对减量效应不显著以外，在其余空间矩阵设定中，垃圾分类政策的相对减量效应均在 10% 的水平上显著。与此同时，为了进一步验证生活垃圾减量政策的相对减量效应确实来自政策实施，而并非来自其他干扰变量的影响，本书随机抽取 23 个城市，将其定义为政策实施城市，再次利用 GNS 模型进行回归，以此进行政策评估的安慰剂检验，回归结果如表 5.10 所示。

表 5.10　　　　基于 GNS 模型的 PMSWG 相对减量效应安慰剂检验

解释变量	CON – matrix		IDIS – matrix		IDIS – CON – matrix	
	Coef		Coef		Coef	
$\widehat{PR}$	0.0134	(0.0540)	– 0.0295	(0.0570)	– 0.0050	(0.0570)
$\ln PGDP$	– 0.0334 ***	(0.0111)	– 0.0641 ***	(0.0139)	– 0.0502 ***	(0.0125)
$\ln POPD$	– 0.0017	(0.0017)	– 0.0018	(0.0019)	– 0.0016	(0.0018)
$URBR$	0.0483	(0.0926)	0.1845 *	(0.1018)	0.1619	(0.0988)
$\ln URBP$	– 0.1472 ***	(0.0259)	– 0.2576 ***	(0.0283)	– 0.2316 ***	(0.0270)
$\ln FEE$	0.0002	(0.0012)	0.0005	(0.0012)	0.0004	(0.0012)
$\ln PGDP \times URBR$	– 0.0108	(0.0090)	– 0.0267 ***	(0.0098)	– 0.0236 **	(0.0095)
$\ln PGDP \times \ln URBP$	0.0131 ***	(0.0026)	0.0242 ***	(0.0029)	0.0214 ***	(0.0027)
$\ln PGDP \times PROCAP$	– 0.0228 ***	(0.0071)	– 0.0369 ***	(0.0073)	– 0.0324 ***	(0.0073)
$\ln PGDP \times EAST$	0.0034	(0.0051)	0.0144 *	(0.0082)	0.0044	(0.0062)
$\ln PGDP \times MIDDLE$	0.0002	(0.0049)	0.0150 *	(0.0091)	0.0049	(0.0064)
$\ln PGDP \times WEST$	– 0.0052	(0.0049)	– 0.0030	(0.0073)	– 0.0077	(0.0060)
W						
ρ	0.0027	(0.0062)	– 0.0442 ***	(0.0129)	– 0.0200 **	(0.0081)
δ	0.5456 ***	(0.0351)	0.4113 ***	(0.0726)	0.3693 ***	(0.0541)
σ	– 0.4186 ***	(0.0601)	0.1915 ***	(0.0333)	– 0.1051	(0.0708)
$CONS$	0.0602 ***	(0.0008)	0.0626 ***	(0.0007)	0.0626 ***	(0.0007)
$Observations$	4032		4032		4032	
$Pseudo\ R – Square$	0.0382		0.0107		0.0270	

注：W 为空间权重矩阵，括号中的数字为稳健标准误；* 、** 、*** 分别表示在 10%、5% 和 1% 的水平上显著。

　　随机指定 23 个城市作为实施生活垃圾分类城市的安慰剂检验结果表明，垃圾分类政策在所有空间矩阵设定中均不显著，且在邻接矩阵中符号变为正，也佐证了垃圾分类政策相对减量效应的非偶然性和稳健性，从而验证了第 3 章提出的假说 2，即当前用于缓解生活垃圾终端处置压力的主要生活垃圾管理政策虽然显著降低了生活垃圾产生量的相对增长率，但是其并未对生活垃圾绝对量产生明显的抑制作用，也未能保证将生活垃圾源头产生量遏制在生活垃圾终端处置设施的承载负荷内。

5.6 本 章 小 结

放松 SUTVA 假设及矫正内生性政策选择之后，本章通过纳入因变量、解释变量及误差项的空间滞后项来控制空间溢出效应，构建 GNS 模型来估计中国代表性垃圾减量政策——第二次城市生活垃圾分类政策对城市人均生活垃圾产生量的减量效应。分析表明，相对于考虑城市间空间相互作用的模型估计结果，传统计量估计结果倾向于低估垃圾分类政策对城市人均生活垃圾产生量的绝对减量效应，虽然这个结果在不同的空间权重矩阵设定下并不稳健，但为进一步研究垃圾分类政策对城市人均生活垃圾产生量的相对减量效应估计提供了启示。在对内生地方政策进行修正的基础上，采用相同的空间权重矩阵控制空间相互依赖关系，以城市人均生活垃圾产生量的增长率作为因变量，研究表明，第二次城市生活垃圾分类政策对城市人均生活垃圾产生量的增长率的影响是显著的，估计效应值在各种空间权重矩阵设定中非常接近，而且均显著。换言之，垃圾分类政策显著降低了城市人均生活垃圾产生量的增长率，存在明显的相对减量效应。考虑本章证实了中国城市人均生活垃圾产生量在各城市之间的正溢出效应，未来可能的研究方向之一是在更多空间层面上进行空间相关关系的验证，例如，在国家层面，如果这种空间相关性存在，则在某个空间区域实施垃圾减量政策及提升垃圾管理绩效的政策，不仅可以保护该空间区域的环境，也会对其他空间相关的区域产生溢出效应，本章结论也为各区域或者各国家之间在生活垃圾管理上开展多边合作提供了潜在的量化依据。

结合第 4 章耦合现状的宏观背景分析，随着经济的增长，当前中国城市生活垃圾绝对增长量依然保持着较高的增长率，短期内很难实现城市生活垃圾与经济增长的绝对解耦。寻求抑制城市人均生活垃圾产生量的绝对量及相对量增长的可行政策对我国的城市生活垃圾管理具有很强的现实指导意义。根据本章的分析，垃圾分类政策的相对减量效果显著，但仍未实现绝对减量。因此，当前生活垃圾减量政策虽然起到了缓解终端处置压力的作用，减轻了时间序列上的相对压力，但是这样的减量政策效果并不能保证将垃圾产生量遏制在终端处置设施的承受范围之内。在可预期的未来，为了应对短期和长期的生活垃圾终端处置压力，各城市地方政府也必将增加生活垃圾终端处置设施的供给，而事实上，"加强垃圾处置设施建设"也被正式写入 2020 年政府工作报告的发展目标计划中。但是由于生活垃圾终端处置设施供给在经济成本收益的空间分布上具有典型的空间分布不均衡的特征，其成本相对集中，由设施所在地的居民承担，但收益却由分布得更广的公众获得。正是由于这种"邻避"特征的存在，生活垃圾终端处置设施的供给，不仅要考虑空间异质性的各城市供给决策行为特征，也要兼顾社会公众对于不同生活垃圾终端处置设施供给的偏好。因此，接下来的两章，将分别从供给侧与需求侧对生活垃圾供给及其社会福利影响进行研究。

第 6 章

生活垃圾终端处置方式
选择供给侧的空间异质性研究

6.1 问 题 引 出

城市生活垃圾的终端处置问题长期以来受到环境与资源经济学家的关注，作为一项基本的城市公共服务，从供给侧来看，各城市在供给生活垃圾终端处置服务时，需要结合自身城市发展特征进行综合考量。当前，中国生活垃圾终端处置依然是以实现无害化为主要目标，全国城市生活垃圾清运量及无害化处置状况沿时间序列变化趋势如图 6.1 所示[1]，截至 2018 年，生活垃圾无害化处置率为 99%，其中设市城市为 94.1%，县城为 79.0%。

从时间发展轴来看，生活垃圾终端处置设施的变化反映了我国生活垃圾处置方式的演变，大体而言，全国范围的处置设施主要以填埋场为主，但是焚烧厂的数量也在逐渐增加。

生活垃圾终端处置方式的演化也反映在垃圾处置量上，虽然垃圾填埋量和焚烧处置量均在增加，但是焚烧处置量增加的幅度远高于填埋处置量。2004～2018 年，生活垃圾清运量增加了 47.02%，填埋处置量增加了 69.93%，而焚烧处置量增加了 21 倍多。具体演变方式如图 6.2 所示。

---

[1] 本章问题引出部分所列典型性事实数据均来自国家统计局网站（2004～2018 年）。

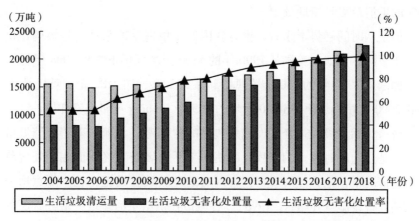

图 6.1 2004～2018 年城市生活垃圾清运量及无害化处置情况

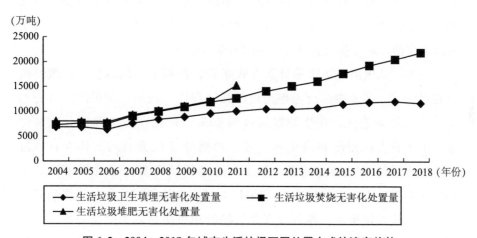

图 6.2 2004～2018 年城市生活垃圾不同处置方式的演变趋势

当前，中国城市生活垃圾终端处置主要依靠填埋，这并非只是中国的特殊情况，曾经也是世界上大多数国家生活垃圾终端处置的主要手段，之所以如此，解释之一就是，相对于填埋处置而言，生活垃圾处置的其他手段成本相对较高，尤其是在发展中国家（Brunner and Fellner，2007）。即使在高度工业化的国家，比如，美国、澳大利亚、英国、芬兰也在很大程度上依靠填埋。2008 年，美国有 33% 的城市生活垃圾是填埋处置；2002

年，澳大利亚有 70% 的城市生活垃圾是直接填埋处置；1990 年，英国超过 90% 的生活垃圾是填埋处置。

但是从时间趋势上来看，世界各国使用填埋手段来处置垃圾的比例均在逐年下降，比如，美国从 1990 年的 6300 个填埋场下降到 2008 年的 1800 个；德国从 1993 年的 560 个填埋场下降到 2009 年的 182 个；英国从 2004 年的 2000 个填埋场下降到 2009 年的 465 个（Laner et al.，2012）。

城市生活垃圾终端处置设施是典型的"邻避"设施，对于任何城市而言，都是一项耗时耗力的工程，即使在生活垃圾处置终端面临高处置负荷压力的情况下，地方政府宁可扩容现有的垃圾处置设施，也不愿意增加新的终端处置设施（Rogers，1998）。各城市在供给生活垃圾终端处置服务设施时，到底是基于什么因素的考虑？从大趋势上来看，是焚烧处置逐渐替代填埋处置，但是具体到不同区域、不同城市，其决定因素会发生变化吗？城市生活垃圾终端处置设施的空间分布具有什么特征？这些问题都是在研究生活垃圾终端处置设施供给时需要考虑的。

首先，从生活垃圾终端处置方式来看，各城市在供给生活垃圾终端处置设施时，还需要综合考虑土地的稀缺程度，例如，在美国人口更加密集的东北部地区，焚烧处置量占到 36%，但是在日本和部分欧洲国家，由于其人口密度和高土地价值，焚烧处置成为首选，日本有将近 70% 的生活垃圾是焚烧处置，瑞士和丹麦的垃圾焚烧处置量也占到了 50% 左右（Fullerton and Raub，2004）。其次，从不同生活垃圾终端处置方式的供给数量来看，拥有填埋处置场的城市明显多于焚烧处置厂，而且存在空间分布上的差异，换言之，填埋处置似乎是更易于采用的一种终端处置方式。

从第 4 章和第 5 章的分析结论来看，生活垃圾源头产生量在未来较长时间内仍将持续增长，同时缓解生活垃圾终端处置压力的过程减量政策差强人意，增加生活垃圾终端处置设施的供给势在必行。从整个中国范围内来看，各城市在选择不同生活垃圾终端处置设施时，具有明显的地域差异。那么从供给侧来看，这种空间上的差异到底是什么原因造成的？到底是哪些因素会影响城市对于不同终端处置设施的供给？在当前生活垃圾终端处置压力巨大的背景下，建设新垃圾终端处置服务设施又会面临较大的"邻避"运动压力，对于这些问题的探索，可以为地方政府在增加生活垃圾终端处置设施供给时提供决策的量化参考依据。

本章基于 2016 年中国 288 个地级行政区域的截面数据，构建半参地理加权泊松回归模型控制空间异质性，对影响城市生活垃圾无害化处置设施供给的因素进行探索性量化分析。并将无害化处置设施总量供给细分为焚烧处置厂供给和填埋处置场供给这两种主要终端处置方式，并进行类似的空间异质性影响效应分析，从供给侧探究影响差异化生活垃圾终端处置方式选择的因素，以此验证第 3 章理论框架中提出的假说 3 与假说 4。本章余下的安排如下：第二部分对相关研究文献进行总结梳理；第三部分设定实证回归模型及进行数据说明；第四部分展示计量估计结果；第五部分基于估计结果进行相应讨论；第六部分对本章进行总结。

6.2　现有相关研究梳理

6.2.1　基于技术特征的生活垃圾终端处置供给研究

垃圾处置设施作为具有潜在环境负外部性的设施，有如下两个特征：第一，在经济效率上，处于帕累托无效分配，其成本不仅包括建设、运营成本，而且还包括对周边公众、环境身体健康的直接威胁，以及利益相关者的被动使用价值（passive-use value）的损害，由于这种损害并没有反映在市场的价格机制中，因此，通常会存在过量供给，资源配置处于帕累托无效状态，而这类有害设施给环境、公众及社会福利带来的损失，统称为外部成本；第二，在社会总成本收益的空间分布上，具有典型的空间分布不均衡特征，其负外部成本相对集中，由设施所在地的居民承担，但收益却由分布得更广的公众获得（Kunreuther et al.，1987；Mitchell and Carson，1986），因此，也被称为"邻避"设施。

在解决"邻避"问题上，政府面临着两难：一方面，普遍认为社会需要设计合理、技术达标、管理良好的垃圾处置设施来处置日常生产、生活副产品的垃圾，这些基础公共卫生服务设施的供给收益应该大于其风险与成本；另一方面，当提到建设垃圾处置设施或危险废物处置设施时，"不要在我后院"（NIMBY）的"邻避"反对声音非常强烈（Kunreuther et al.，1987）。

早期的生活垃圾终端处置设施的建设，更多的是从技术角度考虑工程、安全及环境准则来进行决策，在这种集中的非市场决策机制下，很大程度上仅仅依赖于技术专家和政治压力，公众意见仅限于参与听证会（O'Hare et al.，1983）。但是，随着技术的发展、处置规模的增大以及垃圾种类的增加，处置设施所在地周边的居民对其财产权的认知逐渐扩容，包括批准或禁止"不良"工业活动的权利，在决策过程中也越来越多地会影响这些设施的建设（Demsetz，1974）。

产权在早期对于垃圾终端处置设施供给的经济学分析中起到了重要作用，虽然通过法律和经济权利对诸如环境禀赋等公共物品的"所有权"不像私人物品产权那样界定明确，但对这些"抽象"物品的产权概念仍然适用。对于垃圾处置设施所在地的居民而言，他们认为，自己有权反对建设可能导致当地环境恶化的设施，但是从政府决策的角度来说，提供足够的垃圾终端处置设施是更大范围公民的权利，也是政府应尽的责任（Ferreira and Gallagher，2010）。

在早期对于生活垃圾处置设施供给的研究中，主要侧重于对生活垃圾处置技术选择的研究，有学者认为，城市生活垃圾的终端处置选择，由于不同国家的不同社会经济因素差异，不能一概而论，而对于终端处置方式的选择，是在模糊和不确定信息的情况下的多元决策问题，比如，运用基于信度理论的 TOPSIS（technique for order preference by similarity to ideal solution）方法来评估 MSW 处置方法的绩效（Aghajani Mir et al.，2016；Roy et al.，2016），以及采用改进的模糊 TOPSIS 方法来评估 MSW 处置方法及选址（Ekmekçioğlu et al.，2010）。

6.2.2　基于补偿制度的生活垃圾终端处置供给研究

由于不受欢迎的公共基础设施建设会对其所在地的社区产生潜在的负面影响，所以在许多工业化国家是通过对受影响的社区进行补偿来解决"邻避"问题，补偿的理论假设基础在于补偿之后的居民福利水平较设施建设之前不会变得更差。因此，接受补偿意味着当地社区的权利与代表更广泛区域社区的政府的权力之间的权衡取舍，当地社区对更大范围社区利益的妥协。但是，弗雷和奥伯霍尔泽（Frey and Oberholzer，1997）对瑞士核设施所在地的居民补偿进行了分析发现，当地社区提供补偿会挤出公共精神，任何作为公民的义务意识也就丧失殆尽了。

在关于生活垃圾终端处置设施选择的经济分析中，经济学家提出了很多希望兼顾效率与公平的方法，例如，运用拍卖机制（Kunreuther and Kleindorfer，1986）、受影响社区的投票表决（Mitchell and Carson，1986），但是这些经济学的视角与方法并没有受到政策决策者的重视。其一是因为多数实证研究从案例推广至一般时，其可信度受到质疑；其二是决策者考虑到当前公众的偏好可能会基于短期自身利益而牺牲长期社会福利；其三是由于在早期的市场条件下，建设处置设施的企业实际上在设施选址上享有相对更大的自由（Swallow et al.，1992）。

米切尔和卡森（Mitchell and Carson，1986）建议，应该将居民对于有害设施建设的权力进行合法化，企业在建设有害设施时，应该在当地进行投票表决，并进行相应的补偿。因此，公众偏好逐渐开始进入有害设施选址的决策过程中，斯沃洛等（Swallow et al.，1992）提出了一种同时将技术和经济、公平纳入有害设施选址决策过程中的三阶段法。首先，技术专家及社区负责人共同确定一个候选地址的"长名单"；其次，基于社会适宜性标准将"长名单"缩短为"短名单"；最后，通过反映社区偏好的机制，如拍卖、公投、社区调查等方法来确立最终选址。既考虑了设施所在地的公众接受意见及补偿，也考虑了公众对于各种区域资源的非使用价值，同时兼顾技术可行性。

对于受影响居民的补偿既可以是货币补偿，也可以是实物补偿，纯粹的货币补偿也并不总能符合公众偏好，实物补偿作为货币补偿的替代，有可能更加可行且更具操作性（Flores and Thacher，2002）。但是由于个人偏好的异质性及补偿物的公共物品属性，纯粹的实物补偿有可能导致帕累托无效的资源分配状态（Frey et al.，1996）。无论是实物补偿还是货币补偿，其准确性都会引起争议，因此，相比准确估计补偿水平而言，让公共政策决策者了解利益相关者如何形成他们对需求的看法也许更重要（Lober and Green，1994）。

6.2.3 空间异质性研究

地理加权回归（geographically weighted regression，GWR）属于广义的局部回归模型，能够识别解释变量和被解释变量之间无法用简单平均参数估计表示的空间差异。早期的局部回归模型方法包括样条函数、核回归等，GWR 通过考虑空间维度来对空间关系的异质性进行建模估计（Budziński et al.，2018），是当前用于探索潜在空间非平稳性关系的主要空间分析方法，GWR 同时将空间分析中的空间相关性和空间异质性纳入模型的构建中。其一，在拟合 GWR 模型时，根据地理学第一定律（Tobler，1970），对每个空间单元观测点的参数值的估计，会依据该空间回归点临近空间单元的数据观测值进行加权；其二，GWR 允许因变量和自变量之间的关系在空间上存在差异。因此，GWR 将空间分析的两种主要特征融合到了一起。

GWR 在早期的实证估计中，主要基于线性局部模型的估计，例如，对于房屋价格（Brunsdon et al.，1999）、经济增长（LeSage，1999）及死亡率（Fotheringham et al.，1998）的分析，较少用于分析非线性模型的估计。但是因变量并不总是满足高斯分布，比如，可数变量、二元因变量等（Fotheringham et al.，2015）。而生活垃圾终端处置设施是典型的可数变量，其取值均为大于零的非负整数，因此，采取泊松模型来对可数变量进行建模分析是更合理的选择。泊松分布适用于对因变量是某个事件发生次数的建模分析，例如，一年去医院就诊的次数、家庭中小孩子的数量等，由于数据是整数的离散变量，其误差项不一定服从高斯分布，线性回归模型有可能产生无效、不一致及有偏估计（Long and Freese，2006）。同时，在泊松模型中，如果考虑参数效应的空间异质性，则可以将 GWR 拓展至地理加权广义线性模型，即地理加权泊松回归模型（geographically weighted poisson regression，GWPR）。

　　在对空间异质性进行探索的过程中，有些解释变量可能没有空间异质性，那么就需要对传统的 GWR 模型进行拓展，允许 GWR 的部分解释变量的影响效应在空间上不存在波动，同时另一部分解释变量的影响效应存在空间异质性，这就是半参地理加权回归模型（semiparametric geographically weighted regression，SGWR），SGWR 在 GWR 的基础上扩展出了一个更灵活的模型设定框架（Fotheringham et al.，2017）。而半参地理加权泊松回归模型则是将 SGWR 与 GWPR 结合起来，也就是在地理加权泊松回归模型中，允许部分变量作为全局变量进行计量分析。以上研究生活垃圾终端处置设施供给的文献均没有考虑空间因素，也没有考虑影响不同城市在供给不同生活垃圾终端处置方式的异质性因素，以及这些因素的空间波动。而从供给侧考察地理空间上存在差异的各城市对于生活垃圾终端处置设施的供给行为，需要考虑参数影响空间异质性，以提高研究的针对性和政策参考的可行性。

　　由于生活垃圾终端处置方式在各城市分布的高度空间异质性，传统的 OLS 回归仅仅考虑了样本的平均参数估计值，其假定影响因变量的解释变量在空间上不存在差异，并不是合适的分析工具。虽然考虑解释变量与因变量之间关系空间波动性的方法被应用于很多领域，例如，应用于生态（Shi et al.，2006）、医学（Nakaya et al.，2005）及城市经济学（Huang et al.，2010）中，但是在生活垃圾领域，考虑空间异质性参数影响的研究较少，阿戈维诺和穆塞拉（Agovino and Musella，2020）利用 GWR 模型首次探索了土地特征对于山区垃圾管理的影响，而具体到生活垃圾终端处置方式作为公共物品的供给在行为分析中，尚未发现有相关文献同时考虑了参数影响的空间异质性，同时允许部分参数不存在空间波动性的情形，鉴于此，本书将在半参地理加权泊松回归模型（semiparametric geographically weighted poisson regression，SGWPR）的模型框架内对供给侧的生活垃圾终端处置"生产"行为进行探索性分析。

6.3 计量模型设定与数据说明

6.3.1 地理加权回归模型设定

遵循第 3 章中阐述的生活垃圾终端处置方式选择供给侧生产理论模型及推导公式（3 - 45）的设定，同时为了检验假说 3 和假说 4，在对供给侧的各城市地方政府当局供给终端处置设施的行为进行计量模型设定时，将生活垃圾终端处置设施的建设看作各城市地方政府提供相应公共服务的生产行为，由于影响各个城市的生活垃圾终端处置设施建设的因素有很多，因此，实际上要估计如下生产函数的设定：

$$\ln S_i = C + \alpha \ln Y_i + \beta \ln N_i + \sum_j \gamma_i x_{ij} + \varepsilon_i \qquad (6-1)$$

其中，C 表示截距项，x_{ij} 表示可能影响城市 i 生活垃圾终端处置设施数量的第 j 个因素，ε_i 表示服从独立同分布的误差项。根据前文所述，中国各城市的生活垃圾终端处置方式存在较明显的空间异质性，以上模型的设定假设各解释变量与生活垃圾终端处置服务设施数量之间的关系在空间上是固定的，也就是说，没有考虑具体各个城市的自身空间异质性特征，而 GWR 模型的设定可以放松这种假设。GWR 是探索自变量与因变量之间关系空间异质性的模型，允许模型参数值在空间上波动，其设定如下：

$$\ln S_i = C_i + \alpha_i(u_i, v_i) \ln Y_i + \beta_i(u_i, v_i) \ln N_i + \sum_j \gamma_j(u_i, v_i) x_{ij} + \varepsilon_i$$

$$(6-2)$$

式（6 - 2）中的 (u_i, v_i) 表示城市 i 的地理坐标位置，α_i、β_i 及 γ_j 分别表示城市 i 的经济水平、人口数量及其他解释变量的待估系数，这些参数值允许在空间上有波动，不同于传统的回归模型估计量，GWR 的参数估计量需要纳入地理因素中，以 α_i 为例，其 GWR 估计量可以表示为：

$$\hat{\alpha}_i(u_i, v_i) = (X^T W(u_i, v_i) X^{-1})^T W(u_i, v_i) \ln S_i \qquad (6-3)$$

其中，W 表示地点（u_i, v_i）的空间权重矩阵，矩阵元素代表城市 i 各个观测值的地理权重。因此，地理加权回归也被称为局部回归模型，因为 GWR 将空间中的距离衰减效应纳入拟合模型过程中，所以 GWR 本质上是一种从空间周边区域"借用"数据的空间建模方法（Fotheringham et al., 2015）。

在模型设定中，如果因变量是某个事件的发生次数，其因变量的值是非负正整数，例如，无论是生活垃圾无害化处置设施数量，还是焚烧处置厂数量或者填埋场数量，其取值范围是 0，1，2，…，并不符合高斯分布，所以对于生活垃圾无害化处置设施供给数量的建模，不同于传统的线性回归模型，通常假定这种可数因变量的观测值符合泊松分布，则泊松回归模型设定如下：

$$S_i \sim Poisson\left[\exp\left(C_i + \alpha_i \ln Y_i + \beta_i \ln N_i + \sum_j \gamma_j x_{ij}\right)\right] \qquad (6-4)$$

以上泊松回归模型并没有考虑各个观测值的地理空间位置，因此，也称为全局泊松回归模型（global poisson regression，GPR）。在本章的实证分析中，需要考虑生活垃圾处置设施供给影响因素的空间异质性，所以，将 GPR 拓展为允许解释变量的影响效应存在空间波动性的局部回归模型，也就是 GWR 模型，因此，泊松回归模型拓展设定如下：

$$S_i \sim Poisson\left[\exp\left(C_i + \alpha_i(u_i, v_i) \ln Y_i + \beta_i(u_i, v_i) \ln N_i + \sum_j \gamma_j(u_i, v_i) x_{ij}\right)\right]$$

$$(6-5)$$

在式（6-5）中，所有的解释变量均为局部变量，也就是其影响效应存在空间波动性的变量，但是有很多变量并不存在空间波动性，或者说在模型设定中考虑空间波动性的经济含义不大，例如，作为虚拟变量的政策变量，在拟合模型时，很难说通过实施政策的城市 i，通过构建空间加权矩阵得到的局部变量意味着什么，因此，进一步将 GWR 拓展为允许同时存在全局变量和局部变量的半参模型，其模型设定如下：

$$S_i \sim Poisson\big[\exp(C_i + \alpha_i(u_i,v_i)\ln Y_i + \beta_i(u_i,v_i)\ln N_i$$
$$+ \sum_j \gamma_j(u_i,v_i)L_{ij} + \sum_j \lambda_j G_{ij})\big] \qquad (6-6)$$

其中，L 表示存在空间异质性影响效应的局部变量，而 G 表示假设不存在空间波动性影响效应的全局变量。由于模型设定中同时存在局部变量和全局变量，因此，该模型也被称为半参地理加权泊松回归模型（semiparametric geographically weighted poisson regression，SGWPR）。SGWPR 也被称为混合模型或者部分线性模型，允许部分变量在空间上存在差异，同时也允许部分变量的效应在空间上固定不变。

6.3.2　地理加权回归核函数设定

在 SGWPR 估计中，需要设定相应的核函数来进行地理加权以估计地理波动的局部参数，核函数的选择分为固定核函数与自适应核函数两类，前者在进行局部参数估计时，假设每个空间单元观测值的地理加权范围均相同，而后者则会通过选择每个空间单元的最优最近邻距离来进行地理加权。常用的地理核函数类型有高斯固定核函数（Gaussian fixed kernel）和自适应双平方核函数（adaptive bisquare kernel）两类，高斯固定核函数将加权距离设定为不变，但是最近邻空间单元数量是变化的，而自适应双平方核函数则将最近邻空间单元个数确定不变，但是距离是变化的。本章选取自适应双平方核函数作为局部参数估计的核函数，其定义如下：

$$w_{ij} = \begin{cases} \left[1 - \left[\dfrac{d_{ij}}{G_i}\right]^2\right]^2, & if\ d_{ij} < G_i \\ 0, & otherwise \end{cases} \qquad (6-7)$$

其中，d_{ij} 表示空间单元 i、空间单元 j 之间的距离，G_i 表示 i 到其第 N 个最近的空间单元之间的距离，w_{ij} 表示在拟合空间单元 i 时，临近空间单元 j 点观测值的权重。而 N 是由偏误矫正的赤池信息准则（corrected Akaike Information Criterjon，AICc）确定的空间最近邻空间单元的最优数量。从式（6-7）可以看出，自适应双平方核函数在确定权重矩阵元素时，有明显的加权门槛值，在自适应核函数中，地理加权的最近邻空间单元数量是固定不变的，距离根据带宽选择原则确定的最近邻空间单元最优数量来确定。

同时，还需要设定核函数的带宽以及最优带宽的选择准则，带宽选择的越大，则估计的局部参数值相应会更平滑，因为带宽越大，周边的近邻数据加权的越多。采取"黄金带宽选择标准"来设定最优带宽（Fotheringham et al.，2003），在多数情况下，黄金带宽选择标准可以有效地识别最优带宽（Nakaya et al.，2005）。同时选择偏误矫正的 AICc 模型作为最优带宽选择标准。

6.3.3　数据说明

本书采用2016年《中国城市建设统计年鉴》中设市城市的市容环境卫生情况数据，同时为了抓住各城市的空间异质性，将2016年的截面数据与中国地级行政区域的地图文件进行了合并，以此来生成用于拟合模型参数的空间权重矩阵，最终用于计量分析的数据样本量是 288 个地级行政区域。根据《中国城市建设统计年鉴》，截至 2016 年底，中国共有生活垃圾无害化处置厂（场）595 座，其中，垃圾填埋场有 379 座，垃圾焚烧厂有195 座，其他处置设施有 21 座，如表 6.1 所示。

表 6.1　　　　　　　　无害化处置设施数量及其细分状况

无害化处置设施情况	垃圾填埋场	垃圾焚烧厂	其他
数量（座）	379	195	21
占比（%）	63.7	32.78	3.52

这些无害化处置设施在各个城市的分布也并不均匀，填埋和焚烧是当前中国主要的生活垃圾终端处置方式，在 2016 年所有的 288 个样本城市中，垃圾填埋场的城市有 234 个，占全部样本城市的 81.25%，也就是说，

大多数城市都有传统的填埋终端处置设施。但是，拥有垃圾焚烧厂的城市只有128个，占全部样本城市的44.4%，即多数城市并没有建设垃圾焚烧厂。仅有13个城市拥有其他生活垃圾无害化处置设施，占全部样本城市的4.51%。

在分别对生活垃圾无害化处置设施总量、焚烧处置厂及卫生填埋场的供给数量进行建模时，回归模型用到的解释变量，除了在第2章理论机制中所阐述的用于标识经济水平的人均GDP和城市人口数两个主要解释变量之外，还纳入了在城市生活垃圾研究中可能会影响地方政府供给生活垃圾终端处置服务设施选择的几类变量。

第一，人口统计及城市特征变量。例如，城市人口密度、城市化率等变量均会影响城市生活垃圾产生量（Harbaugh et al.，2002）。在回归中，还将建成区面积占城区面积的比例作为解释变量，比例越高，表明市政基础设施建设越好，相应人口潜在容量更大，会产生更多潜在生活垃圾，也表明该城市有能力供给更多的无害化处置设施。此外，土地出让金在一定程度上能够反映一个城市的土地市场价值，可能对于类似垃圾处置这类"邻避"设施的建设会有影响，也作为解释变量被纳入回归模型中。

第二，政策变量。政策变量是研究影响城市生活垃圾产生量被采用最多的变量之一（Markandya et al.，2006），在中国城市生活垃圾管理领域，主要有垃圾收费政策与垃圾分类政策两个变量。垃圾收费主要以两种方式征收：其一是将其附征于水、电、燃气等公用事业上，按照居民消耗的水、电或燃气征收生活垃圾处置费；其二是通过居民委员会或物管直接向业主收取垃圾处置费。收费的增加可能使得地方政府有更多的资金用于垃圾处置能力的建设，但其直接的源头减量效果似乎并不理想，回归中将分类政策变量和收费政策变量纳入模型中。

第三，人均生活垃圾产生量。生活垃圾产生总量由人均生活垃圾产生量及城市人口数量决定，更多的生活垃圾总量会倒逼城市建设更多的垃圾处置设施，因此，将人均生活垃圾产生量作为模型解释变量。具体的数据描述性统计如表6.2所示。

表6.2 变量描述性统计①

变量符号	变量名	观测值	均值	标准差	最小值	最大值
HLSITES	无害化处置厂（场）数（座）	288	2.066	2.514	1	27
LFSITES	卫生填埋场（座）	288	1.316	1.693	0	21
ICSITES	焚烧处置厂（座）	288	0.677	1.103	0	7
OTSITES	其他处置设施（座）	288	0.073	0.44	0	6
PGDP	人均GDP（元/人）	288	53661.24	27921.43	16274.37	125000
URBP	城市人口数（万人）	288	281.014	273.244	6.622	2417.48
POPD	人口密度（人/平方千米）	288	3586.839	2432.866	288	14073
URBR	城区人口占市区人口的比例（%）	288	0.62	0.212	0.078	1
BAR	建成区面积占城区面积的比例（%）	288	0.44	0.265	0.046	1
LDFEE	土地出让金（万元）	288	236000	479000	40	2100000
SEP	首批垃圾分类试点城市，则 SEP=1，其他=0	288	0.028	0.165	0	1
SEP2	第二次垃圾分类示范城市，则 SEP2=1，其他=0	288	0.08	0.272	0	1
PROCAP	省会城市，则 PROCAP=1，其他=0	288	0.108	0.31	0	1
WFEE	垃圾处置费收入（万元）	288	2709.588	5382.493	9	26524
PMSW	城市人均生活垃圾产生量（千克/人）	288	219.361	186.342	30.257	1273.102

6.4　计量估计

　　本章主要从供给侧分析无害化处置厂（场）供给总量、焚烧处置厂供给数量以及卫生填埋场供给数量的影响因素及其空间分布特征，因此，在计量估计中，基于模型设定式（6-6），具体设定三个 SGWPR 回归模型，其因变量分别为 HLSITES、ICSITES 以及 LFSITES，分别表示无害化处置厂（场）供给数量、焚烧处置厂供给数量以及卫生填埋场供给数量。在 SGW-

----

　　① 由于不涉及时间序列上的纵向比较，人均GDP并未经通胀调整。

PR 模型设定中，将虚拟政策变量 *SEP* 及 *SEP2*，以及标识是否是省会城市的 *PROCAP* 作为全局变量，其余所有连续变量作为局部变量，以估计其空间异质性，本章采用 MGWR 2.1 软件对构建的 SGWPR 进行实证回归，表 6.3 同时给出了无害化处置设施总量的 GPR 及 SGWPR 回归结果。

表 6.3　　无害化处置设施厂（场）总量的 GPR 及 SGWPR 回归结果

解释变量	GPR		SGWPR				
	Coef[a]		Mean[b]		Min	Median	Max
CONS	− 4. 1684 ***	(− 1. 4310)	− 4. 4171	(0. 3557)	− 6. 2806	− 4. 3526	− 4. 0555
URBR	− 0. 7961 ***	(0. 2584)	− 0. 8808	(0. 0352)	− 0. 9685	− 0. 8774	− 0. 7992
BAR	0. 3306	(0. 3651)	0. 2563	(0. 0560)	0. 1700	0. 2566	0. 3933
ln*PMSW*	0. 5739 ***	(0. 1039)	0. 5998	(0. 0151)	0. 4903	0. 6030	0. 6087
ln*PGDP*	0. 1057	(0. 1224)	0. 0941	(0. 0416)	0. 0572	0. 0865	0. 3416
ln*LDFEE*	− 0. 0443	(0. 0279)	− 0. 0488	(0. 0035)	− 0. 0585	− 0. 0490	− 0. 0312
ln*POPD*	− 0. 2435 *	(0. 1380)	− 0. 2282	(0. 0137)	− 0. 2498	− 0. 2321	− 0. 1869
ln*URBP*	0. 6938 ***	(0. 0848)	0. 7473	(0. 0225)	0. 6217	0. 7505	0. 7758
ln*WFEE*	− 0. 0474 *	(0. 0281)	− 0. 0533	(0. 0085)	− 0. 0717	− 0. 0537	− 0. 0326
SEP	0. 2287	(0. 1709)	0. 2125	(0. 6919)			
SEP2	0. 4584 ***	(0. 1402)	0. 4459 **	(0. 1761)			
PROCAP	0. 0336	(0. 1423)	− 0. 0050	(0. 6966)			
N	288		288				
Classic AIC	150. 2453		147. 2635				
AICc	152. 3045		148. 3981				
BIC	209. 6048		191. 2191				
Pdev	0. 7108		0. 7235				

注：a 列括号中的数字表示标准误，b 列中局部参数均值估计的括号中的数字表示的是标准差，其中 *SEP*、*SEP2* 及 *PROCAP* 三个全局变量括号中的数字表示的是标准误。

在表 6.3 中，第二列是 GPR 模型，其估计值是假定所有参数值在空间上具有同质性的全局估计结果。由于 SGWPR 模型允许各参数值在空间上波动，存在异质性，因此，实际上是估计了 288 个回归方程，第三列～第六列是 SGWPR 估计的均值、最小值和最大值。GPR 和 SGWPR 都属于广义线性回归模型，其回归结果不汇报局部 R^2，但是汇报了局部偏差解释百分比（local percent deviance explained，Pdev），$Pdev$ 是测度局部拟合优度的指标，也是伪 R^2 的一种形式，$Pdev$ 越大，模型拟合得越好（Nakaya et al.，2005）。从表6.3中的模型诊断信息可知，考虑了空间异质性的地理加权回归模型的 AIC、$AICc$ 及 BIC 值均要小于忽略空间非平稳性的全局回归模型，同时 $Pdev$ 值也更大，说明 SGWPR 可以更好地拟合数据，是更优的模型。

与此同时，本章通过 $AICc$ 的模型筛选指标来对每个空间波动的参数进行地理波动性检验，为了检验第 K 个变化参数的地理波动性，在 SGWPR 模型中将第 K 个参数固定。作为全局变量，保持其他所有参数可变，重新估计模型，该固定第 K 个参数的模型称为转换模型，而表6.3中的 SGWPR 称为原始模型，如果 $AICc$ 准则表明，原始 GWR 比转换的要好，那么就可以判断第 K 个参数在空间上存在波动。表6.4给出了具体的检验结果。

表 6.4　无害化处置设施厂（场）总量 SGWPR 模型中参数的地理波动性检验

局部变量	Geographical variability tests of local coefficients		
	Diff of Deviance	Diff of DOF	Diff of Criterion
CONS	3.1020	0.5516	− 1.8611
URBR	0.2341	0.7283	1.4033
BAR	0.3757	4.0608	8.6435
lnPMSW	0.5174	1.2652	2.3217
lnPGDP	NaN	NaN	NaN
lnLDFEE	0.5358	0.6337	0.8894
lnPOPD	1.2063	− 0.2010	− 1.6598
lnURBP	1.3687	− 1.9966	− 3.8697
lnWFEE	0.9871	0.5336	0.2135

在表6.4中，Diff of Criterion 表示 SGWPR 原始模型与将检验参数值设定为固定值的转换模型之间 $AICc$ 值的差异，因此，如果差异越大，表明原

始模型与转换模型的拟合表现差异越大，以此来判断估计参数的空间波动性程度。如果 Diff of Criterion 为负数，则表明原始模型优于转换模型，因此，也可以判断该参数存在较大的空间波动性；如果 Diff of Criterion 在 − 2 ~ 2 之间，则认为两个模型并没有太大的差别。从表 6.4 可知，仅城市人口数对生活垃圾无害化处置设施数量的供给效应存在显著的空间差异性，此外，人口密度存在弱的空间差异性，其余变量并不支持显著空间异质性的结论，同时建成区面积占城区面积的比例并不具有空间异质性。但是结合表 6.3 的模型诊断信息，SGWPR 依然是优于全局泊松模型的模型选择。

同理，依照计量模型设定式（6 − 6），影响垃圾焚烧厂供给的参数估计如表 6.5 所示。

表 6.5　　　　　　　　焚烧处置厂数量的 GPR 及 SGWPR 回归结果

解释变量	GPR		SGWPR			
	Coef[a]		Mean[b]	Min	Median	Max
CONS	− 13.2966 ***	(2.5757)	− 13.3625	(0.7367)	− 14.7677	− 13.4562	− 11.3545
URBR	− 1.4327 ***	(0.4780)	− 1.3557	(0.2243)	− 1.9646	− 1.3449	− 0.9209
BAR	− 0.3116	(0.6798)	− 0.3316	(0.1122)	− 0.4380	− 0.3754	0.1544
lnPMSW	0.3427 *	(0.1887)	0.3191	(0.0967)	0.0703	0.3179	0.4924
lnPGDP	0.7049 ***	(0.2228)	0.7388	(0.0779)	0.5527	0.7421	0.9169
lnLDFEE	0.0217	(0.0540)	0.0184	(0.0106)	− 0.0042	0.0189	0.0423
lnPOPD	− 0.0707	(0.2509)	− 0.0840	(0.0533)	− 0.2757	− 0.0692	− 0.0087
lnURBP	0.8017 ***	(0.1550)	0.7904	(0.0535)	0.7250	0.7816	1.0552
lnWFEE	0.0411	(0.0509)	0.0385	(0.0068)	0.0110	0.0391	0.0532
SEP	0.3234	(0.2850)	0.3231	(0.2850)			
SEP2	0.0215	(0.2546)	0.0205	(0.2546)			
PROCAP	− 0.1780	(0.2281)	− 0.1654	(0.2281)			
N	288		288				
Classic AIC	236.6280		236.1562				
AICc	237.9658		237.7625				
BIC	291.7978		280.5835				
Pdev	0.4673		0.4845				

注：a 列括号中的数字表示标准误，b 列中局部参数均值估计的括号中的数字表示的是标准差，其中 SEP、SEP2 及 PROCAP 三个全局变量括号中的数字表示的是标准误。

从表6.5的模型筛选信息来看，SGWPR与GPR在数据拟合上并没有本质的差异，控制了空间异质性的SGWPR略优于GPR，而且 *Pdev* 值稍高于GPR，因此，在生活垃圾焚烧处置厂建设的政府供给行为上，解释变量参数并没有太大的空间异质性，这也许与生活垃圾焚烧处置厂数量较少且分布不均匀有关，截至2016年，在所有288个样本城市中，拥有垃圾焚烧处置厂的城市只有128个，占全部城市的44.4%，也就是说，多数城市并没有建设垃圾焚烧处置厂。这种空间分布不均匀，从生活垃圾焚烧处置厂的密度分布图6.3中可以看得更清晰。

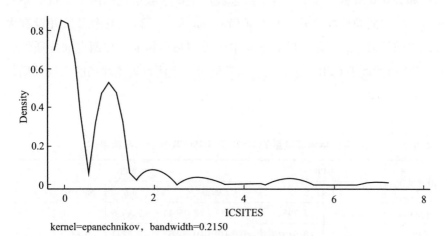

kernel=epanechnikov, bandwidth=0.2150

图6.3 生活垃圾焚烧厂数量的核密度

表6.6再次对各参数的空间波动性进行了检验。

表6.6 焚烧处置厂数量SGWPR模型的地理波动性检验

局部变量	Geographical variability tests of local coefficients		
	Diff of Deviance	Diff of DOF	Diff of Criterion
CONS	2.2236	− 0.7266	− 3.8537
URBR	1.5808	− 0.5369	− 0.3818
BAR	0.2900	0.5360	0.9070
ln*PMSW*	2.3072	0.4611	− 0.1659
ln*PGDP*	1.1956	1.4320	1.9917

局部变量	Geographical variability tests of local coefficients		
	Diff of Deviance	Diff of DOF	Diff of Criterion
ln*LDFEE*	0.4181	1.9488	3.9115
ln*POPD*	0.5044	1.9015	3.7208
ln*URBP*	1.4261	0.7461	0.2388
ln*WFEE*	0.1725	1.3476	2.8279

如表 6.6 所示，除了人均生活垃圾产生量与城市化率两个变量的参数表现出弱空间异质性之外（Diff of Criterion 大于 −2），其余参数并没有太大的空间异质性，但是依照表 6.6 中的模型筛选标准，控制空间异质性的 SGWPR 依然优于 GPR。最后，表 6.7 给出了生活垃圾填埋场的全局及局部模型估计结果。

表 6.7　卫生填埋场数量的 GPR 及 SGWPR 模型回归结果

解释变量	GPR		SGWPR				
	Coef[a]		Mean[b]		Min	Median	Max
CONS	−1.0560	(1.7954)	−1.7835	(2.7504)	−7.9936	−1.9916	2.5449
URBR	−0.6660 **	(0.3152)	−0.8949	(0.3686)	−1.7223	−0.8177	−0.3481
BAR	0.4541	(0.4472)	0.3984	(0.4507)	−0.5447	0.4845	1.1266
ln*PMSW*	0.5687 ***	(0.1283)	0.6386	(0.1620)	0.2429	0.7060	0.8116
ln*PGDP*	−0.1298	(0.1504)	−0.1649	(0.2178)	−0.4818	−0.1897	0.5564
ln*LDFEE*	−0.0777 **	(0.0331)	−0.0851	(0.0205)	−0.1147	−0.0886	−0.0134
ln*POPD*	−0.2459	(0.1721)	−0.2202	(0.1830)	−0.5255	−0.2440	0.1439
ln*URBP*	0.6001 ***	(0.1045)	0.7264	(0.0787)	0.3143	0.7502	0.7956
ln*WFEE*	−0.0823 **	(0.0354)	−0.0724	(0.0681)	−0.1573	−0.0879	0.0440
SEP	0.0221	(0.2330)	0.1736	(0.0253)			
SEP2	0.6869 ***	(0.1711)	0.6585	(0.1876)			
PROCAP	0.2343	(0.1905)	0.0576	(0.4430)			
N	288				288		
Classic AIC	249.1390				203.5492		

续表

解释变量	GPR	SGWPR			
	Coef[a]	Mean[b]	Min	Median	Max
AICc	250.2735		203.9537		
BIC	293.0945		229.3418		
Pdev	0.3719		0.4714		

注：a 列括号中的数字表示标准误，b 列中局部参数均值估计的括号中的数字表示的是标准差，其中 *SEP*、*SEP2* 及 *PROCAP* 三个全局变量括号中的数字表示的是标准误。

从表 6.7 可知，考虑参数效应空间波动性的 SGWPR 的模型估计参数与 GPR 相比，有较大的差别，而且从模型筛选信息来看，SGWPR 的 *AICc* 与 *BIC* 均要小于 GPR，与此同时，*Pdev* 所表示的局部偏差解释百分比在 SGWPR 模型中也明显高于 GPR。表 6.8 对各参数具体的地理波动性进行了正式的模型对比筛选检验。

表 6.8　　卫生填埋场数量 SGWPR 模型的参数地理波动性检验

局部变量	Geographical variability tests of local coefficients		
	Diff of Deviance	Diff of DOF	Diff of Criterion
CONS	6.7539	−19.1112	−50.0166
URBR	3.0270	−20.0825	−48.6582
BAR	2.9415	−18.6761	−45.1486
ln*PMSW*	4.9667	−18.9913	−47.9381
ln*PGDP*	6.4475	−18.3019	−47.7498
ln*LDFEE*	1.4809	−18.8885	−44.2028
ln*POPD*	3.0889	−18.9575	−45.9783
ln*URBP*	3.8214	−17.7852	−43.8787
ln*WFEE*	8.2436	−19.3056	−51.9787

从表 6.8 可以看出，模型中所有局部变量的 Diff of Criterion 值均为负数，且均小于 −2，表现出明显的空间波动性，结合表 6.7 的模型筛选诊断信息可知，SGWPR 在控制了空间异质性之后，对于数据的拟合程度要显著

高于没有考虑参数空间效应波动性的全局模型。

6.5 结 果 讨 论

从前文经验估计结果可知，在对无害化处置厂（场）供给总量、焚烧处置厂供给及卫生填埋场供给的模型回归中，SGWPR 对于数据的拟合均优于忽略参数空间异质性效应的全局模型 GPR，因此，应该考虑 GPR 回归模型中参数估计值影响效应的空间异质性。以下分析将基于 GPR 模型中解释变量分别对无害化处置厂（场）供给总量、焚烧处置厂供给及卫生填埋场供给三个层面影响效应的显著性程度，同时结合 SGWPR 模型中对于参数影响效应空间波动性检验的结果进行讨论。表6.9 汇总了本章上一部分 GPR 回归中至少在一个层面显著的解释变量，以及 SGWPR 回归的空间波动性检验结果。

表6.9 无害化处置厂（场）、焚烧处置厂及卫生填埋场供给量模型结果汇总

解释变量	无害化处置厂(场)供给量		焚烧处置厂供给量		卫生填埋场供给量	
	GPR	SGWPR	GPR	SGWPR	GPR	SGWPR
$lnPGDP$	0.1057	NaN	0.7049 ***	NaN	− 0.1298	− 47.7498
$lnURBP$	0.6938 ***	− 3.8697	0.8017 ***	NaN	0.6001 ***	− 43.8787
$lnPMSW$	0.5739 ***	NaN	0.3427 *	− 0.1659	0.5687 ***	− 47.9381
$URBR$	− 0.7961 ***	NaN	− 1.4327 ***	− 0.3818	− 0.6660 **	− 48.6582
$lnPOPD$	− 0.2435 *	− 1.6598	− 0.0707	NaN	− 0.2459	− 45.9783
$lnLDFEE$	− 0.0443	NaN	0.0217	NaN	− 0.0777 **	− 44.2028
$lnWFEE$	− 0.0474 *	NaN	0.0411	NaN	− 0.0823 **	− 51.9787

注：①GPR 下方列显示的是全局模型中的参数估计值，SGWPR 下方列显示的是空间波动性判定准则 Diff of Criterion。
②* 为1%，** 为5%，*** 为10%。

表6.9 可以从两个维度来进行解释。

首先，每一行 GPR 模型所代表的是各个解释变量对无害化处置厂

（场）、焚烧处置厂及卫生填埋场供给量三个层面的影响效应大小及其显著性程度。城市人口数的增加对所有无害化处置厂（场）供给具有显著的正向作用，而经济增长虽然对于无害化处置厂（场）供给总量的影响为正，但是对于卫生填埋场供给的作用却为负，同时经济增长对于两者影响的参数估计值均不显著异于零。因此，假说 3 仅仅在焚烧厂供给层面是完全成立的，其在卫生填埋场供给及无害化处置厂（场）供给总量层面均不完全成立，也就是说，经济发展程度更高的城市更倾向于供给生活垃圾焚烧处置厂。

人均生活垃圾产生量对所有三个层面的终端处置设施供给的正向影响均至少在 10% 的水平上显著，表明城市人均生活垃圾产生量的增长依然是驱动终端处置设施供给增加的主要因素之一。城市化率对所有层面的终端处置设施供给的负向影响则均至少在 5% 的水平上显著，结合人口密度对于无害化处置厂（场）供给总量层面的显著负向影响来看，也许说明，在城市化率更高的城市，市政当局在供给所有类型的生活垃圾终端处置设施时，会面对可能更高的"邻避"压力，或许供给侧自身在增加生活垃圾终端处置设施供给时，也在有意回避高密度人口区域。此外，垃圾处置费收入对无害化处置厂（场）供给总量及卫生填埋场供给的影响，均至少在 1% 的水平上显著为负。土地出让金对于无害化处置厂（场）供给总量及焚烧处置厂供给的影响均不显著，但是对卫生填埋场供给的影响却变得在 5% 的水平上显著为负，这也许与不同生活垃圾终端处置设施的土地使用状况有关，传统的填埋处置方式会占用相对更多的土地，以此看来，土地出让金越高的城市，其越不愿意供给占用更多土地的卫生填埋场。

其次，SGWPR 列显示的是空间波动性的检验标准，也就是说，在无害化处置厂（场）供给总量、焚烧处置厂供给量及卫生填埋场供给量三个层面上，哪些解释变量的影响会存在空间异质性？负值表示存在空间波动性，负值越大，空间波动性越大。结合空间波动性检验标准来看，城市人口数对于无害化处置厂（场）供给总量及卫生填埋场供给量的影响效应在统计上显著，且具有明显的空间异质性。城市人均生活垃圾产生量以及城市化率对于焚烧处置厂供给的显著影响效应具有弱空间波动性，但对于卫生填埋场供给的显著影响效应具有明显的空间波动性。人口密度对于无害化处置厂（场）总量的影响效应显著，同时具有弱空间波动性。土地出让金与垃圾处置费收入对于卫生填埋场供给具有显著的负向效应，其空间分布呈现出高度的空间异质性。因此，第3章所提出的假说4成立。表6.9中对同时在横向维度显著的变量及纵向维度存在空间异质性的解释变量进行了加粗及斜体显示。

下文将结合计量估计结果中GPR模型中参数的显著性程度，以及SG-WPR模型中估计的空间异质性参数在地理空间上的具体分布，对影响无害化处置厂（场）供给总量、焚烧处置厂供给量及卫生填埋场供给量三个层面的解释变量影响效应及其空间分布特征，分别进行详细讨论。

6.5.1 无害化处置厂（场）总量供给

对于中国各城市在供给生活垃圾终端处置设施此类公共物品上，首先进行无害化处置厂（场）供给总量层面的分析，据此可以从宏观上探究地方政府对于生活垃圾终端处置服务供给的态度及其相关决定因素，从表6.3的估计结果来看，城市人口数量和人均生活垃圾产生量的增加均会导致地方政府供给更多的生活垃圾无害化终端处置设施，且在全局模型中在1%的水平上显著，这也验证了本书的基本研究思路，即生活垃圾源头产生量的持续增长、过程减量政策不尽如人意，使得生活垃圾终端处置设施的供给势在必行。出乎意料的是，人均GDP的增加并没有在全局模型中导致生活垃圾无害化终端处置设施供给的显著增加，这也许表明，可能在总体上，经济水平越高的城市，对于生活垃圾终端处置设施供给的"邻避"运动抵触情绪会越高。也就是说，假说3在生活垃圾供给总量层面并不成立，无害化终端处置设施总量并不会随着经济增长而呈现出明显的线性增加态势。

此外，在其他条件不变的情况下，城市化率与人口密度更高的城市，反而会倾向于供给更少的生活垃圾无害化终端处置设施，这也许是由于人口密度增加会减少民众参与类似"邻避"运动的交易成本，而城市化率的提升会导致更多的城市公共事务外包，社会公众更加依赖于公共服务的供给，公众也会有更强的参与公共事务的意识。在当前人口往大城市积聚的背景下（韩峰等，2019），如何更好地提供能够为社会公众所接受的生活垃圾终端处置服务设施是地方政府必须考虑的问题。另外，实施第二次生活垃圾分类政策的城市，其生活垃圾无害化终端处置设施数量要明显高于其他城市，正如第 5 章的实证分析所述，这也许是因为第二次生活垃圾分类政策的试点并非随机实施，而是通过自上而下的宣传，接着自下而上的申请所产生，因此，这些城市可能本身在生活垃圾终端处置设施供给的硬件条件及生活垃圾管理的各方面均较其他城市有优势。

表 6.4 中的参数空间波动性检验结果表明，在无害化处置厂（场）供给的 SGWPR 模型中，城市人口数量和人口密度表现出空间异质性，假说 4 的参数影响空间异质性效应是成立的，但是人口密度的空间异质性相对较弱。图 6.4 绘出了以上空间异质性参数的箱型图。

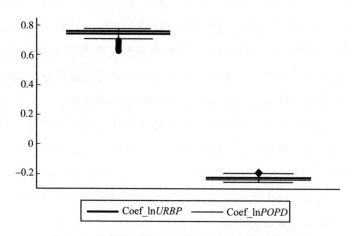

图 6.4　无害化处置设施供给异质性参数的箱型图

从图 6.5 中可以看出，城市人口数与人口密度对于无害化处置厂（场）供给的影响效应相对集中，空间波动性不大，其中城市人口数对无害化处置厂（场）供给总量的影响效应，其数据相对更分散，且相对人口密度的影响效应而言，呈左偏态，离群值相对更多，空间异质性程度较人口密度更大。也就是说，从影响无害化处置厂（场）供给的显著异质性参数来说，城市人口数与人口密度对于无害化处置厂（场）供给的影响存在显著空间异质，但是总体而言，两者波动幅度均不大，此外，相对而言，城市人口对于无害化处置厂（场）供给的正向影响，在不同的城市，其幅度范围比人口密度的负向影响更大。

6.5.2 焚烧处置厂供给

从全世界范围来看，对于生活垃圾终端处置设施供给的选择，随着生活垃圾终端处置压力的加大，填埋处置的比例呈现出时间序列上的逐年下降态势，而焚烧处置厂的供给数量则表现出逐渐增加的趋势（Laner et al.，2012），因而，对焚烧处置厂的负外部性影响及其成本收益分析等研究也在日益增多。从表6.5的回归结果可以看出，就供给侧而言，城市人口数的增加依然在全局回归模型中，在1%的水平上显著，导致垃圾焚烧厂供给数量的增加，同时，值得一提的是，假说3在焚烧处置厂供给数量层面成立，即人均GDP也对焚烧处置厂供给数量有着高度显著的正向作用，而其对无害化处置厂（场）供给总量层面和卫生填埋场供给量层面的影响均不显著。这表明，随着经济的增长，各城市会显著增加对于焚烧处置厂数量的供给，但是并不会导致卫生填埋场数量及其他处置设施数量的显著增加。这也许是因为焚烧处置厂的建设和运转的固定成本及其后续运转成本较高（Don Fullerton and Raub，2004），需要相对更强的地方财政作为支撑。另外，城市人均生活垃圾产生量也会导致焚烧处置厂供给量的增加，而在同等条件下，城市化率更高的城市，其垃圾焚烧处置厂数量的供给数量相对更少，这些参数对焚烧处置厂供给数量的影响效应与无害化处置厂（场）供给总量层面一致。

但是，从表6.6对于SGWPR模型中参数地理波动性的检验结果来看，在生活垃圾焚烧处置厂供给数量层面，假说4并未得到有力的支持，即多数参数并不存在显著的空间异质性，仅有城市化率和城市人均生活垃圾产生量对于焚烧处置厂供给数量的影响效应存在弱空间异质性，这也许跟当前中国依然主要依靠卫生填埋场来应对终端处置压力，而焚烧处置厂的供给则相对较少有关。图6.5呈现了城市化率及城市人均生活垃圾产生量空间异质性参数的分布情况。

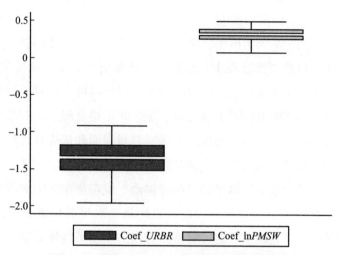

图6.5　焚烧处置厂供给异质性参数的箱型图

图6.5表明，城市化率及城市人均生活垃圾产量的影响效应程度大小，其空间分布相对较均匀，没有离群值。相对而言，城市化率参数的空间异质性比城市人均生活垃圾产生量的更大。换言之，城市化率及城市人均生活垃圾产生量对垃圾焚烧处置厂的供给影响存在弱空间异质性，这种异质性影响效应的分布较均匀，其中城市化率的负向影响较城市人均生活垃圾产生量的正向影响而言，空间波动幅度更大。如果城市化率和城市人均生活垃圾产生量同时变动1%，城市人均生活垃圾产生量变动对焚烧处置厂的影响相对更平稳，就这两类对生活垃圾焚烧处置厂供给影响存在空间异质性的参数而言，各地垃圾终端处置设施供给决策部门在新增此类公共服务时，城市化率可能是更需要关注和考虑的因素。

6.5.3　卫生填埋场供给

由于生活垃圾卫生填埋处置既无法起到垃圾减量的作用，也没有将垃圾当作资源进行使用，与此同时，填埋还会产生导致气候恶化的温室气体，所以生活垃圾填埋处置处于生活垃圾处置方式金字塔偏好次序中的最低级别。但是填埋处置作为传统的生活垃圾终端处置方式，是曾经全世界范围内，也是中国当前最主要的生活垃圾终端处置方式（Brunner and Fellner，2007）。

从表 6.7 的全局回归模型结果来看，在影响卫生填埋场供给数量的因素中，城市人口数依然会在 1% 的水平上显著增加卫生填埋场供给数量，也验证了假说 3 中对于城市人口数的预想，但是经济水平对于垃圾卫生填埋场供给数量的影响效应并不显著异于零，并不符合假说 3 对于经济变量的猜测，这个结果与无害化处置厂（场）总量层面和焚烧处置厂数量层面的结果一致。另外，城市人均生活垃圾产生量的增加依旧在 1% 的水平上会显著增加生活垃圾卫生填埋场数量的供给，城市化率的增加依然会显著减少卫生填埋场的供给数量，同时，实施第二次生活垃圾分类政策的城市，要显著多于其他城市，这可能是因为当前卫生填埋场数量在所有生活垃圾终端处置供给方式中占比最高，在中国依然是主要的处置方式，所以其参数估计与总量层面一致。

结合表 6.7 中 SGWPR 的结果，以及表 6.8 中对于参数的地理波动性检验，可以看出，假说 4 的构想得到了有力的经验支撑，也就是说，在卫生填埋场供给数量层面，影响其供给数量的所有变量均存在明显的空间波动性。

此外，对于卫生填埋场供给的回归结果，唯一区别于无害化处置厂（场）总量层面估计结果的是，城市土地出让金收入的估计参数与卫生填埋场供给数量之间呈现出明显的负向关系，这也是在总量层面和焚烧处置厂数量层面所没有的关系。另外，垃圾处置收费的影响效应在表 6.7 的全局回归模型中显著为负，且在地理区域上表现出明显的空间异质性。结合参数估计的影响正负方向，土地出让金对垃圾卫生填埋场供给的异质性影响幅度大小，在其他条件不变的情况下，当土地出让金更多的时候，生活垃圾卫生填埋场数量会更少，这种关系的出现，也许可以理解为，越依赖土地财政的城市，其土地使用的机会成本越高，而生活垃圾填埋场的建设，往往需要占用较焚烧处置厂而言更多的土地（Lang，2005；Ozawa，2005；Yang and Innes，2007），相对而言，南方地区的市场经济活跃度与广度均比北方更高，其一般财政收入状况来源更加多元化，对土地财政依赖更小，因此，这些更加依靠土地财政的城市在供给生活垃圾无害化终端处置设施服务时，更加不愿意建设卫生填埋场。

　　垃圾处置费收入更多的城市，其卫生填埋场数量也相对更少，在总量层面上，这种关系也存在，只是空间异质性不明显。而在卫生填埋场供给上，这种空间异质性表现为由北向南逐渐减弱的趋势，与土地出让金的空间分布大体一致，其中的潜在原因也可以从经济发展水平和土地价值来解释，南方地区人口更多，经济发展水平更高，相应的垃圾处置费收入也会更高，支撑生活垃圾终端处置设施建设的资金更充裕，因此，垃圾处置费收入与卫生填埋场供给量之间的负向关系呈现出了由北至南逐渐减弱的空间异质性特征。图 6.6 绘出了在卫生填埋场供给分析中存在的显著空间异质性。

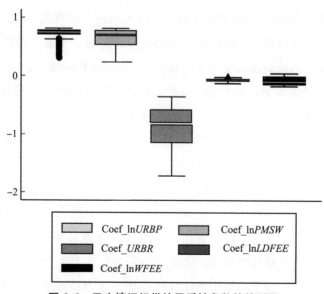

图 6.6　卫生填埋场供给异质性参数的箱型图

图6.6的参数箱型图描绘了对于卫生填埋场的供给影响存在显著空间异质性的变量，图6.6表明，城市人口数的增加会显著增加卫生填埋场的供给，这与城市人口对无害化处置厂（场）总量及焚烧处置厂供给数量的影响类似，同时城市人口增加的影响效应在空间上存在着较大的空间波动性，城市人口数存在显著的左偏态，也就是说，少数城市的城市人口数如果增加，较平均水平而言，其卫生填埋场供给增加量较少。另外，城市化率对卫生填埋场供给影响效应的空间异质性最大，参数范围最广，与其对焚烧处置厂供给的影响一致。也就是说，具体到焚烧处置厂或卫生填埋场，城市化率更高的城市，表现出更大的"邻避"效应，但是"邻避"效应在空间分布上存在较大的差异。此外，土地出让金及垃圾处置费收入的数据相对集中，空间异质性显著，但是其波动范围相对更小。

6.6　本章小结

本章基于2016年中国288个地级行政区域的截面数据，尝试弥补传统回归忽略参数影响存在异质性空间波动效应的缺憾，采取半参地理加权泊松回归模型（semiparametric geographically weighted Poisson regression，SGW-PR）控制参数影响效应的空间异质性，首次试图在同时考虑部分参数的空间波动性及允许部分参数在空间上不存在变化的情况下，从供给侧分析影响各城市无害化处置厂（场）供给总量、焚烧处置厂供给及卫生填埋场供给三个层面的因素及其影响空间分布。

研究结果表明，从当前生活垃圾终端处置设施供给侧来看，人均生活垃圾产生量增加会导致生活垃圾焚烧处置厂、卫生填埋场及无害化处置厂（场）总量供给三个层面均显著增加，结合第4章和第5章的研究结论，生活垃圾源头产生量持续增长，且缓解终端处置压力的过程减量政策尚不尽如人意。因此，为了应对生活垃圾终端处置压力，各地方政府不可避免地在总量层面增加了生活垃圾终端处置设施供给，也佐证了本书在研究设计中的基本逻辑猜想。城市人口数的增加会显著增加焚烧处置厂、卫生填埋场及无害化处置厂（场）总量的供给，经济增长对生活垃圾焚烧处置厂的供给有着高度显著的正向作用，但是对卫生填埋场和无害化处置厂（场）总量供给的影响不显著，表明高成本的垃圾焚烧处置厂建设需要相应的经济基础作为支撑。同时，城市化率的提升会对生活垃圾焚烧处置厂、卫生填埋场及无害化处置厂（场）总量供给产生显著的负向效应。人口密度的增加仅仅对无害化处置厂（场）总量层面存在显著负向影响，也就是说，城市化率及人口密度更高的城市，其对生活垃圾终端处置设施的"邻避"情绪可能更严重。此外，城市土地出让金收入的增加会对卫生填埋场产生显著的负向影响，但是对焚烧处置厂和无害化处置厂（场）总量影响均不显著，也许越依赖土地财政的城市，其土地机会成本越高，往往越不愿意建设占用土地更多的垃圾填埋场。

　　在所有的模型对比中，控制空间异质性的 SGWPR 模型均比全局泊松模型的拟合效果更好，结合 SGWPR 模型中参数的地理波动性检验结果，可以得出影响生活垃圾终端处置设施供给的空间异质性结论：首先，城市人口数与人口密度对无害化处置厂（场）总量的影响在空间上存在异质性，而经济变量仅在无害化处置厂（场）总量层面呈现出弱空间波动性。具体而言，政府的垃圾处置设施建设呈现出回避人口高密度区域的态势，经济水平越发达，此类"邻避"设施建设的回避意识越强。其次，城市化率及城市人均生活垃圾产生量对于垃圾焚烧处置厂的供给数量存在弱空间异质性，同等情况下，城市化率更高的城市，垃圾焚烧处置厂数量更少，也就是说，城市化率更高的城市"邻避"情绪越高，其中南方地区比北方地区的"邻避"情绪更严重。最后，城市人口数对于生活垃圾卫生填埋场数量的正向影响效应存在显著的空间波动性，这也许是由于中国的经济发展水平由西向东大致表现为逐渐升高的模式，随着经济水平的提升，可以建设更多的垃圾卫生填埋场来满足城市人口增加带来的垃圾处置服务需求，但是这种供给增加具有凹性的函数特征，卫生填埋场的建设具有人口上的规模效应。而城市化率水平则与生活垃圾填埋场之间呈现出显著的负向空间异质性关系，同等幅度，城市化率水平上升，东北部地区减少的幅度更小，这也许是由于这些地区在过去很长的时间内更加依赖传统的填埋处置。这恰好反映了在当前中国城市生活垃圾终端处置供给侧的变化趋势，也就是逐步由填埋处置转向焚烧处置，填埋处置建设数量逐渐减少，甚至关停，而焚烧处置厂数量逐渐增加。土地出让金对卫生填埋场供给的异质性影响在空间上大致呈现出由北向南逐渐减弱的趋势，也就是说，在其他条件不变的情况下，当土地出让金更多的时候，生活垃圾卫生填埋场数量会更少。

综上所述，从供给侧对生活垃圾终端处置决策行为的探索性分析表明，第一，人口数量增加会导致所有生活垃圾终端处置设施显著增加，而经济增长则仅仅会导致垃圾焚烧处置厂供给的增加，对卫生填埋场供给及无害化处置厂（场）总量供给的影响并不显著，同时经济增长仅对无害化处置厂（场）总量供给影响存在弱空间波动性，而城市人口则对卫生填埋场及无害化处置厂（场）总量供给的影响效应具有显著的空间异质性；第二，中国城市生活垃圾终端处置供给侧呈现出逐步由填埋处置转向焚烧处置的总变化趋势，填埋处置供给逐渐减少，甚至关停，而焚烧处置厂供给逐渐增加，这个转变过程存在空间波动性；第三，城市化率及人口密度更高的城市，由于可能更高的"邻避"情绪，增加垃圾终端处置设施供给越困难；第四，越依赖土地财政的城市越不愿意建设占用土地更多的垃圾卫生填埋场。

第 7 章

生活垃圾终端处置方式选择
需求侧的社会福利评估

7.1 问题引出

第 6 章从供给侧分析了当前中国各城市生活垃圾终端处置设施供给的选择行为，但是由于生活垃圾终端处置设施供给在社会总经济成本收益的空间分布上具有典型的空间分布不均衡的特征，终端处置设施对环境及社会公众的健康外部性经济成本相对集中，由终端处置设施所在地的居民承担，但收益却由分布的更广的社会公众获得。正是由于终端处置设施这种鲜明的"邻避"特征的存在，生活垃圾终端处置设施的供给，绝不仅仅只是单方面的供给行为。差异化生活垃圾终端处置设施的供给，会带来不同的环境负外部性，但是缺乏来自需求侧的信息并不能判断当前的生活垃圾终端处置设施供给是否是最优的选择。最优环境管理政策取决于个人对环境质量改善的重视程度，也就是社会公众对于清洁环境的支付意愿（WTP）（Greenstone and Jack，2013）。因此，扩容或者新增生活垃圾终端处置设施，不仅要考虑空间异质性的各城市供给决策行为特征，也要兼顾社会公众对于不同生活垃圾终端处置设施供给的偏好及其对社会公众造成的社会福利影响。需要匹配供给侧的决策行为特征与需求侧的公众社会福利影响，需进行综合考虑，以优化生活垃圾终端处置设施的供给选择，化解生活垃圾终端处置压力，提升社会福利水平。

但是生活垃圾终端处置设施作为一种公共物品，并没有可供观测的交易市场及价格信号，来自需求侧的信息并不能直接可观测，因此，生活垃圾终端处置设施供给对社会公众造成的外部性经济成本及其社会福利量化价值计算，通常是基于最优化资源分配以实现个人及社会福利最大化的福利经济学理论（European Commission，2000）来进行评估。从20世纪70年代开始，经济学家就尝试从理论层面解析生活垃圾积累存量对社会造成的外部性问题（Smith，1972），受制于生活垃圾集中处置技术发展无法完全解决终端处置负外部性问题，生活垃圾终端处置在未来较长的时间依然会受到学者的重视。从第6章基于供给侧的分析可知，当前包括中国在内的世界各国，由于焚烧处置的占地面积小、处置设施使用期限更有弹性及最大程度在终端减少最终填埋的垃圾量等潜在特征，颇受世界各国青睐，因此，对于生活垃圾终端处置方式的选择，呈现出从填埋处置转向焚烧处置的趋势。随着焚烧处置方式在世界范围内的逐年增加，关于垃圾焚烧处置导致的负外部性也越来越受到关注，但公众并不认为焚烧是一种安全的处置方式，且对于垃圾焚烧厂的研究结果表明，随着居民离垃圾焚烧厂距离的增加，所有的癌症（胃癌、结肠直肠癌、肝癌、肺癌）混合风险在0.05的水平上显著下降（Elliott et al.，1996）。因而，由于"邻避"运动的存在及基于对公众社会福利的考虑，世界上的其他国家也并非完全依赖焚烧处置。

此外，垃圾焚烧厂的建设和运转的固定成本较高，需要不断焚烧垃圾产生的规模效应来降低平均成本，同时当地实际情况也不一定保证垃圾焚烧厂能够持续运作下去，如果垃圾产生量无法满足焚烧厂的需求，则会导致其出现财务危机（Fullerton and Raub，2004）。有研究认为，从成本收益的角度来看，焚烧的外部成本确实比填埋要低，但是其内部成本却足够高，因此，焚烧的总社会成本要比填埋高，而净成本最低的垃圾处置选择似乎是通过收集甲烷来用于能源回收的填埋处置（Dijkgraaf and Vollebergh，2004）。

因此，对于生活垃圾，是焚烧还是填埋，不仅取决于两种处置设施供给的排放状况，还取决于两种处置设施的技术选择，以及所有与处置设施相关的私人成本及环境外部成本，包括各自的能源回收特性。也就是说，对于生活垃圾终端处置方式的选择，需要对不同生活垃圾终端处置服务的所有成本及收益进行系统性比较，私人成本主要包括建造成本、运营成本和维护成本等可直接测度的经济价值，环境外部成本则指环境质量改变的经济价值，后者的评估通常指的是对于外部性经济价值的货币化测度。由于对于生活垃圾终端处置服务的成本收益的比较涉及两个维度，单一维度的成本得出的结论可能会造成社会福利的损失，只有系统考虑私人成本和外部成本，才能够得出社会有效的垃圾终端处置最优选择方案。私人成本通常可以有客观可观测的数据，但是外部成本的大小，在不同的国家、不同的地区及不同的环境中，会有所差异，因此，系统严谨评估中国不同生活垃圾终端处置设施对公众的社会福利影响，并计算社会福利的量化价值，对于优化生活垃圾终端处置设施的供给具有重要的理论和实践意义。

当前，中国正在开展生活垃圾跨区处置补偿收费，尝试利用经济手段来促进垃圾减量，以期解决随着生活垃圾产生量的快速增加，生活垃圾终端处置设施面临的处置能力和资金双重压力。其具体做法是，利用统一缴纳的资金对垃圾处置区进行补偿，以改善和提升垃圾接纳区处置设施的周边环境。这种跨区处置补偿收费政策设计的初衷恰好反映了生活垃圾终端处置设施的成本收益的空间不均衡特征，期望通过外生收费政策设计来平衡这种空间不平等，也为研究需求侧对于差异化生活垃圾终端处置设施的偏好提供了较好的估计框架。垃圾补偿收费由财政统筹，政府统一收支，由于没有可供观测的生活垃圾终端处置服务设施的供需市场，几乎没有揭示偏好数据可用，现有各城市采用的生态补偿收费标准也相差无几，波动不大。

生活垃圾终端处置设施的建设为社会提供了改善环境的经济价值，从而提升了社会福利，这种社会福利对于非终端处置设施所在地的居民而言，来自因为避免在本地建设此类"邻避"型设施而带来的效用，这种效用取决于居民的偏好，要评估生活垃圾终端处置设施供给的社会福利，就要探索个体层面对生活垃圾终端处置设施供给的偏好。现有城市层面波动不大的生态补偿收费数据并不能提供太多可用的信息。如果想要了解公众对于生活垃圾终端处置设施的偏好，从而计量社会福利的量化价值，无法使用揭示偏好方法，基于假想选择场景的陈述偏好方法是替代方法，必须针对公众的终端处置服务设施偏好来进行调研、收集数据。然而，条件价值评估法作为陈述偏好方法之一，长期以来受到更多的批评和质疑，离散选择实验似乎在逐渐成为陈述偏好方法中探索个人偏好的主要研究方法（Carlsson and Martinsson，2003）。

本章主要的研究目的在于从需求侧评估生活垃圾导出区的公众对于差异化垃圾终端处置方式选择的支付意愿（willingness to pay，WTP），从而计量不同生活垃圾终端处置设施供给选择的量化社会福利价值。如果社会公众对于生活垃圾终端处置设施建设的 WTP 很低，那么当前的供给侧生活垃圾终端处置设施的空间分布状况及其发展就可能是最优的，因为社会计划者会将经济增长或满足经济增长的公共设施服务供给的优先级置于环境管制之上（Ito and Zhang，2020）。因此，当考察生活垃圾终端处置方式选择时，社会公众对于当前主要生活垃圾终端处置方式的 WTP 是一个非常关键的参数。虽然对于生活垃圾终端处置设施 WTP 的估计非常重要，但是受制于发展中国家的有限的高质量可用数据，想要得到准确可信的需求的偏好信息估计较为困难（Ito and Zhang，2020）。因此，研究以问卷调研的形式收集数据，采取贝叶斯设计方法，允许从预调研正交实验设计（orthogonal main-effect designs）中得出的先验信息存在不确定性，再通过最优实验设计（optimal experimental designs）来构建假想的生活垃圾终端处置服务选择场景。在计量分析阶段，基于福利经济学理论，运用随机效用模型对生活垃圾导出区的居民选择行为进行建模。在条件 Logit 模型的 IIA（independence of irrelevant alternatives）假设不成立的情况下，采用随机系数 Logit 模型拟合数据，从需求侧定量评估公众对于生活垃圾终端处置方式选择的偏好，以此检验第 3 章根据实验设计与文献梳理提出的假说 5～假说 9。接着以估计出的 WTP 作为福利测量的微观基础，来估计不同生活垃圾终端处置方式选择的社会净收益，以此来评价垃圾终端处置方式选择的社会合意性水平。

7.2　现有相关研究梳理

　　生活垃圾终端处置方式包括焚烧、填埋、堆肥及其他，不同的终端处置方式需要相应地建设差异化的终端处置设施，由于填埋和焚烧是当今世界范围内的主要处置方式（Giusti，2009），对焚烧和填埋处置设施及其排放结果对人类健康、环境生态的潜在影响，也相对研究得更多。由于所有的垃圾终端处置设施均会在不同程度上对周边环境及公众造成负面影响，需要从社会总收益、总成本的角度来进行抉择，也就是要将公众的偏好纳入决策行为中来，垃圾终端处置服务的供给对于地方政府来说是一项非常具有挑战性的任务。

　　从福利经济学角度而言，垃圾处置设施的建设应该充分考虑总的成本与收益，从而做出权衡取舍，但是对于没有可观测的市场交易价格作为参考来评估外部成本的情况，需要采取非市场的方式来评估其外部成本。从福利经济学的"得者所得大于失者所失"的标准，卡普兰等（Caplan et al.，2007）根据福利经济学中的卡尔多—希克斯补偿标准，将垃圾填埋场所在的犹他州卡什县的社区分为临近填埋场的主社区（host-community）及不在填埋场附近的非主社区（non-host-community），通过配对比较的调查方法，让受访者在垃圾填埋场的县内选址与县外选址之间进行选择，首先估计出了主社区负的支付意愿（WTP），而负的 WTP 在理论上是 WTA 的保守估计（Freeman Ⅲ et al.，2014），可以解释为 WTA 的下界。接着估计了非主社区的 WTP，最后通过加总各自社区的个人偏好，得出了垃圾填埋场可以通过卡尔多—希克斯补偿标准的结论。

　　戴克格拉夫和沃勒伯格（Dijkgraaf and Vollebergh，2004）认为，由于"邻避"运动等造成的"搭便车"现象，很难获取个人对于垃圾处置方式的偏好。在欧盟及日本，倾向于采用固体废物管理金字塔的偏好顺序来进行垃圾处置，即填埋处置是最低级别的处置方式。因为填埋处置不仅没有起到垃圾减量的作用，也没有把垃圾当作资源来使用。美国虽然也遵循固体废物金字塔的基本原则，优先致力于垃圾减量，然后回收（包括堆肥），最终对于无法回收的垃圾进行焚烧或填埋处置，然而美国环境保护署并没有对处于金字塔底端的焚烧及填埋作出明确的偏好次序区分（EPA，1995）。

生活垃圾处置方式的选择，到底是焚烧还是填埋，基于不同的评价标准、不同的评估方法、不同的评价指标、不同的地理区位环境及不同国家的评估结果并不一致。相对而言，填埋处置是在生活垃圾处置金字塔中最低级别的处置选择，因为填埋处置既无法起到垃圾减量的作用，也没有将垃圾当作资源使用，与此同时，填埋还会产生导致气候变化的温室气体，垃圾渗滤液还存在着渗漏至空气、水体及土壤中的风险。此外，填埋会消耗大量土地，尤其在人口密集的东南亚，土地价值较高（Lang，2005；Ozawa，2005；Yang and Innes，2007），填埋处置缺乏经济效率。因此，对于垃圾处置方式的选择，还依赖于土地的稀缺程度。值得一提的是，垃圾填埋场也有可能产生正的外部效应，由于垃圾填埋场的主要气体排放物是甲烷，现代化卫生填埋场的甲烷排放可以通过燃烧来减少，甚至还可以用来生产能源。

垃圾焚烧处置，尤其是带能源回收（waste-to-energy）的垃圾焚烧发电厂，通常被认为是生活垃圾终端处置方式中较填埋处置更好的选择，不仅可以减少终端垃圾处置总量，同时产生电能及热能，而且还符合京都议定书对温室气体排放的要求（Miranda and Hale，1997）。也曾经被认为是解决生活垃圾问题和能源危机问题的两全之策，自20世纪70年代全球能源危机以来，在一些斯堪的纳维亚国家，将垃圾焚烧热能转换为能源一直是国家能源的一部分（Tilly，2004）。但是，垃圾焚烧厂也会有外部性，例如，焚烧产生的排放物、污染物以及有害残渣（二噁英、飞灰），也会影响垃圾处置方式的选择，并且垃圾焚烧厂相对于采取规范方式防渗透的现代化卫生填埋场而言，其建造成本更高①。因此，公众并不认为焚烧是一

---

① 垃圾填埋在各国各有差异，但是现代化垃圾卫生填埋场的基本设计规范是相似的，雷纳尔等（Laner et al.，2012）对各国的垃圾填埋进行了综述，现代化卫生填埋场包括将废物与地下环境系统分离开来的垃圾渗漏防护层系统、收集和管理渗滤液及气体的系统、垃圾填埋完成后的最终覆盖层系统。而且几乎所有的工业化国家都会持续要求填埋场封闭的事后处置，直到没有事后处置时，对人类健康和环境不会造成影响。

种安全的处置方式，1999 年的欧洲也仅有 18% 的生活垃圾是通过焚烧进行处置的，2001 年，美国垃圾总体焚烧处置量也仅占全部的 7%。美国的一项调查表明，垃圾焚烧厂是他们最不想要在社区里建设的垃圾处置技术，居民的风险感知态度与核电站类似（Rogers，1998）。

此外，当前对于生活垃圾处置方式的研究中，也有众多侧重于对于生活垃圾处置技术选择的研究。比如，运用基于信度理论方法（technique for order preference by similarity to ideal solution，TOPSIS）来评估生活垃圾处置方法的绩效（Aghajani Mir et al.，2016；Roy et al.，2016），以及采用改进的模糊 TOPSIS 方法来评估生活垃圾处置方法及选址（Ekmekçioğlu et al.，2010）。

虽然垃圾处置方式的决策者是各地方市政当局，但是垃圾处置方式选择的最终受益者是社会公众。当前研究多数集中在基于供给侧进行生活垃圾处置选择的研究，从需求侧评估公众对于不同生活垃圾处置方式接受意愿的研究相对较少，而现有的需求侧相关研究，由于没有直接可观测的数据，选择实验方法是被较多选用的方法，而实验方法主要依靠问卷设计来获取受访者的信息。实验研究表明，人们对新风险的感知和评估与常见风险不同（Kahneman and Tversky，1979），随着时间的推移，人们对垃圾处置设施负面影响的感知会逐渐减少（Kiel and McClain，1995）。但是由于垃圾处置设施从提议到设计、建设、运营的整个建设周期较长，因此，费雷拉和加拉格尔（Ferreira and Gallagher，2010）通过同时调查的四个独立的社区，政府提议在其中两个社区扩建现有设施，在另两个社区提议建设新设施。对居民的受偿意愿调查表明，相比对已经拥有垃圾处置设施的社区，提议新建设施的社区更加不愿意接受补偿。

例如，坂田（Sakata，2007）使用选择实验方法，采取正交主效应实验设计生成选择集，通过联合分析（conjoint analysis，CA）评估居民对给定政策的支付意愿，以此来分析居民对当地政府的垃圾收集服务需求，但是正交主效应设计只能满足最基本的选项属性间的独立性，没有考虑属性的相对重要程度，可能会造成估计偏误。另外，多数选择实验方法依赖条件 Logit 模型来对受访者选择行为进行建模，但是条件 Logit 模型所要求的

IIA 假设不一定成立，例如，佩克和贾马尔（Pek and Jamal，2011）通过选择实验的方法，直接评估消费者对于生活垃圾处置选择方式的偏好和支付意愿，从需求侧来研究马来西亚到底应该采取哪种垃圾处置方式？而且其研究范围仅仅局限在马来西亚的小型传统露天填埋场与卫生填埋场之间的比较，也未对 IIA 假设进行检验，反观中国，当前生活垃圾终端处置的填埋场基本都是卫生填埋场，已经很少有传统的露天填埋场。

综上所述，生活垃圾的终端处置设施供给选择，由于不同国家的不同社会经济因素差异，不能一概而论，而对于终端处置设施供给的选择，是在模糊和不确定信息情况下的多元决策问题，当前少有的从需求侧评估公众对于垃圾处置设施供给偏好的方法存在如下可能不足：首先，正交实验设计方法未能最大化所采集的受访者偏好信息；其次，条件 Logit 模型的 IIA 假设不一定满足；最后，公众偏好信息可能存在地理空间上的异质性特征，以上研究缺憾除了会导致难以估计相对准确的公众社会福利水平，也难以为规划差异化的区域生活垃圾终端处置设施供给提供有用的信息。

7.3　离散选择模型设定

7.3.1　条件 Logit 模型

本章通过离散选择实验来识别公众对不同生活垃圾终端处置方式选择的偏好，对于受访者选择行为的建模，基于第 3 章需求侧偏好信息识别的随机效用理论模型式（3 - 51），可以推导出一系列的离散选择模型。用于解释个体的选择行为的变量包括两类可观测变量：一类是与各选项相关的变量，在本章接下来构建的生活垃圾终端处置服务选择实验中，受访者所面临的不同生活垃圾终端处置服务选项具有各异的属性水平，例如，生活垃圾终端处置方式有三种水平，即焚烧、填埋及混合处置，在受访者选择时，需要在这些属性水平之间进行权衡取舍，这类与选项相关的可观测变量称为选项特定变量（alternative specific variables），这类变量既随决策者的不同而变化，也随选项的不同而变化；另一类是与受访者个体相关的变量，例如，受访者的年龄、性别、婚姻状况、收入等社会经济、人口统计特征变量，这类变量称为个体特定变量（individual specific variables），仅仅随决策者不同而变化。条件 Logit 模型也叫作麦克法登选择模型（McFadden，1974），是分析离散选择数据的基础模型，也是被使用最多的离散选择模型之一，可以将以上两类解释个体选择行为的变量作为解释变量来对决策者的选择行为进行建模。如果假设式（3 - 51）中的扰动项是服从 $i.i.d$ 的极值 I 型耿贝尔分布，则对受访者选择概率的估计可以用如下条件 Logit 模型来表示：

$$Pr_{nj} = Pr(C_n = j) = e^{\mu V_{nj}} / \sum_{j=1}^{J} e^{\mu V_{nj}}, \quad j = 1, \cdots, J \qquad (7-1)$$

其中，μ 代表与误差方差成反比的尺度参数，通常设定为 1。同时，条件 Logit 模型假设效用的系统性部分是线性的，消费者面对的可选项 X'_{nj} 的属性水平及个体特征的可加函数，用如下方程表示：

$$V_{nj} = X'_{nj}\beta + Z_n\gamma_j \qquad (7-2)$$

其中，X'_{nj} 表示与选项相关的选项特定变量，而 Z_n 代表个体 n 的特征，为个体特定变量。β、γ 都是待估参数向量，其中，β 表示受访者在选择过程中给予各个不同属性的权重。条件 Logit 模型假设受访者对于相同的属性水平具有同质的偏好，也就是说，受访者偏好取决于可观测的特征。条件 Logit 模型假设受访者在选项的权衡取舍中，面临着相同的替代比例：

$$\frac{\partial Pr_{nj}}{\partial x_{nj}} \frac{x_{nj}}{Pr_{nj}} = -x_{nj}Pr_{nj}\beta \qquad (7-3)$$

在式（7-3）中，概率对选项属性的弹性并不取决于个体 i，这是由于条件 Logit 模型假设各选项之间的误差项是彼此独立的，而选择选项 j 与 k 的概率比例是：

$$\frac{Pr_{nj}}{Pr_{nk}} = \frac{e^{V_{nj}}}{e^{V_{nk}}} \qquad (7-4)$$

这个概率是独立于选择任何其他选项的概率，因此，无论真实的离散选择数据如何，如果按照条件 Logit 模型来拟合数据，从数学形式上，条件

Logit 模型满足 IIA 假设。麦克法登的选择模型虽然应用广泛，但是局限也很明显。首先，无法考虑个体经济社会变量变化对决策者效用的影响；其次，无法解释受访者之间的偏好异质性；最后，条件 Logit 模型假设无关选项独立（independence of irrelevant alternatives，IIA），而有时候这个假设是不满足的，会导致估计参数偏误。因此，首先对 IIA 假设进行检验，根据检验结果来判别是否需要采用替代模型来拟合数据。

7.3.2　随机系数 Logit 模型

随机系数 Logit 模型通过允许模型估计系数在受访者之间存在异质性来放松 IIA 的假定，在模型设定上，依旧遵循随机效用理论，设定如下：

$$U_{nj} = V_{nj} + \varepsilon_{nj} = X_{nj}\beta_n + W_{nj}\alpha + Z_n\gamma_j + C_j + \varepsilon_{nj} \qquad (7-5)$$

其中，β_n 是随受访者变化而变化的随机参数，X_{nj} 是作为随机参数估计的选项特定变量，W_{nj} 是作为固定参数估计的选项特定变量，其余设定与条件 Logit 模型相同。由于假定待估系数 β_n 是随机变量，因此，在实践中无法对其进行直接估计，一般会假定其服从特定的分布，对系数的分布进行估计。通常假设 β_n 服从多变量正态分布，即 $\beta_n \sim N(\mu, \Omega)$，随机系数 Logit 模型就是对参数 μ 和 Ω 进行估计。在随机系数 Logit 模型中，受访者 n 选择选项 j 的概率为：

$$Pr_{nj} = \int \frac{exp(V_{nj})}{\sum_{k=1}^{J} exp(V_{nk})} f(\beta|\theta)\, \mathrm{d}\beta \qquad (7-6)$$

其中，$f(\beta|\theta)$ 是 β 的条件概率密度函数，此时，IIA 假设不再满足，因为随机参数会导致效用函数中的误差项彼此之间相关。允许待估系数随机，意味着将不同的受访者可能会有的异质性偏好纳入模型设定中。当用非零的方差对随机参数进行建模时，则 IIA 不成立；相反，如果方差等于零，IIA 假设就是成立的。因此，在实证中可以通过检验方差参数是否为零来检验 IIA 假设。

在离散选择实验中，由于每个受访者不只是做出一个选择，而是需要在一系列选择中依次做出最优的选择，因此，最终观测到的数据是每一个受访者会有多个观测值，即做出了多次选择的面板数据。受访者 n 在多个假设场景中依次做出选择的联合概率为：

$$S_n = \int \prod_{t=1}^{T} \prod_{j=1}^{J} \left[\frac{exp(V_{nj})}{\sum_{k=1}^{J} exp(V_{nk})} \right]^{y_{njt}} f(\beta \mid \theta)\,\mathrm{d}\beta \qquad (7-7)$$

其中，y_{njt} 是标识受访者选择状态的标识变量，$y_{njt} = 1$ 表示受访者 n 在假设场景 t 中选择了选项 j，若选择其他项，则 $y_{njt} = 0$。

在估计随机系数 Logit 模型时，由于积分没有封闭形式解，积分的计算通过模拟来进行计算，可以通过最大化模拟对数似然函数来对 θ 进行估计：

$$MSL = \sum_{n=1}^{N} \ln \left\{ \frac{1}{R} \sum_{r=1}^{R} \prod_{t=1}^{T} \prod_{j=1}^{J} \left[\frac{exp(V_{nj})}{\sum_{k=1}^{J} exp(V_{nk})} \right]^{y_{njt}} \right\} \qquad (7-8)$$

在对随机参数 β 进行估计时，通过对个体 n 从分布函数中进行多次抽样，该估计方法称为极大模拟似然估计（maximum simulated likelihood，MSL）。

7.3.3　政策效应估计

由于受访者 n 选择了选项 j 的概率由式（7-6）给出，当外生政策变化改变了生活垃圾终端处置服务设施选项的某一项属性水平时，可以将选项属性水平中的各属性第一个水平确定为基准选项，然后计算当该政策发生时，受访者 n 选择选项 j 概率的变化。当其他属性水平保持不变时，概率变化可以表示为：

$$Impact = Pr_{nj} - Pr_{nk}, \; j \neq k \qquad (7-9)$$

其中，Pr_{nj} 表示基准选项的选择概率，而 Pr_{nk} 表示某项属性水平变化之后的选择概率。以上边际分析的好处在于，可以定量分析当某项终端处置设施选项的属性水平发生变化时，公众愿意接受这项垃圾终端处置服务的概率会怎样变化。此外，也可以评估到底哪项改善生活垃圾终端处置服务设施的政策在提升公众的接受意愿上最有效。

7.4 实验设计方法选择及研究设计

7.4.1 实验设计方法选择

最优实验设计属于离散选择实验设计众多实验设计方法中的一种，是离散选择实验设计发展过程中的一种前沿优化方法。离散选择实验设计是最大化受访者偏好信息的关键，通常有全因子设计和部分因子设计两种方法。全因子设计指的是对确定的选项属性水平进行组合所得到的全部选择集，可以估计各个属性独立的主效应以及多个属性的交互效应。如果有多个属性或多个属性水平，全因子设计供受访者选择的选择集会过多，受制于受访者的认知局限和调研资源有限，往往在实践中没有办法实施，例如，在本章中总共设计有 5 个属性，每个属性各包含 3 个属性水平，全因子设计的选择集总共有 $3^5 = 243$ 种选择集，也就是说，每个受访者需要进行 243 次选择，给受访者造成难以承受的认知负担，缺乏可行性。

因此，多数离散选择实验设计采取部分因子设计，而正交主效应设计是广泛被采用的部分因子设计方法，正交部分因子设计可以通过考虑各属性水平的独立效应，剔除掉冗余的属性水平组合，从而估计各属性水平在受访者偏好中的相对重要性。虽然会存在一定程度的信息损失和参数估计偏误，但是主效应设计可以解释模型中 80% 的自变量波动（Louviere，1988），是对真实参数较好的近似估计。但是正交设计仅仅考虑了选项属性效应之间的相互独立性，而并没有考虑受访者在面对具体的选项时的选择，例如，如果在某个选择集中，受访者面对的两个选项其中之一在所有的属性水平都要优于另一个选项，导致受访者大概率会选择占优选项，正交设计并没有考虑这种极端的选择场景，那么这种选择集所能收集到的信息就非常有限。

基于正交主效应设计的改进方法大致有三种：旋转设计方法（rotation

design method）、混合匹配方法（mix-and-match method）及 L^{MA} 设计方法
（Johnson et al.，2007）。其中，旋转设计方法和混合匹配方法可以创造包
含一般属性的无标签离散选择集（unlabeled DCE design），而 L^{MA} 设计方法
主要用于构造包含选项特定属性的带标签的离散选择集（labeled DCE de-
sign）。选择实验设计的目的是为了估计决定个体偏好的各属性相对重要性
参数值，考虑如下线性回归模型：

$$Y = \beta'X + \varepsilon \tag{7-10}$$

其中，Y 是连续因变量，X 是假想选择场景中的各个属性水平，β 是相
应的待估参数向量，ε 是误差项。待估参数向量的估计量为：

$$\hat{\beta} = X'Y(X'X)^{-1} \tag{7-11}$$

同时 $\hat{\beta}$ 的协方差矩阵为：

$$\Omega = \sigma^2(X'X)^{-1} \tag{7-12}$$

计量估计的主要目的就是去尽量趋近真实参数 β，而 β 的估计量又取
决于观测值 X。实验设计的目的是为了尽可能最大化地收集到受访者的偏
好信息，而收集数据的最终目的也是为了估计真实参数值，从而评估选项
各属性的相对重要性，从而进行福利测算。因此，通过设计属性水平，从
而最小化 Ω，以提高估计量有效性的最优实验设计逐渐被学者们所重视。
所谓的最优实验设计指的是最小化估计参数的协方差矩阵，与协方差矩阵
相关的有效性测度指标有 A - efficiency、G - efficiency 及 D - efficiency，而
其中 D - efficiency 在计算上相对简洁（Kuhfeld et al.，1994），也是实践中
运用最多的测度方法，如式（7-13）所示：

$$D - efficiency = \left[|\Omega|^{1/K}\right]^{-1} \tag{7-13}$$

要实现 D - efficiency，最优实验设计必须满足正交和属性水平平衡
（level balance）两个标准，水平平衡指的是每个属性水平选择集中出现的
频率应该相同。库菲尔德等（Kuhfeld et al.，1994）设计了一种最优实验
方法，首先，从全因子设计中随机抽取一个初始的设计，然后，通过不断
的迭代过程，从可能被纳入选择集的候选选项列表中交换选项，直到 D -
efficiency 不能再减小为止，这个方法被称为改进的费多罗夫算法（modi-
fied Fedorov algorithm）。

最优实验设计明确考虑属性水平之间的重要程度，以确保受访者在选择集中的选项之间进行权衡取舍时，能够提供更多的关于其个人偏好的信息。但是，最优实验设计需要在设计选择集时，明确将受访者偏好的先验信息纳入设计过程中，而这些信息的获取恰恰又是研究的主要目标，因此，如何获取待估参数的先验信息是关键。通常，先验信息的获取可以通过前人文献、焦点小组、专家访谈及预调研来获得。

卡尼恩（Kanninen，1993）提出了顺序设计的实验设计方法，当使用顺序设计方法时，研究者首先从早期的真实调研中收集数据，然后更新参数分布的先验信息，再将这些信息用于调研设计。虽然卡尼恩提出的顺序设计方法是针对封闭形式的条件价值评估法，但是这种最优实验设计思路在离散选择实验中依然适用。

在离散选择实验中，受访者面对一系列选择集中的两个或多个备选项，做出权衡取舍，因变量通常是离散变量，因此，计量模型是非线性模型。非线性模型的最优实验设计必须满足的 D – efficient 准则与线性模型不一样，非线性模型除了要求正交和水平平衡两个准则以外，还要满足最小重叠（minimal overlap）和效用平衡（utility balance）原则（Huber and Zwerina，1996）。最小重叠指的是属性水平在一个选择集中不重复，而效用平衡则是在一个选择集中，每个选项给受访者带来的效用应该相等。

而要实现效用平衡，则需要将偏好的先验信息纳入实验设计中，兹维里纳等（Zwerina et al.，1996）采取改进的费多罗夫算法，同时在实验设计中考虑实现 D – efficiency 的四种准则，这种算法可以实现通过将参数值的先验信息纳入实验设计来实现 D – efficiency。最优实验设计除了满足传统正交设计的正交性，还可以满足基于正交设计拓展方法的水平平衡和最小重叠，将先验信息纳入实验设计中，还可以实现效用平衡。而通过贝叶斯设计允许参数先验信息的波动，则可以进一步提升参数估计有效性。

因此，在评估差异化生活垃圾处置方式选择的社会经济福利影响时，本章通过离散选择实验来收集受访者对于不同垃圾终端处置服务方式选项的支付意愿，在实验设计中，借鉴卡尼恩（Kanninen，1993）提出的顺序设计的实验设计方法，首先，通过正交主效应设计离散选择实验的假想选择集，然后通过估计出的选项属性的先验信息，采取最优实验设计重新设计离散选择实验的假想选择场景，并且在最优实验设计时，采用桑多尔和韦德（Sandor and Wedel，2001）提出的贝叶斯设计方法，允许估计的参数先验信息存在不确定性。最终通过最优实验设计重新设计了供受访者选择的选择集，以此最大化地将收集到的受访者信息用于计量分析中。

7.4.2　离散选择实验设计

确定了离散选择实验所需要收集的数据信息及研究目的之后，离散选择实验的实施首先需要构造供受访者选择的假设选择场景，即确定供受访者选择的选项形式、属性及属性水平。构造选择场景时，需要根据研究目的和所需要评估对象的情况，对受访者需要做出选择的假设场景进行特征化，从而设计每个选项的属性水平、决定在选择集中是否纳入弃选选项（opt-out option）、确定受访者在每个选择集中需要选择的选项数量。而这一步骤主要是通过综述前人文献、进行田野实验、焦点小组、专家访谈或预调研等方法来完成。

选择是否纳入弃选选项是为了让调研所设计的假想选择场景更加贴近现实，以此更加准确估计受访者的偏好。纳入基准状态或弃选选项并不一定会让选择集更加真实，也不一定会增加所要估计的偏好参数的准确性。生活垃圾终端处置设施的普遍超负荷运转这一典型事实，恰恰反映了现实生活中公众对于生活垃圾终端处置设施抵触情绪的存在，而这种抵触情绪的显性表达就是各地的"邻避"运动。从民间到官方，对待生活垃圾终端处置设施均持较为谨慎的态度，导致垃圾终端处置服务设施的建设较为困难，公众对于生活垃圾终端处置服务设施的抵触心态是切实存在的，因此，本书在问卷中纳入了弃选选项，即允许受访者什么都不选。在焦点小组和专家访谈过程中，由于没有直观可清晰描述的基准状态，决策者很难想象从基准状态到待选状态的环境改变效应，因此，问卷设计中并未设计固定的基准状态。而是采取配对比较离散选择实验的格式（Caplan et al.，2007），即受访者仅需在两个具有差异化属性水平的选项之间进行选择，或者选择弃选选项。

在初始问卷设计环节，本书综述了很多可能会影响公众选择生活垃圾终端处置服务的属性，如表7.1所示。

表7.1　　　　初始问卷设计中生活垃圾终端处置服务属性及其水平

选项属性	具体描述	属性水平
终端处置方式	生活垃圾终端处置服务方式	填埋、焚烧、混合处置(既有填埋又有焚烧)
终端处置设施占地面积	生活垃圾终端处置服务设施占地面积	250 亩、500 亩、1000 亩
是否临近水源地	生活垃圾终端处置服务设施周边是否有水源地	是、否
是否临近居民区	生活垃圾终端处置服务设施周边 1 千米范围内是否有居民区	是、否
是否临近野生动物保护区	生活垃圾终端处置服务设施周边 1 千米范围内是否有野生动物保护区	是、否
是否临近学校	生活垃圾终端处置服务设施周边 1 千米范围内是否有学校	是、否
终端处置设施潜在影响	空气污染	轻度污染、中度污染、重度污染
	水污染	轻度污染、中度污染、重度污染
	噪声污染	轻度污染、中度污染、重度污染
	气味污染	轻度污染、中度污染、重度污染
	视觉侵扰	感受不到、比较严重、非常严重
终端分拣设施规模	在垃圾终端处置设施中建设终端分类回收系统	小规模、中等规模、大规模
终端处置服务设施距离您居住地点的距离	终端处置服务设施距受访者当前居住点的距离	1 千米、3 千米、6 千米
付费(每人每年)	受访者选择特定生活垃圾终端处置服务所需要支付的额外成本	15 元、30 元、45 元

但是，考虑受访者的认知负担，为了减少生活垃圾终端处置服务设施选项的复杂性，必须要对属性的数量进行限定。同时，在最后的计量模型分析环节，构建离散选择模型分析个体偏好，依赖于受访者能够在不同的属性及差异化的属性水平之间进行权衡取舍，从而最大化其效用的假设。

如果垃圾终端处置设施选择的属性水平过于复杂，受访者可能会采取策略性行为来进行选择，从而导致估计偏误（Witt et al.，2009）。因此，通过前期问卷设计的焦点小组、专家论证及预调研的反复修改，最终确定如表 7.2 中五个属性及相应的属性水平，以此来构建供受访者选择的假想选择场景。

表 7.2　　　　　　　正式问卷中生活垃圾终端处置服务属性及其水平

选项属性	具体描述	属性水平
终端处置方式	生活垃圾终端处置服务方式	填埋、焚烧、混合处置（既有填埋又有焚烧）
环境污染程度	生活垃圾终端处置服务对环境的潜在负面影响	轻度污染、中度污染、重度污染
终端分拣设施规模	在垃圾终端处置设施中建设终端分类回收系统	小规模、中等规模、大规模
终端处置服务设施距离您居住地点的距离	终端处置服务设施距离受访者当前居住点的距离	1 千米、3 千米、6 千米
付费（每人每年）	受访者选择特定生活垃圾终端处置服务所需要支付的额外成本	15 元、30 元、45 元

第一个选项属性是终端处置方式。这也是本章主要关注的生活垃圾终端处置服务属性，包括填埋、焚烧及混合处置三种水平，通过受访者在三种水平之间的选择，估计其对于差异化处置方式的支付意愿。当前，中国各城市虽然有少数堆肥和厌氧处置等其他处置方式，但是这些处置方式并不能处置所有类型垃圾，只能处置部分特定类型的垃圾，因此，各城市主要依赖问卷设计中的三种处置方式。而从区域分布来看，在地域上存在一定差异，西部地区地广人稀，相对更加依赖填埋，东部地区和南部地区经济相对较发达，有经济能力建设垃圾处置厂，焚烧处置更多。

第二个选项属性是环境污染程度。在调研访谈中，研究人员了解到，生活垃圾终端处置服务对环境的潜在负面影响是受访者最关心的问题，也是最担心的问题。垃圾处置可能通过多种渠道潜在地下对空气、水体等造成影响，也会产生噪声、气味和视觉侵扰，但是这些属性过于复杂，考虑到受访者的认知负担，在最终问卷中，将这个属性简化为更加通俗易懂的环境污染程度，包括轻度污染、中度污染和重度污染三个水平。

第三个选项属性是终端分拣设施规模。终端分拣设施指的是在垃圾终端处置环节建设终端分类回收设备，其目的是为了在终端收集、分类所有可以回收的垃圾，比如，有机垃圾、纸张、塑料、玻璃、金属等。之所以加入这个选项属性，是因为虽然我国垃圾分类已经推行了十多年，但是当前垃圾分类投放政策的效果尚未完全显现，要完全建立成熟的生活垃圾源头分类系统需要较长的时间。导致当前进入终端处置环节的大量垃圾并未进行分类，如果在终端处置环节建设分类回收设备，一方面可以对前端因各种原因未分类的垃圾进行再次分类回收，实现垃圾的循环利用；另一方面可以减少进入垃圾填埋场或者焚烧厂的垃圾量，从而减少终端处置设施对周边环境及公众健康的负外部影响。

第四个选项属性是终端处置服务设施距离您居住地点的距离。在离散选择实验文献中，对于填埋和焚烧处置设施距离属性水平的设计略有差异，以往研究表明，填埋的负外部性影响的距离上限是 6 千米（Ferreira and Gallagher，2010），而焚烧设施的环境影响研究通常将抽样范围限定在 3 千米以内（Schuhmacher et al.，1998）。因此，本书将距离属性水平设定为三个级别：1 千米、3 千米及 6 千米。

第五个选项属性是付费（每人每年），也是最关键的一个属性水平，因为该属性的确定决定了以其为基准估计的其他属性的货币化边际价值，也就是受访者对于各属性水平的边际支付意愿，通常称为支付工具（payment vehicle）（Boyle，2017）。由于本书研究的目的是要评估生活垃圾导出区的居民对于在垃圾导入区的供给生活垃圾终端处置服务的偏好，而在当前的中国各城市，也已经开展或正在开展相应的生活垃圾跨区处置生态补偿收费政策，利用经济手段来促进垃圾减量，以期解决随着生活垃圾产生量的快速增加，带来的生活垃圾终端处置设施面临的处置能力和资金双重压力。具体做法是：利用统一缴纳的资金对垃圾处置区进行补偿，以改善和提升垃圾接纳区处置设施的周边环境。表 7.3 是部分城市或地区生活垃圾跨区处置生态补偿费标准。

表 7.3　　　　　　　　部分城市或地区生活垃圾跨区处置生态补偿费标准

年份	城市	标准(元/吨)	相应政策
2019	南通	10/100 (飞灰)	《南通市生活垃圾及飞灰异地处理生态补偿办法》
2018	西安	50	《生活垃圾终端处理设施区域生态补偿暂行办法》
2018	增城	75/37.5 (餐厨垃圾)	《增城区生活垃圾终端处理设施区域生态补偿办法》
2017	青岛	50/70	《关于进一步完善市区生活垃圾异地处置环境补偿机制的通知》
2016	苏州	50	《苏州市生活垃圾处置区域环境补偿暂行办法》
2016	重庆	50	《重庆市主城区生活垃圾收运处理异地补偿暂行办法》
2014	东莞	80	《东莞市生活垃圾终端处理设施区域生态补偿实施方案》
2014	杭州	100	《关于深入推进市区生活垃圾"三化四分"工作的实施意见》
2014	南京	50	《南京市生活垃圾中转和处置生态补偿暂行办法》
2012	广州	75	《广州市生活垃圾终端处理设施区域生态补偿暂行办法》
2011	上海	50	《上海市生活垃圾跨区县转运、处置环境补偿实施办法》
2010	北京	150	《关于建立生活垃圾处理调控核算平台意见的通知》

　　表 7.3 中正在实施的生活垃圾跨区处置生态补偿收费标准，为本书的支付工具属性设计提供了基本的参照，在实验设计中，为了保持各属性水平的平衡，将人均额外支出费用也设置为三个级别。综合以上部分城市或地区的生活垃圾补偿收费标准，选取三个级别的收费标准：50 元/吨、100 元/吨及 150 元/吨，同时结合 2016 年《中国城市建设统计年鉴》中的全国 588 个设市城市的生活垃圾年人均产生量数据，折算出相应年人均额外支出费用，如表 7.4 所示。

表 7.4　　按照三种标准折算的全国 588 个地级市年人均额外支出费用

年人均额外支出	观测值	均值	标准差	最小值	最大值
acost1	588	13.539	13.241	0.63	240.912
acost2	588	27.077	26.482	1.26	481.825
acost3	588	40.616	39.723	1.89	722.737

　　注：acost1、acost2 及 acost3 分别代表以 50 元/吨、100 元/吨和 150 元/吨计算的年人均额外支出的生活垃圾补偿费用。

表 7.4 是结合 2016 年城市生活垃圾年人均产生量折算的年人均额外支出，从表 7.4 可知，由于实施垃圾跨区处置生态补偿收费政策，年人均额外支出的均值分别为：13.54、27.08 及 40.62（元/人/年）。考虑实验设计的简洁性，将人均额外支出费用的三个级别分别设置为 15 元/人/年、30 元/人/年及 45 元/人/年。

7.4.2.1 正交实验设计

在定义好以上假设选择场景的属性及其水平之后，需要通过实验设计来生成供受访者选择的选择集，如果创造的离散选择集过多，让单个受访者回答所有的问题通常会让受访者觉得厌烦，也会降低收集信息的有效性。在关于 114 项健康经济学离散选择实验的综述中，在 39% 的实验设计中，单个受访者回答的问题在 8 个以下；38% 的研究让单个受访者回答 9 ~ 16 个问题；仅 18% 的研究需要受访者回答 16 个以上的问题（Bekker - Grob et al.，2010）。考虑到受访者的认知负担，一般需要将离散选择集随机分成若干个部分，而每个部分问题的数量取决于研究者的主观判断。

正交主效应实验设计是被运用最多的实验设计方法，包括旋转因子设计（rotation design method）、混合匹配（mix-and-match method）及 L^{MA} 设计三种方法（Johnson et al.，2007）。本书采取混合匹配方法生成无标签离散选择集（unlabeled DCE design），总共有 18 个选择集，为了让受访者在选择时不至于太疲惫，将这 18 个选择集随机分成 3 个模块，每个模块有 6 个选择集，因此，每个受访者仅需要分别在 6 个选择集中做出选择。此外，在具体问卷调查时，对三个不同版本问卷中的选择集的顺序进行了随机排列，以纠正可能出现的学习和疲劳效应（Kolstad，2011）。表 7.5 是通过混合匹配方法生成的无标签离散选择集示例。

表 7.5 混合匹配方法生成的选择集示例

模块 1 选择集 1	选项 1	选项 2
终端处置方式	"混合处置"	"填埋"
环境污染程度	"重度污染"	"中度污染"

模块 1 选择集 1	选项 1	选项 2
终端分拣设施规模	"小规模"	"小规模"
垃圾处置设施与您所居住地点的距离	"1 千米"	"6 千米"
付费(每人每年)	"30 元"	"45 元"

○选项 1
○选项 2
○以上两项都不选

根据以上正交主效应设计的离散选择选项，将各选项特定变量作为解释变量来拟合受访者的离散选择行为，则条件 Logit 模型设定公式（7-2）中的线性部分为：

$$V_{nj} = ASC_j + \beta_1 inci + \beta_2 mix + \beta_3 medium + \beta_4 heavy + \beta_5 moderate$$
$$+ \beta_6 big + \beta_7 dist + \beta_8 cost + Z_n \gamma_j \qquad (7-14)$$

在式（7-14）中，ASC_j 用于标记生活垃圾终端处置服务选项 1 及选项 2 的选项特定常数（alternative specific constant，ASC），其中弃选选项的 ASC 设定为基准项（$ASC = 0$），同时在对终端处置方式、环境污染程度及终端分拣设施规模这些分类变量估计时，将填埋、轻度污染及小规模终端分拣设施作为基准比较水平。$inci$、mix 分别表示焚烧处置与混合处置；$medium$、$heavy$ 分别代表中度污染和重度污染；$moderate$、big 分别表示中等规模和大规模分拣设施；$dist$、$cost$ 分别表示距离与付费两个连续变量；Z_n 为个体特定变量。

7.4.2.2　最优实验设计

在问卷调查中增加问题数量和复杂程度，虽然会增加信息收集数量，但是也会增加受访者的负担，导致信息质量下降，因此，在离散选择实验中运用实验设计方法，从而利用尽可能少的问题收集尽可能多的信息。正交主效应就是通过让属性之间相互独立来减少冗余选项，从而最大化信息量。但是正交主效应设计只考虑了属性间的独立性，没有考虑属性的相对重要程度，最优实验设计明确考虑了属性水平的重要程度，以确保所设计的选择集中的选项能够提供更多受访者在属性之间进行权衡取舍的信息。由于最优实验设计需要最小化估计参数的协方差矩阵，而协方差矩阵取决于要估计的参数值，因此，最优实验设计需要关于选项属性变量的先验信息，而研究的目的就是要去估计这些参数值，但是在实验设计时，模型参数值是未知的。这是一个两难的情况，要进行最优实验设计就必须要使用参数值的先验信息，因此，很多学者在最优实验设计时，假设所有参数值为零，从而进行实验设计（Kolstad，2011），也就是说，假设属性水平对于实验设计的有效性没有影响，研究表明，即便先验信息出现偏差，最优实验设计也比正交设计更加有效（Carlsson and Martinsson，2003）。

相比于假设所有参数值为零来进行实验设计，通过小规模预调研估计的非零参数值可以为实验设计提供更加可靠的先验信息，但是这个方法最大的局限在于：如果估计参数值并不能很好地趋近真实参数值，最优实验设计的有效性会发生变化，因为固定先验信息参数值之后，相当于放松了参数值的不确定性。如果能够在实验设计时，将参数值的不确定性考虑进来，则最优实验设计的有效性预期会更高。而参数值的不确定性可以通过估计参数值在一定范围内的分布来纳入最优实验设计中。

因此，本书借鉴卡尼恩（Kanninen，1993）提出的顺序设计的实验设计方法，首先，通过正交主效应设计离散选择实验的假想选择集用于预调研，然后通过预调研估计出的选项属性先验信息，采取最优实验设计重新设计离散选择实验的假想选择场景，并且在最优实验设计时，采用桑多尔和韦德（Sandor and Wedel，2001）提出的贝叶斯设计方法，允许估计的参数先验信息存在不确定性。最终通过最优实验设计重新设计供受访者选择的选择集，总共18个选择集，同样，为了减轻受访者的认知负担，将选择集分成3个板块，每个板块6个选择集，3个板块的选择集分别放到3份问卷中，除离散选择集以外，3份问卷的其余部分均相同，在问卷制作时，与预调研时相同，对3个不同版本问卷中的选择集的顺序进行随机排列。在给受访者发放问卷进行填写之前，首先，由访员对问卷调查的背景信息进行介绍，然后再对表7.5中各选项的属性及相应的水平进行详细解释，表7.6是通过贝叶斯设计方法进行最优选择实验设计的选择集示例。

表 7.6　　　　　　　　　最优实验设计方法生成的选择集示例

模块 1 选择集 1	选项 1	选项 2
终端处置方式	"混合处置"	"填埋"
环境污染程度	"重度污染"	"重度污染"
终端分拣设施规模	"大规模"	"大规模"
垃圾处置设施与您所居住地点的距离	"6 千米"	"3 千米"
付费(每人每年)	"45 元"	"15 元"

○ 选项 1
○ 选项 2
○ 以上两项都不选

基于以上最优选择实验设计，如果在计量分析中，条件 Logit 模型估计结果不满足 IIA 假设，则通过随机系数 Logit 模型来拟合选择数据，计量模型式（7 - 5）具体的回归设定如下：

$$V_{nj} = ASC_j + \beta_{n1} inci + \beta_{n2} mix + \beta_{n3} medium + \beta_{n4} heavy + \beta_{n5} moderate$$
$$+ \beta_{n6} big + \beta_7 dist + \beta_8 cost + Z_n \gamma_j \qquad (7 - 15)$$

其中，终端处置方式、环境污染程度及终端分拣设施规模的属性水平作为随机系数来进行估计，允许其待估参数随个体变动而变动，同时依然假设作为连续变量的距离属性和成本属性以固定参数进行估计。

7.4.3　调研设计

本章研究的主要目的是要通过调研来收集信息，通过离散选择模型的定量分析方法来测量垃圾导出区的公众对于在垃圾导入区建设生活垃圾终端处置服务设施的支付意愿，从而由需求端测度公众对于生活垃圾终端处置服务的偏好，再基于微观个体的福利测量，进而计算出社会福利量化价值。在设计离散选择集时，将不同的垃圾终端处置方式作为垃圾终端处置服务选项的属性之一，既可以测度公众对于差异化垃圾终端处置方式的偏好，又可以把其他维度的属性变量纳入研究设计中。

调查研究于 2018 年 6 月 ~ 2019 年 7 月间进行，选取中国首批生活垃圾分类试点城市的杭州和上海市民作为最基本的抽样框，之所以选择这两个城市的市民，是因为如果受访者对所访谈的问题非常熟悉，那么其回答预期会比较可靠并且也会减轻访员沟通的压力（Breffle and Rowe，2002），而首批生活垃圾分类试点城市是在 2000 年开始实施的①，距今已有 20 多年时间，相对而言，这些城市对于垃圾管理相关的知识较为熟悉。同时为了分析城乡偏好的空间差异，也将杭州市桐庐县的农村居民纳入抽样框中。采用多阶段随机抽样的方法，主要的抽样单位首先选择杭州市、上海市的各主城区及杭州市桐庐县所有的自然村，此外，由于研究指向是生活垃圾导出区的居民的支付意愿，因此，将那些辖区内拥有垃圾终端处置设施的抽样单元剔除出抽样框。在每个备选区域内，随机选择 3 个抽样区域。在抽样的第二个阶段，在所选择的备选区域中，随机抽取受访者。调研原计划抽取 900 位受访者，最终有 730 位受访者接受了调研，应答率为79.22%，其中剔除无效作答问卷后，得到的 660 份有效问卷用于最后的计量分析。

上海市的生活垃圾处置主要依靠"一主多点"终端处置设施建设，"一主多点"中的"一主"指的是位于浦东新区惠南镇的老港固体废弃物综合利用基地，"多点"主要有浦东新区的御桥垃圾焚烧厂、普陀区的江桥垃圾焚烧厂及备建的嘉定垃圾焚烧厂，因此，在抽样时，将以上三个区剔除出抽样框，最终选取松江区、闵行区及徐汇区作为调研区域。杭州市的生活垃圾终端处置主要依靠拱墅区的天子岭垃圾填埋场、余杭区的九峰垃圾焚烧厂及滨江区的垃圾焚烧厂，另外，还有备建的萧山区临江垃圾焚烧厂，因此，也将上述四区剔除出抽样框，最终选取上城区、下城区及西湖区作为调研区域。杭州市桐庐县主要的生活垃圾终端处置设施是位于桐庐县濮家庄村的垃圾焚烧厂，在调研时，选取了距离濮家庄村 10 千米以外的竹桐坞村、肖岭村及合岭村作为调研区域。

在正式开始调研之前，首先，通过卫生环卫部门、生活垃圾管理领域的资深研究人员及垃圾处置设施一线工作人员组成的专家小组来初步

① 2000 年 6 月，原建设部确定北京、上海、广州、深圳、杭州、南京、厦门及桂林作为首批生活垃圾分类收集试点城市，详见《关于公布生活垃圾分类收集试点城市的通知》。

决定实验设计选择集中的属性及属性水平；其次，为了识别出那些难以理解的问题及受访者对于问卷措辞、格式及长度的反馈，我们组织了三次焦点小组进行问卷的改进；最后，在杭州市通过随机面访的形式进行了 38 人小范围的预调研，通过预调研获得了离散选择实验各选项的先验信息，根据最优实验设计原则，重新进行了离散选择实验设计，修改后的问卷又与杭州市城管委的相关专家进行沟通讨论，确定了最终的问卷。最终问卷分为三个部分：第一部分从受垃圾处置设施影响区域的居民角度，收集其对垃圾处置设施的基本态度及认知；第二部分是离散选择实验，也是问卷的核心部分，通过向受访者询问多个假想的选择场景来揭示其偏好；第三部分收集问卷调查对象的个人基本信息及社会经济、人口统计特征。

7.5　数 据 说 明

问卷调研的所有访员均为从事经济学或区域资源环境相关专业的高校教师和专职研究人员，访员均全程参与了问卷设计的所有环节，对问卷详情及离散选择实验比较熟悉。同时，在形成最终问卷之后，研究者也对所有访员进行了关于离散选择实验的所有属性及相应水平的详细沟通与解释，确保访员在调研时，能够准确将调研背景及离散选择集的信息传递给受访者。在正式开始调研时，凭借所持学校开具的介绍信，研究者带领访员到调研区域的当地社区寻求社区干部的帮助，由社区干部带领，早上在菜场附近、中午在公共活动区域，采用随机偶遇的形式，进行面对面访谈，问卷填写采取访员全程辅助、受访者自答的形式。总计划发放 900 份问卷，其中，730 个受访者愿意参与调研，剔除无效数据的问卷后，总共 660 份有效问卷。

由于离散选择实验要求受访者在一系列选择集中选择他们最偏好的一项，数据结构不同于一般的统计计量分析。最终收集到的数据，每个受访者均在多个离散选择集中做出了选择，所以离散选择数据也是一种面板数据，例如，调研总共有 660 个受访者，每人需要在 6 个选择集中做出选择，那么样本量就是 660 × 6 = 3960，每个选择集中的选项数量是 3，总共有 660 × 6 × 3 = 11880 个观测值。

在诸如环境等公共物品的陈述偏好研究中，个体偏好异质性是解释和预测经济代理人选择行为的重要解释变量。在早期行为经济学研究中，运用认知心理学来解释人的选择行为时，更多地关注人们处理信息的系统性行为，把非系统性行为作为不可观测的随机扰动项。但是随着个性心理学和心理特征测量的发展，行为经济学在解释人的经济选择行为时，开始逐渐考虑个体特征差异对于人们偏好的影响，个体特征在解释和预测经济行为人的选择时，也许扮演着重要的角色（Grebitus et al.，2013）。在家庭和个人调研中，对于个体特征的测量越来越准确和有效，个体特征应该与社会经济变量一样被用作可测量的解释变量并被纳入经济模型中（Boyce et al.，2019）。在离散选择实验中，检验个体特征对个人环境物品偏好的影响效应，以及在模型中纳入个体特征变量可以丰富人们对经济行为人环境物品偏好异质性的解释。

对于原始问卷收集数据中的教育变量，将小学、初中、高中、大学本科、硕士及以上最高学历分别按照 6、9、12、15、16、18 折算成受教育年限的连续变量；在考察婚姻状态的变量时，将婚姻状态分类为未婚及已婚两类；将家庭现有住房产权状态分为两类：是否拥有完全产权的自有产权；将职业状态分类为是否全职工作两类。如此处理数据有两个原因：其一是因为本书研究的主要目的在于识别出影响受访者选择的社会经济特征，而以上变量处理能够反映出决策者的基本社会经济特征差异；其二是因为在下文的计量分析中，部分离散选择模型的估计，需要采用极大模拟似然估计（maximum simulated likelihood，MSL），为了获取更加精确的一致估计量，需要增加蒙特卡洛积分的采样点数，同时也会大幅度增加模型计算的时间，为了减少计算负担，同时在不影响估计经济意义的情况下，本书研究将以上多分类解释变量转换为连续变量或者二分类变量。具体的数据描述性统计如表 7.7 所示。

表 7.7   数据描述性统计

变量符号	变量含义	观测值	均值	标准差	最小值	最大值
ID	个人身份识别号	660	330.5	190.6699	1	660
BLOCK	问卷板块	3	2	0.787	1	3
QES	选择集标识号	6	3.5	1.708	1	6
ALT	选项标识号	3	2	0.817	1	3
RES	选择该选项=1，其他=0	2	0.333	0.472	0	1
INCI	焚烧处置	11880	0.218	0.413	0	1
MIX	混合处置	11880	0.226	0.419	0	1
MEDIUM	中度污染	11880	0.222	0.416	0	1
HEAVY	重度污染	11880	0.226	0.419	0	1
MODERATE	中等规模终端分拣设施	11880	0.234	0.424	0	1
BIG	大规模终端分拣设施	11880	0.214	0.41	0	1
DISTANCE	距离（千米）	11880	2.234	2.311	0	6
COST	成本（元/人/年）	11880	20	17.378	0	45
MALE	男性=1，其他=0	11880	0.583	0.493	0	1
AGE	年龄（岁）	11880	36.393	13.005	17	70
EDU	教育水平（年）	11880	12.5	3.651	6	16
INCOME	收入水平（万元/年）	11880	17.427	18.626	1	100
MARRIED	已婚=1，其他=0	11880	0.702	0.457	0	1
KIDS	小孩数量（个）	11880	1.274	1.028	0	4
LIVETIME	居住时长（年）	11880	12.905	12.45	1	70
URBAN	城市居民=1，其他=0	11880	0.595	0.491	0	1
RURAL	农村居民=1，其他=0	11880	0.226	0.419	0	1
FTJOB	全职工作=1，其他=0	11880	0.905	0.548	0	3
FRHOUSE	完全产权住房=1，其他=0	11880	0.798	0.402	0	1

7.6　计量估计

7.6.1　先验信息的估计

在最优实验设计之前，首先采用混合匹配方法设计正交选择集，然后通过预调研来获取受访者偏好的先验信息。在预调研阶段，研究者带领访员在杭州西湖景区随机发放了 3 个版本的问卷共 38 份，每人 6 个选择集，每个选择集有 3 个选项，观测值为 $38 \times 6 \times 3 = 684$。对于受访者偏好先验信息的估计，采取方程式（7 - 14）中的条件 Logit 模型估计选项特定变量的待估参数信息，作为下一步用于最优实验设计的先验信息。

$$
\begin{aligned}
V_1 &= ASC + X_1'\beta \\
V_2 &= ASC + X_2'\beta \qquad\qquad (7-16) \\
V_3 &= 0
\end{aligned}
$$

在以上的回归设定中，V 表示决策者选择某项之后效用的系统性部分，X 表示描述选项属性水平的特定变量，不仅在决策者之间变动，在各个选项之间也变动。在预调研中，因为主要目的是为了获取决策者对于选项属性水平偏好的各项先验信息，仅仅纳入选项特定的选择变量，并未将个体特定变量纳入回归模型中。选项 3 作为基准参照项（弃选选项），其效用水平标准化为 0。在预调研阶段估计先验信息时，采用条件 Logit 模型来估计各属性的系数，如表 7.8 所示。

表 7.8　　　　　　　预调研中条件 Logit 模型估计的先验信息

解释变量	$M(1)$		$M(2)$		$M(3)$		$M(4)$	
	Coef		Coef		Coef		Coef	
INCI	-1.0668**	(0.4512)	-1.1219**	(0.4685)	-1.1316**	(0.4439)	-1.1965**	(0.4700)
MIX	-0.5744	(0.4239)	-0.6501	(0.4312)	-0.5224	(0.3980)	-0.5926	(0.4089)

续表

解释变量	M(1)		M(2)		M(3)		M(4)	
	Coef		Coef		Coef		Coef	
MEDIUM	−2.0816***	(0.4230)	−1.7921***	(0.4394)	−2.2599***	(0.4409)	−1.9817***	(0.4775)
HEAVY	−2.9268***	(0.4501)	−3.2619***	(0.5321)	−2.8215***	(0.4387)	−3.1132***	(0.5236)
MODERATE	0.3185	(0.5382)	−0.0115	(0.6091)	0.2290	(0.5468)	0.0143	(0.5992)
BIG	−0.7040	(0.4296)	−0.9825**	(0.4931)	−0.4167	(0.4651)	−0.7258	(0.5376)
DISTANCE	0.5107***	(0.1052)	0.4918***	(0.1062)	1.1560**	(0.4507)	0.9748**	(0.4671)
COST	−0.0008*	(0.0142)	−0.2060*	(0.1219)	−0.0078*	(0.0157)	−0.1784*	(0.1275)
SQRC			0.0034	(0.0020)			0.0029	(0.0021)
SQRD					−0.0920*	(0.0621)	−0.0674*	(0.0633)
ASC	0.1961	(0.2359)	0.1505	(0.2477)	0.2417	(0.2402)	0.2041	(0.2533)
N	684		684		684		684	
Pseudo R2	0.4404		0.4501		0.4480		0.4539	
LR Chi2	139.2133		142.2714		142.5882		143.4619	
AIC	194.8619		194.4870		194.6132		193.8037	
BIC	231.9643		235.7119		239.9606		235.0286	

注：N 为样本观测值，括号中的数字为稳健标准误；*、**、*** 分别表示在 10%、5% 和 1% 的水平上显著。

在模型 $M(1)$ 中，将选项特定变量纳入回归模型中，在模型 $M(2)$、$M(3)$ 中分别将成本的平方项、距离的平方项作为解释变量，以探究这些自变量对受访者效用的非线性效应，在 $M(4)$ 中，同时将两项高次项作为自变量。从以上回归结果可以看出，相对于传统的生活垃圾终端处置方式——填埋而言，公众对于焚烧持负面态度，混合处置的方式也会导致受访者的效用下降，但是并不显著。同时回归系数表明，随着环境污染水平的下降，公众效用在 1% 的水平上显著下降。对于生活垃圾终端处置方式假想选择场景中的终端分拣设施规模属性，相对于小规模的终端分拣设施，公众更偏好中等规模，但是当假设建设大规模终端分拣设施时，公众的效用下降，不过终端分拣设施属性对于公众效用的影响仅在 $M(2)$ 中显著，其余模型均不显著。回归结果还表明，受访者希望终端处置设施离自己所居住的地点越远越好，在以上条件 Logit 模型中均至少在 5% 的水平上显著。此外，成本属性在所有模型中均在 10% 的水平上显著为负，意味着当公众在面对离散选择集时，额外成本的增加会降低其效用水平。

部分文献将距离的高次项作为解释变量，以分析距离的非线性效应，佐佐木（Sasao，2004）发现，存在显著的距离衰减效应，即高次项的系数为负。在表 7.8 中，从纳入高次项之后的模型估计结果 $M(2)$、$M(3)$ 及 $M(4)$ 来看，仅仅只有距离的高次项在 10% 的水平上显著，而成本的高次项在 $M(3)$ 和 $M(4)$ 中均不显著。因此，根据解释变量估计结果，结合模型拟合的赤池信息准则（AIC）和贝叶斯信息准则（BIC），在以下的计量分析中，假定成本属性对于公众效用的影响为固定效应，即对成本属性估计单一的参数，且不纳入高次项，但是将距离的高次项作为解释变量，这样也可以检验距离对于效用影响的非线性效应。

7.6.2 最优实验设计结果估计

根据前文陈述的研究思路，预调研采用正交主效应实验设计离散选择集是为了获取用于最优实验设计的先验信息，由于本书在生活垃圾终端处置服务的选项中设计了 5 个属性，其中终端处置方式、环境污染程度、终端分拣设施规模是分类变量，每个变量有 3 个不同的属性水平，其中 1 个属性水平作为参照组，则总共有 6 个指示变量指代以上 3 个选项属性，此外，其余的距离属性和成本属性均作为连续变量，用 2 个变量表示即可，所以离散选择集的选项特定变量总共有 8 个。因此，根据模型 $M(4)$ 所获取的属性参数信息，将先验信息矩阵设定为：

$$matrix\ prior = \begin{bmatrix} -1.2, & -0.59, & -1.98, & -3.11, & 0.01, \\ -0.73, & 0.97, & -0.18 \end{bmatrix} \qquad (7-17)$$

同时，通过考虑先验参数信息的不确定性和参数的分布，估计参数的方差—协方差矩阵如表 7.9 所示。

表 7.9 先验参数信息的方差—协方差矩阵

解释变量	INCI	MIX	MEDIUM	HEAVY	MODERATE	BIG	DISTANCE	COST
INCI	0.2209							
MIX	0.1133	0.1672						
MEDIUM	0.0806	0.0212	0.2280					
HEAVY	0.0911	0.0790	0.0237	0.2741				
MODERATE	−0.0113	0.0175	−0.0238	0.1344	0.3590			
BIG	0.0790	0.0616	−0.0083	0.1792	0.1751	0.2890		
DISTANCE	−0.0624	0.0039	−0.1113	0.0309	0.0080	0.0886	0.2182	
COST	0.0075	0.0070	−0.0213	0.0333	0.0265	0.0299	0.0110	0.0163

结合表 7.9 中先验信息的方差—协方差矩阵，假设先验信息服从正态分布，将参数值先验信息的不确定性纳入最优实验设计中，采取桑多尔和韦德（Sandor and Wedel，2001）提出的贝叶斯设计方法，重新设计了用于正式调研问卷中的离散选择集。

7.6.3 条件 Logit 回归模型估计

通过贝叶斯最优实验设计生成新的离散选择集之后，用新生成的问卷进行了正式的调研，仍然将问卷分成三个版本，每个版本的受访者只需要回答 6 个离散选择问题。在正式调研问卷数据分析中，首先依然采用条件 Logit 模型估计所收集到的调研数据。

表 7.10 正式问卷中条件 Logit 模型估计

解释变量	M(5)				M(6)			
	Coef		Odds Ratio		Coef		Odds Ratio	
INCI	−0.3547 *	(0.1878)	0.7014 *	(0.1317)	−0.3650 *	(0.1868)	0.6942 *	(0.1297)
MIX	0.4364 ***	(0.1651)	1.5471 ***	(0.2554)	0.4317 **	(0.1679)	1.5398 **	(0.2585)
MEDIUM	−0.6336 ***	(0.1556)	0.5307 ***	(0.0826)	−0.6428 ***	(0.1603)	0.5258 ***	(0.0843)
HEAVY	−1.5433 ***	(0.2075)	0.2137 ***	(0.0443)	−1.5366 ***	(0.2072)	0.2151 ***	(0.0446)

解释变量	M(5)				M(6)			
	Coef		Odds Ratio		Coef		Odds Ratio	
MODERATE	0.3046	(0.2315)	1.3561	(0.3140)	0.2945	(0.2317)	1.3425	(0.3111)
BIG	−0.0587	(0.2020)	0.9430	(0.1905)	−0.0521	(0.2018)	0.9492	(0.1915)
DISTANCE	0.2307 ***	(0.0344)	1.2594 ***	(0.0433)	0.2989 **	(0.2009)	1.3484 **	(0.2710)
COST	−0.0001 *	(0.0060)	0.9999 *	(0.0060)	−0.0002 *	(0.0062)	0.9998 *	(0.0062)
SQRD					−0.0097 *	(0.0282)	0.9904 *	(0.0279)
ASC1	0.3437(0.3197)				0.2637(0.4140)			
ASC2	0.3726(0.3183)				0.2918(0.4022)			
N	11880				11880			
Wald Chi2	118.0710				130.9624			
AIC	946.4490				943.4563			
BIC	1006.8575				999.6609			

注：N 为样本观测值，括号中的数字为稳健标准误；* 、** 、*** 分别表示在 10%、5% 和 1% 的水平上显著。

表 7.10 的第二列与第四列分别是条件 Logit 模型 $M(5)$ 和 $M(6)$ 的回归系数，$M(6)$ 在 $M(5)$ 的基础上加入了距离的非线性效应，从回归系数来看，距离二次项系数在模型 $M(6)$ 中显著为负，同时结合 AIC、BIC 信息，$M(6)$ 更好地拟合了调研数据，接下来以 $M(6)$ 为基础来解释估计结果。由于 Logit 模型本身的非线性性质，其回归系数并不能直接被当作边际效应来解释，因此，表 7.10 中的第三列与第五列计算了概率比（odds ratio）。从回归系数来看，处置方式、环境污染程度及距离居住点距离、成本均至少在 10% 的水平上显著，相对于传统的填埋处置方式（参照组）而言，焚烧处置方式的建设会减少选择该种终端处置服务被选择的概率，焚烧处置被选择的概率仅仅是填埋处置的 70%，而混合处置被选择的概率是填埋处置的 1.54 倍。随着环境污染程度的上升，生活垃圾终端处置服务被选择的概率会逐步显著下降，中度污染的垃圾处置服务被选择的概率是轻度污染的 52.58%，而重度污染被选择的概率仅相当于轻度污染被选择概率的 21.51%。同时，随着距离的增加和成本的下降，也会增加生活垃圾终端处

置服务被选择的概率。由于纳入了二次项，不能直接从距离本身来解释，从回归系数的符号来看，距离对公众的效用呈凹函数的形态，即随着距离的增加，公众的效用也随之增加，但是增加的幅度逐步递减。

在模型回归中，将弃选选项作为基准参照组，表中的 ASC1 与 ASC2 分别表示生活垃圾终端处置选项 1 和选项 2 的选项特定常数项（alternative specific constant，ASC），选项特定常数项用于抓住选项特定的异质性，由于本书采取的无标签离散选择实验（unlabeled discrete choice experiments），ASC 并无太多实质含义，从回归结果来看，公众在两个选项之间进行选择并无太大差别。表 7.11 给出的是在以上模型 M（6）设定下，公众分别选择三种选项的概率。

表 7.11　　　　　　基于模型 M(6) 的三种选项预测概率

选项	M(6) Predicted Probability
ALT1	0. 3869 *** (0. 0241)
ALT2	0. 3968 *** (0. 0267)
Opt – Out	0. 2163 *** (0. 0348)
N	11880

注：N 为样本观测值，括号中的数字为稳健标准误；*、**、*** 分别表示在 10%、5% 和 1% 的水平上显著。

由表 7.11 可知，公众在选择除弃选选项之外的另外两个生活垃圾终端处置服务时，其预期选择概率相当，均为 39%，且均在 1% 的水平上显著，说明无标签的离散选择实验，选项名称并没有给受访者造成特定的影响，同时，也可以佐证：采取最优实验设计生成的离散选择集除了满足正交性、平衡性、最小重叠性等要求，还满足效用平衡（utility balance）原则的要求。

7.6.4　条件 Logit 模型的 IIA 假设检验

条件 Logit 模型的 IIA 假设在很多情况下并不满足，若不满足，则可能会导致模型参数估计偏误。如果 IIA 成立，也就是说，剔除掉假想选择场景中的某一个选项，并不会导致 Logit 模型估计产生不一致的估计量（Hausman and McFadden，1984）。因此，可以利用豪斯曼检验来检验 IIA 假设。

表 7.12 条件 Logit 模型 IIA 假设的豪斯曼检验

解释变量	Reducedset Coef		Fullset Coef	
INCI	− 0.9174 ***	（0.2992）	− 0.3650 *	（0.1868）
MIX	0.1628	（0.2199）	0.4317 **	（0.1679）
MEDIUM	− 0.8520 ***	（0.2490）	− 0.6428 ***	（0.1603）
HEAVY	− 1.4169 ***	（0.2328）	− 1.5366 ***	（0.2072）
MODERATE	0.7867 ***	（0.2953）	0.2945	（0.2317）
BIG	0.0978	（0.2675）	− 0.0521	（0.2018）
DISTANCE	0.5985 **	（0.2562）	0.2989	（0.2009）
COST	− 0.0037 *	（0.0102）	− 0.0002 *	（0.0062）
SQRD	− 0.0321 *	（0.0346）	− 0.0097 *	（0.0282）
ASC1	0.0628	（0.1481）	0.2637	（0.4140）
ASC2			0.2918	（0.4022）
N	7920		11880	
Hausman	22.31			
P − value	0.0079			

注：N 为样本观测值，括号中的数字为稳健标准误；* 、** 、*** 分别表示在 10% 、5% 和 1% 的水平上显著。

表 7.12 中 Reducedset 的回归结果是将弃选选项剔除之后的回归结果，而 Fullset 则是表 7.10 中 $M(6)$ 的估计结果。从豪斯曼检验结果来看，可以在 1% 的显著性水平上拒绝 Fullset 与 Reducedset 估计结果没有系统性差异的原假设，也就是说，离散选择实验中的受访者在面对假想选择场景中的三个选项时，当纳入或者剔除弃选选项时，公众选择剩余选项的相对概率会发生改变，IIA 假设不成立。因此，需要考虑替代模型来拟合离散选

择实验的数据。

7.6.5　随机系数 Logit 模型估计

当 IIA 假设不成立，需要考虑选项误差项之间的相关性，随机系数 Logit 模型是对于标准条件 Logit 模型的拓展，其建模方式更灵活，允许模型中一个或多个待估参数是随机变量，而不仅仅是估计固定的系数①。因此，接下来本章采用随机系数 Logit 模型来拟合离散选择实验的调研数据，估计生活垃圾终端处置服务各属性对公众的边际价值，从而估计公众对于各属性的边际支付意愿。

本章允许生活垃圾终端处置服务选项的其余属性对于公众的效用影响是存在异质性的，估计随机系数，同时假定作为连续变量的距离属性及成本属性对于公众效用影响是固定的，仅仅估计单一的固定参数。具体回归结果如表 7.13 所示。

表 7.13　　　　　　　　　　　随机系数 Logit 模型估计

解释变量	M(7)			M(8)		
	Coef	SD	WTP	Coef	SD	WTP
COST	-0.0039 * (0.0089)			-0.0039 * (0.0089)		
DISTANCE	0.3819 *** (0.0643)		97.2637 (-463.5828, 269.0554)	0.4021 * (0.2751)		(0.4021 -0.0582 DISTANCE)/ 0.0039
INCI	-0.8741 ** (0.3483)	1.7035 *** (0.4236)	-222.6277 (-639.9986, 1085.2540)	-0.8764 ** (0.3494)	1.6998 *** (0.4260)	-222.0365 (-633.326, 1077.399)
MIX	0.6182 ** (0.2823)	0.8912 ** (0.4009)	157.4434 (-757.2554, 442.3687)	0.6160 ** (0.2837)	0.8915 ** (0.4009)	156.0560 (-748.044, 435.932)

---

①　部分文献将随机系数 Logit 模型称为混合 Logit 模型（McFadden and Train，2000），但是在部分文献中，混合 Logit 模型指的是同时将选项特定变量及个体特定变量作为解释变量的模型（Long and Freese，2006），为了避免歧义，同时也更加直观，本书称为随机系数 Logit 模型。

续表

解释变量	M(7)			M(8)		
	Coef	SD	WTP	Coef	SD	WTP
MEDIUM	-1.0887*** (0.2783)	1.1566*** (0.3830)	-277.2796 (-755.9092, 1310.4685)	-1.0912*** (0.2803)	1.1541*** (0.3844)	-276.4523 (-747.617, 1300.522)
HEAVY	-2.3108*** (0.3632)	1.4780*** (0.4198)	-588.532 (-1610.7247, 2787.7888)	-2.3095*** (0.3636)	1.4777*** (0.4196)	-585.0819 (-1589.47, 2759.635)
MODERATE	0.5383 (0.4015)	2.0104*** (0.4553)	137.1008 (-712.7295, 438.5279)	0.5368 (0.4020)	2.0119*** (0.4558)	135.9850 (-704.637, 432.6672)
BIG	-0.1090 (0.3217)	1.6695*** (0.4292)	-27.7561 (-133.6735, 189.1857)	-0.1074 (0.3225)	1.6716*** (0.4301)	-27.1983 (-132.75, 187.1462)
SQRD				-0.0291* (0.0379)		
ASC1	0.3472 (0.3890)			0.3256 (0.4829)		
ASC2	0.3358 (0.3783)			0.3147 (0.4706)		
N	11880			11880		
Chi2	67.3862			67.4464		
AIC	892.0219			894.0162		
BIC	977.1609			984.4764		

注：N 为样本观测值，WTP 估计值下方括号中的数值为 95% 的置信区间，其余括号中的数值为稳健标准误；*、**、*** 分别表示在 10%、5% 和 1% 的水平上显著。

在表 7.13 随机系数 Logit 模型 $M(7)$、$M(8)$ 中，我们依然只将选项特定变量（alternative specific variables）作为解释变量，沿袭之前的分析思路，$M(8)$ 在 $M(7)$ 的基础上，将距离的平方项作为解释变量，用于拟合距离的非线性效应。回归结果显示，各项属性对于公众选择不同生活垃圾终端处置服务效用的影响基本与 $M(6)$ 一致，在其他属性水平不变的情况下，焚烧处置相对于填埋处置而言，其被选择的概率会下降，相反，混合处置会增加终端处置被选择的概率，这两个属性均在 5% 的水平上显著。污染程度的加剧依然会在1%的水平上显著降低公众选择终端处置服务的可能性。从回归系数符号来看，终端分拣设施规模从小规模变成中等规模，会增加被选择的概率，但是增加至大规模则会降低被选择的概率，但是这两个变量均不显著。与此同时，距离衰减效应在模型$M(8)$中依然显著。

与条件Logit模型相比，随机系数Logit模型的估计参数值有较大差异，在式（7-12）及式（7-13）中，选项属性特定变量的待估系数实际上可以看作生活垃圾终端处置服务选项各属性对于受访者选择该选项所获得的效用的相对权重，可以通过成本属性的估计系数转换为受访者的货币化价值，也就是受访者对于各属性的边际支付意愿。而本书分析的目的之一是要从消费者需求端分析对不同生活垃圾处置服务方式的支付意愿，估计参数值的变化会导致估计支付意愿发生较大变化。

因此，在IIA假设不成立的情况下，表7.13的第四列和第七列分别估计了基于随机系数Logit模型$M(7)$、$M(8)$的边际支付意愿，结合模型对于各属性水平的估计参数符号，证实了第2章需求侧离散选择实验所提出的假说5～假说9，但是假说7与实际的模型估计结果有一定差异，公众并没有如预期那样显示出对建设终端分拣设施的正面态度，仅仅当终端分拣设施由小规模变为中等规模时，估计系数为正，但是变为大规模时，其估计系数为负。且对于终端分拣设施两个属性水平的估计系数在模型$M(7)$及$M(8)$中均不显著，表明公众缺乏对于垃圾分类重要性的认知。

从具体数值上看，两个模型所估计的边际支付意愿相差不大，但是由于距离的非线性效应，所以模型$M(8)$中对于距离的支付意愿不是一个常数，而是取决于距离本身的函数，由于本书的主要研究目的在于估计公众对于生活垃圾终端处置方式的边际支付意愿，因而在表7.13中并未列示模型$M(8)$中距离的边际支付意愿，同时在下文对于所有纳入距离二次项的估计模型，也均未计算距离的边际支付意愿。

在问卷调查中，我们也收集了受访者的年龄、收入、性别、婚姻状况及教育等社会经济特征，因此，将这些社会经济特征变量纳入回归模型中，以估计这些特征在公众选择生活垃圾终端处置服务时的作用，估计结果如表7.14所示。

表 7.14　　纳入协变量的随机系数 Logit 模型估计

解释变量	M(9)				
	Alternative Specific		Individual Specific		WTP
	Coef	SD	Alt1	Alt2	
COST	-0.0065* (0.0096)				
SQRD	-0.0674* (0.0398)				
DISTANCE	0.450* (0.2875)				
INCI	-0.937** (0.3644)	1.759*** (0.4339)			-144.834 (-229.7575, 519.4255)
MIX	0.686** (0.2851)	0.684 (0.4980)			106.0638 (-373.6414, 161.5138)
MEDIUM	-1.324*** (0.2841)	0.828 (0.5568)			-204.7688 (-288.7954, 698.3331)
HEAVY	-2.500*** (0.3889)	1.531*** (0.4267)			-386.579 (-554.1677, 1327.3256)
MODERATE	0.652 (0.4366)	2.329*** (0.4836)			100.8295 (-392.0525, 190.3934)
BIG	-0.168 (0.3529)	1.905*** (0.4499)			-25.9513 (-77.1569, 129.0595)

续表

解释变量	Alternative Specific		M(9)	Individual Specific			WTP
	Coef	SD		Alt1		Alt2	
AGE				−0.00246	(0.0303)	0.0597* (0.0307)	
MALE				0.874**	(0.4370)	0.0171 (0.4482)	
MARRIED				1.684	(1.0912)	−1.101 (1.0850)	
EDU				0.0457	(0.0879)	−0.0265 (0.0928)	
KIDS				−0.552	(0.4031)	0.156 (0.4032)	
LIVETIME				0.0255	(0.0183)	0.0130 (0.0190)	
INCOME				0.00863	(0.0135)	0.0131 (0.0137)	
FTJOB				−0.376	(0.3903)	−0.291 (0.4181)	
FRHOUSE				0.166	(0.5340)	1.790*** (0.5816)	
ASC				−1.416	(1.7584)	−2.575 (1.8416)	
N			11880				
Chi2			79.54				
BIC			1072.5693				
AIC			886.3				

注：N 为样本观测值，WTP 估计值下方括号中的数值为 95% 的置信区间，其余括号中的数值为稳健标准误；*、**、*** 分别表示在 10%、5% 和 1% 的水平上显著。

　　以上随机系数 Logit 模型 $M(9)$ 是将个体特征变量作为解释受访者在三个选项之间做选择时的影响效应，以弃选选项作为基准组，其估计系数可以解释为：如果满足某些特定条件，受访者选择某项生活垃圾终端处置服务相对于什么都不选（弃选选项）的概率，也就是受访者在弃选选项与某项生活垃圾终端处置服务（选项 1 或选项 2）之间进行权衡取舍的偏好信息。表 7.14 显示，将社会经济特征作为解释变量，仅有性别及是否拥有完全产权住房两个变量显著，其表明，相对于弃选选项而言，男性以及拥有完全产权住房的居民更有可能选择某种生活垃圾终端处置服务，而不是拒绝做出选择，这也许可以解释为，拥有完全产权的居民更希望其周边的环境处于一种确定性状态，在涉及自身相关的公共物品或服务时，更愿意积极表达自己的偏好意愿。

　　但是其余大多数个体特征变量（individual specific variables）在模型中并不显著。本章研究的目的主要是探究公众对于差异化生活垃圾终端处置供给的偏好，通过终端处置服务方式的选项属性估计系数来体现，因此，如果想要研究受访者的个体特征变量会如何影响其对于垃圾终端处置方式的偏好，在接下来的随机系数 Logit 模型 $M(10)$ 中，将个体特征变量与焚烧处置、混合处置两个变量进行交乘，以估计社会经济特征在影响公众选择生活垃圾终端处置方式时的效应，如表 7.15 所示。

表 7.15　纳入协变量与选项特定变量交乘项的随机系数 Logit 模型估计

解释变量	$M(10)$				WTP
	Coef		SD		
COST	-0.0045 *	(0.0092)			
SQRD	-0.0083 *	(0.0387)			
DISTANCE	0.408 *	(0.2804)			
INCI	-2.089 *	(2.3576)	1.458 ***	(0.4243)	-464.2266 (-1320.69, 2249.141)
MIX	-2.338	(1.6855)	0.345	(0.7545)	-519.7376 (-1332.26, 2371.74)
MEDIUM	-1.183 ***	(0.2961)	1.315 ***	(0.3915)	-262.8822 (-612.241, 1138.005)
HEAVY	-2.362 ***	(0.3745)	1.506 ***	(0.4312)	-525.0039 (-1230.19, 2280.194)
MODERATE	0.644	(0.4221)	2.269 ***	(0.4748)	143.0380 (-677.183, 391.1075)

续表

解释变量	M(10)				WTP	
	Coef		SD			
BIG	− 0. 103	(0. 3352)	1. 811***	(0. 4445)	− 22. 9868	(− 114. 952，160. 9256)
INCI × MALE	0. 945	(0. 6153)				
MIX × MALE	0. 363	(0. 4557)				
INCI × AGE	0. 0479	(0. 0422)				
MIX × AGE	0. 0729**	(0. 0325)				
INCI × MARRIED	− 1. 435	(1. 4021)				
MIX × MARRIED	− 1. 070	(1. 1451)				
INCI × EDU	− 0. 0529	(0. 1171)				
MIX × EDU	0. 0291	(0. 0855)				
INCI × KIDS	0. 0682	(0. 5229)				
MIX × KIDS	− 0. 321	(0. 3980)				
INCI × LIVETIME	0. 0316	(0. 0225)				
MIX × LIVETIME	− 0. 00652	(0. 0206)				
INCI × INCOME	− 0. 00904	(0. 0176)				
MIX × INCOME	0. 0187	(0. 0143)				
INCI × FTJOB	− 0. 199	(0. 5746)				
MIX × FTJOB	− 0. 0911	(0. 3878)				
INCI × FRHOUSE	0. 453	(0. 7432)				
MIX × FRHOUSE	0. 961*	(0. 5644)				
ASC1	0. 339	(0. 4882)				
ASC2	0. 275	(0. 4748)				
N	11880					
Chi2	70. 43					
AIC	906. 6					
BIC	1092. 8278					

注：N 为样本观测值，WTP 估计值下方括号中的数值为 95% 的置信区间，其余括号中的数值为稳健标准误；*、**、*** 分别表示在 10%、5% 和 1% 的水平上显著。

在纳入交乘项的随机系数 Logit 模型 M(10) 中，相比之前的模型估计，环境污染各属性水平的估计系数依然在 1% 的水平上显著，其余属性水平变量的参数符号及显著性水平大致与前文一致，但是，交乘项绝大多数并不显著，仅有混合处置与年龄的交乘项在 5% 的水平上显著为正，混合处置与拥有完全产权住房的交乘项在 10% 的水平上显著为正。此外，终端处置方式—"混合处置"的估计系数变为负，意味着相对于传统的填埋处置而言，混合处置给受访者带来的效用为负，但是这种效应并不显著异于零。结合交乘项，年龄越大的受访者、拥有完全产权住房的受访者，其对于混合处置的偏好要更强。对于所有交乘项的联合显著性检验表明，无法在 10% 的水平上拒绝所有交乘项均为零的假设（$Chi2 = 17.48$，$df = 18$，$p = 0.4903$），同时，本书研究的主要目的是估计受访者对于生活垃圾终端处置服务的偏好以及对于终端处置方式的边际支付意愿，在众多研究支付意愿的离散选择实验中，也并未将个体特征作为解释变量来进行计量估计（Kanya et al.，2019），因而，在接下来的计量模型分析中，不将个体特征变量纳入回归模型中。

7.6.6 敏感性调整

在问卷设计中，每个受访者回答完 6 个离散选择问题之后，会需要回答"你对于以上问题的回答有多确定"（李克特七级量表），在所有受访者中，有 20.24% 的受访者选择"非常确定"，同时有 5.45% 的受访者回答"非常不确定"，在这些回答"非常不确定"的受访者中，有 62.15% 的比例选择了弃选选项，而在回答"非常确定"的受访者中，仅有 32.35% 的人选择了弃选选项。这些统计量表明，"非常不确定"的受访者会倾向于选择弃选选项，即不选择离散选择实验中的任何一个生活垃圾终端处置设施选项，虽然这样的选择导致离散选择实验收集的数据会损失一些信息，但是也避免了样本出现策略性投赞成票（yea saying）的情形。

在离散选择实验研究中，受访者自我报告的确定性程度可能会影响潜在的假设偏误（hypothetical bias），研究表明，当受访者汇报的不确定性程度越高，则出现假设偏误的可能性越大，而受访者在离散选择问题中的选择确定性程度越高，则出现假设偏误的可能性越小（Blumenschein et al.，2007；Champ et al.，1997）。在表 7.16 中，模型 $M(11)$ 将原始调研数据中回答"非常不确定"的受访者的选择全部变为弃选选项，而模型 $M(12)$ 则是将原始数据中回答"非常不确定"的受访者剔除出样本再进行计量估计，下文称模型 $M(11)$、$M(12)$ 为"敏感性调整"之后的模型，因为在这两个模型中采取了不同的方法控制那些回答"非常不确定"的样本。

表 7.16　经过敏感性调整的随机系数 Logit 模型估计

解释变量	M(11)			M(12)		
	Coef	SD	WTP	Coef	SD	WTP
COST	-0.0041 * (0.0090)			-0.0036 * (0.0091)		
SQRD	-0.0292 * (0.0384)			-0.0267 * (0.0386)		
DISTANCE	0.4069 * (0.2791)			0.3935 * (0.2799)		
INCI	-0.8988 ** (0.3552)	1.7299 *** (0.4351)	-218.5061 (-597.838, 1034.85)	-0.8936 ** (0.3571)	1.7695 *** (0.4386)	-249.3981 (-826.223, 1325.02)
MIX	0.6155 ** (0.2905)	0.9564 ** (0.4005)	149.6290 (-700.656, 401.3978)	0.6307 ** (0.2944)	0.9690 ** (0.3986)	176.0150 (-924.587, 572.5564)
MEDIUM	-1.1022 *** (0.2869)	1.1901 *** (0.3915)	-267.9493 (-694.009, 1229.908)	-1.0979 *** (0.2899)	1.2235 *** (0.3786)	-306.4205 (-969.946, 1582.787)
HEAVY	-2.3211 *** (0.3693)	1.4885 *** (0.4286)	-564.2542 (-1467.01, 2595.513)	-2.3255 *** (0.3755)	1.4715 *** (0.4416)	-649.0024 (-2064.29, 3362.29)

续表

解释变量	M(11)			M(12)		
	Coef	SD	WTP	Coef	SD	WTP
MODERATE	0.4730 (0.4179)	2.2202*** (0.4800)	114.9940 (-594.906, 364.9177)	0.5336 (0.4138)	2.0897*** (0.4549)	148.9240 (-837.376, 539.5277)
BIG	-0.1167 (0.3267)	1.7058*** (0.4382)	-28.3668 (-129.355, 186.0884)	-0.1056 (0.3283)	1.6900*** (0.4467)	-29.4712 (-156.243, 215.1858)
ASC1	0.3266 (0.4875)			0.3882 (0.4930)		
ASC2	0.3093 (0.4739)			0.3776 (0.4786)		
N	11880			11232		
Chi2	65.5449			62.8807		
AIC	895.2332			881.9684		
BIC	985.6934			972.2250		

注：N 为样本观测值，WTP 估计值下方括号中的数值为 95% 的置信区间，其余括号中的数值为稳健标准误差；*、**、*** 分别表示在 10%、5% 和 1% 的水平上显著。

　　以上敏感性调整的模型也均未将联合检验不显著的个体特征协变量纳入计量模型中，从估计结果看，生活垃圾终端处置服务各属性水平的变量估计符号与前文的随机系数 Logit 模型基本保持一致。距离的二次项为负，一次项为正，表明存在距离的衰减效应，且均在 10% 的水平上显著；环境污染程度的两个标识变量：重度污染、中度污染也依然在 1% 的水平上显著为负，表明公众对于环境污染的规避偏好非常稳健；终端处置服务方式的两个标识变量：焚烧处置、混合处置也均在 5% 的水平上显著，结合其系数符号，在经过敏感性调整之后，焚烧处置相对于填埋处置而言，更不被公众所偏好，而相比填埋处置，公众更偏好混合处置，因此，在生活垃圾终端处置方式的选择上，公众的偏好次序依次为：混合处置＞填埋处置＞焚烧处置。

　　除假说 7 以外，经过敏感性调整之后的估计结果也验证了离散选择实验的假说 5 ~ 假说 9。生活垃圾终端分拣设施规模属性的两个状态变量：中等规模、大规模的估计系数与前文计量模型保持一致，当终端分拣设施由小规模变成中等规模时，公众选择该生活垃圾终端处置服务的效用会增加；当增加到大规模时，则会导致公众选择该选项时的效用下降，然而，这两个变量依然不显著，表明公众对于终端分拣设施规模偏好态度的不确定性。

　　回归结果不符合假说 7 的预期有重要启示意义，在问卷调研时，受访者在回答问题之前，访员会详细向其解释说明各选项属性及其水平的意义，例如，对于终端分拣设施规模属性的设置，访员会仔细陈述当前中国生活垃圾源头分类的政策实施现状，以及给终端处置带来的压力，倒逼终端设施必须建设相应的二次分拣设施，因此，建设终端分拣设施会增加分类成功率，从而提高垃圾资源利用率和减少因为垃圾处置不当带来的环境损害。但是，从以上敏感性调整之后的结果来看，公众对于分拣设施的态度依然模糊，这也从侧面说明了当前公众对于垃圾分类意识的淡薄，虽然垃圾源头分类政策是当前中国抑制垃圾增加的主要方法，而且正在各大城市逐步推广，但是垃圾源头分类成功的前提是需要公众对于垃圾分类带来的环境福利有清晰的认识，愿意积极参与垃圾分类，在可预期的将来，垃垃分类政策想要抑制垃圾增长、提升垃圾利用率，从而减少对于垃圾终端处置和环境污染的压力，尚任重道远。

7.7 社会福利估计的结果讨论

7.7.1 支付意愿

根据前文模型估计结果，表 7.17 列出了线性随机系数 Logit 模型 $M(7)$、非线性随机系数 Logit 模型 $M(8)$ 及经过敏感性调整之后的非线性随机系数 Logit 模型 $M(11)$ 和 $M(12)$ 估计的公众对于生活垃圾终端处置服务各属性水平的边际支付意愿。

表 7.17 的支付意愿估计结果可以有很多解释，没有纳入距离高次项的模型 $M(7)$，考虑距离衰减效应的模型 $M(8)$，以及在考虑距离衰减效应的基础上进行敏感性调整的模型 $M(11)$、$M(12)$ 中，各项属性的支付意愿估计值相差不大，其相对大小顺序也基本保持一致，经过敏感性调整之后的模型 $M(12)$ 估计的各属性水平的边际支付意愿最高。接下来仅以将经过敏感性调整之后的模型 $M(12)$ 进行解释。

首先，公众对于终端处置方式的偏好。以填埋处置作为基准水平，其支付意愿标准化为零，生活垃圾导出区的公众对于在生活垃圾导入区建设垃圾焚烧厂的平均支付意愿为 –249.4 元/年/人，负值的支付意愿可以理解为建设垃圾焚烧厂给生活垃圾导出区的居民造成的外部成本或福利损失，因此，可以看出，即便不在公众所居住的附近建设垃圾焚烧厂，也会给这部分公众造成净福利损失。同时，生活垃圾导出区的公众对于在垃圾导入区进行混合垃圾处置（既有焚烧又有填埋）的平均支付意愿是 176.02 元/年/人。可以看出，公众对于生活垃圾终端处置方式最偏好的是混合处置，其支付意愿为正，其次是填埋处置，最后是焚烧处置，估计结果符合在调研设计时的假说 5，同时，这个结果也与针对美国的一项调查

表 7.17　生活垃圾终端处置服务各属性水平的支付意愿

解释变量	WTP			
	M(7)	M(8)	M(11)	M(12)
DISTANCE	97.2637 (-463.5828, 269.0554)	$0.4021-0.0582DISTANCE$ 0.0039	$0.4069-0.0584DISTANCE$ 0.0041	$0.3935-0.0534DISTANCE$ 0.0036
INCI	-222.6277 (-639.9986, 1085.2540)	-222.0365 (-633.326, 1077.399)	-218.5061 (-597.838, 1034.85)	-249.3981 (-826.223, 1325.02)
MIX	157.4434 (-757.2554, 442.3687)	156.0560 (-748.044, 435.932)	149.6290 (-700.656, 401.3978)	176.0150 (-924.587, 572.5564)
MEDIUM	-277.2796 (-755.9092, 1310.4685)	-276.4523 (-747.617, 1300.522)	-267.9493 (-694.009, 1229.908)	-306.4205 (-969.946, 1582.787)
HEAVY	-588.532 (-1610.7247, 2787.7888)	-585.0819 (-1589.47, 2759.635)	-564.2542 (-1467.01, 2595.513)	-649.0024 (-2064.29, 3362.29)
MODERATE	137.1008 (-712.7295, 438.5279)	135.9850 (-704.637, 432.6672)	114.9940 (-594.906, 364.9177)	148.9240 (-837.376, 539.5277)
BIG	-27.7561 (-133.6735, 189.1857)	-27.1983 (-132.75, 187.1462)	-28.3668 (-129.355, 186.0884)	-29.4712 (-156.243, 215.1858)

注：括号中的数值为各模型 WTP 估计值 95% 的置信区间。

研究类似，垃圾焚烧厂是他们最不想要在社区里建设的垃圾处置技术，居民的风险感知态度与核电站类似（Rogers，1998）。之所以会产生这样的结果，也许是因为在所有可感知的环境污染中，公众更多地接收到了空气污染及 PM2.5 相关的信息，空气污染是媒体传播的热点话题，在一定程度上，导致公众无法接受单纯依赖焚烧来处置垃圾，因为垃圾焚烧的主要污染物是大气污染物。在调研时，调查员向受访者详细介绍了当前中国垃圾终端处置能力不足的现实背景以及焚烧处置在实现垃圾终端减量上的作用，受访者在一定程度上可以接受在传统处置方式上的适当改变，但是完全依靠焚烧处置，则会对其造成净的福利损失。

其次，公众对于垃圾终端处置设施造成的潜在环境污染的偏好。模型估计中将垃圾终端处置设施造成的轻度污染作为基准属性水平，其支付意愿标准化为零。生活垃圾导出区的公众对于在垃圾导入区供给垃圾终端处置服务所造成的中度污染，其平均支付意愿为 −306.42 元/年/人，而重度污染给受访者造成的平均净外部成本为 −649 元/年/人。从数值上看，在其他条件不变的情况下，重度污染造成的福利损失是轻度污染的 2.12 倍，是建设垃圾焚烧厂的 2.6 倍。而且无论是中度污染还是重度污染，环境污染给公众造成的净福利损失最大，这个结果表明，公众对于垃圾处置服务所造成的重度环境污染非常反感，也异常敏感，这个结果也符合调研设计中假说 6 的预期，表明公众其实最关心的是相关的垃圾处置服务是否会造成环境污染？会造成多大程度的环境污染？是否可控？而不仅仅是垃圾处置方式。因此，在当前中国主要依靠市政集中处置生活垃圾的模式下，如果想要建设新的垃圾处置设施、提供新的垃圾处置服务，环境污染是需要考虑的首要问题，而且要做到公开透明，最好能够引入第三方环境评估机构，以及引入相关的公益环保组织，让公众充分了解垃圾处置服务设施的处置过程、处置工艺及污染控制状况，而不能为了避免刺激公众，在环评书和公示文件上以类似"能源生态园""热电力厂"等模棱两可的处置设施名称来模糊垃圾处置设施的概念，在当今自媒体的传播时代，一旦被公众误解，反而会起到负面效果。

再次，公众对于垃圾终端分拣设施规模的偏好。以小规模终端分拣设施作为基准属性水平，支付意愿标准化为零。生活垃圾导出区的公众对于在垃圾导入区供给垃圾终端处置服务时，建设中等规模垃圾终端分拣设施的平均支付意愿为 148.92 元/年/人，而当终端分拣设施规模变成大规模时，公众的平均支付意愿变为了 −29.47 元/年/人。这个结果表明，当终端分拣设施规模由小规模变成中等规模时，其净福利为正；而由小规模变成大规模时，会给公众造成净福利损失。从这个结果也可以看出，当前公众并没有意识到将生活垃圾进行分类处置的重要性，虽然调查员在受访者填写问卷之前，也会对这个属性进行解释，公众也清楚当前中国生活垃圾源头分类并不尽如人意，如果能够在终端建设二次分拣设施，会增加垃圾回收率、提升垃圾处置效率，也会相应减少因为混合处置造成的环境污染。但是，从受访者的选择行为计量估计结果来看，相对于其他属性而言，公众并没有认识到垃圾分类的重要性，而当前中国正在大规模推广生活垃圾强制分类[①]，从实证估计结果来看，垃圾收费制的失效已被证实，垃圾分类是当前中国进行生活垃圾管理的主要手段，从估计结果来看，垃圾分类想要深入人心，尚需时日。

最后，公众对于垃圾处置设施离居住点距离的偏好。距离作为连续变量来处理，因此，距离的估计参数只有一个，通过成本变量的估计参数转换为货币化的支付意愿之后，在距离的线性效应模型 $M(7)$ 中，公众对于距离增加一千米的支付意愿是 109.81 元/年/人，但是距离的非线性效应在其他估计模型中存在显著的衰减特性。表 7.17 中列出了作为距离函数的非线性平均支付意愿，以敏感性调整之后的模型 $M(12)$ 为例，其支付意愿是距离的函数，例如，当距离为 1 千米时，公众对于垃圾处置设施距离居住点的距离增加 1 千米的支付意愿为 94.47 元/年/人；而当距离为 6 千米时，公众对于垃圾处置设施距离居住点的距离增加 1 千米的支付意愿衰减为 20.31 元/年/人；最终，在距离增加为 7.37 千米时，公众的支付意愿衰减为零。以上估计结果表明，公众对于垃圾处置设施距离的偏好并不是线性，更不是边际递增的支付意愿，而是存在显著的衰减效应。当今许多垃圾处置设施建设在远郊或者深山，这样不但会增加运营成本，而且会对这些原生态的环境造成严重的生态破坏。

---

　　① 2017 年 3 月，国家发改委、住建部发布的《生活垃圾分类制度实施方案》要求，直辖市、省会城市、计划单列市以及第一批生活垃圾分类示范城市的城区范围内先行实施生活垃圾强制分类。

环境污染是公众的偏好权重中比重最高的，所以市政环卫部门在规划生活垃圾终端处置服务的供给时，首先，要从处置设施的规划、招标、建设、运营及后期监管等流程做到尽量降低对环境的影响，在符合国家环境控制标准的基础上，做到全流程环境数据监控，并及时向公众公开相关数据和资料，可以借鉴在空气监测领域的 PM 值实时预报。让公众及时了解到权威科学的环境质量状况，消除对于环境污染的隐忧。其次，在尽量做到信息对称的情况下，保留传统的填埋处置方式，逐步增加垃圾焚烧处置厂，以缓解垃圾终端处置压力，如果信息对称，公众了解当前垃圾终端处置的困境和超负荷压力，公众对于混合处置的接受程度最高，而迅速过渡到完全依靠焚烧处置，不仅会引起公众的不满，也会造成其他的环境污染后果。再次，从公众对于终端分拣设施规模的偏好可以看出，当前垃圾分类并没有深入人心，公众尚未意识到其重要性。虽然中国在 2000 年就选定了第一批垃圾分类示范城市，但是更多的是体现在宣传层面，且收效甚微。因此，在当前大规模推进垃圾分类试点的同时，需要继续深化对于垃圾分类重要性的教育和宣传。垃圾分类在日本和中国台湾地区的成功，得益于将垃圾分类纳入全序列国民教育体系，花费了几代人的时间，垃圾源头分类如果得不到公众自愿、自发的配合，很难取得较好的效果。最后，对于生活垃圾终端处置服务设施的选址，并不需要单纯追求在距离上远离公众聚集点，在污染可控、信息透明的情况下，可以适度考虑经济性，寻找最优的垃圾处置设施建设地点。

7.7.2 空间异质

在进行问卷调研设计时，考虑到当前中国的城乡二元结构这个主要的空间分布特征，为了探索社会公众对于生活垃圾处置设施的城乡空间异质性，在多阶段随机抽样设计中，杭州市桐庐县的三个自然村被选中作为调研区域。在经过敏感性调整模型 $M(12)$ 的基础上，表 7.18 进一步将调查样本分为农村和城市两个样本分别进行回归，在全部 660 份问卷中，剔除掉 36 份回答"非常不确定"的问卷之后，剩余农村居民调研问卷 197 份，城市居民调研问卷 427 份，城乡空间异质性回归结果如表 7.18 所示。

表 7.18　空间异质性的随机系数 Logit 模型估计

解释变量	M(13) – rural			M(14) – urban		
	Coef	SD	WTP	Coef	SD	WTP
COST	-0.0195 * (0.0115)			-0.0018 ** (0.0099)		
SQRD	-0.0550 * (0.0513)			-0.0112 * (0.0410)		
DISTANCE	0.7646 ** (0.3747)		0.7646 - 0.11DISTANCE 0.0195	0.5623 * (0.3026)		0.5623 - 0.0224DISTANCE 0.0018
INCI	-1.1730 ** (0.5464)	2.7235 *** (0.6916)	-60.1358 (-15.6741, 135.9456)	-0.5273 ** (2.5796)	1.2973 ** (0.5054)	-295.5270 (-844.047, 252.9942)
MIX	-0.6973 * (0.4370)	2.2880 *** (0.6073)	-35.7471 (-83.4554, 11.9612)	1.2173 ** (1.8052)	0.0739 ** (0.9733)	682.1920 (-1668.73, 304.3481)
MEDIUM	-1.5340 *** (0.4729)	2.0467 *** (0.5380)	-78.6400 (0.4048, 156.875)	-1.2550 *** (0.3002)	1.0606 ** (0.4690)	-703.3330 (-1692.53, 285.8588)
HEAVY	-3.1504 *** (0.6799)	2.6528 *** (0.7879)	-161.5055 (5.2883, 317.7226)	-2.4071 *** (0.3998)	1.2409 ** (0.5301)	-1348.9800 (-3237.95, 539.9852)

续表

解释变量	M(13) – rural			M(14) – urban		
	Coef	SD	WTP	Coef	SD	WTP
MODERATE	0.2397 (0.5440)	3.4280*** (0.8395)	12.2867 (–32.7045, 57.2778)	0.7658** (0.3751)	1.0906* (0.5790)	429.1617 (–157.732, 1016.056)
BIG	–0.2060 (0.4581)	2.6153*** (0.7403)	–10.5607 (–27.9293, 49.0507)	–0.0796 (0.3654)	1.7747*** (0.4831)	–44.6096 (–132.214, 42.99499)
ASC1	–1.5129*** (0.5647)			0.7141 (0.5051)		
ASC2	–1.4112*** (0.5340)			0.6617 (0.5026)		
N	7686			3546		
Chi2	37.1626			47.8579		
AIC	875.9524			901.6935		
BIC	966.2090			991.9501		

注：N 为样本观测值，WTP 估计值下方括号中的数值为 95% 的置信区间，其余括号中的数值为稳健标准误；*、**、*** 分别表示在 10%、5% 和 1% 的水平上显著。

当把样本按照农村和城市区域进行分别回归，然后再通过成本属性将各属性水平转换为货币化的支付意愿，如表 7.18 所示，农村和城市居民对于生活垃圾终端处置服务供给的各属性水平偏好存在较大差异。从数值上看，农村居民相比城市居民的各项平均支付意愿绝对值要相对更小，且在估计系数的符号上也有所差异。

在垃圾终端处置方式偏好上，相较于传统的填埋处置，农村居民对于混合处置的平均支付意愿为负，但是显著性水平有所下降，仅在 10% 的水平上显著；而城市居民对于混合处置的支付意愿依然在 5% 的水平上显著为正。这也许可以解释为，在调查员向受访者解释离散选址场景的属性水平时，曾强调过当前中国正面临的垃圾终端处置能力不足的困境，城市居民相对于农村居民而言，可能更易于接受新事物，接受改变。而在垃圾导入区建设垃圾焚烧厂，农村居民与城市居民的平均支付意愿均为负，分别为 -60.14 元/年/人和 -295.53 元/年/人，城市居民的净福利损失是农村居民的近 5 倍，且与全样本的估计模型 $M(12)$ 相比，建设垃圾焚烧厂给城市居民带来的外部成本也更高。

在垃圾终端处置设施潜在的环境污染程度偏好上，与全样本估计模型一致，相比于轻度污染，农村居民和城市居民对于中度污染和重度污染的支付意愿均为负，依然在 1% 的水平上显著。城市居民对于中度污染的平均支付意愿为农村居民平均支付意愿的 19.49 倍，而城市居民对于重度污染的平均支付意愿为农村居民平均支付意愿的 9 倍。结合具体数值，可以看出，虽然城市及农村居民的净福利损失会随着污染程度的加剧而增加，但是城市居民与农村居民的净福利损失呈趋同趋势，即环境污染程度对于不同区域公众的影响可能会存在收敛效应。

在垃圾终端分拣设施规模的偏好上，不同于前文的估计模型，相比于小规模垃圾终端分拣设施，城市居民对于中等规模的终端分拣设施变得在 5% 的水平上显著，且城市居民对于中等规模终端分拣设施的支付意愿较高，为 429.16 元/年/人，但是从小规模增加至大规模时，虽然城市居民对于大规模终端分拣设施属性水平的估计系数为负，但是并不显著。同时，相较于小规模终端分拣设施，农村居民对于中等规模和大规模终端分拣设施的偏好均不明确，其估计系数不显著，而且其支付意愿的绝对值也都较小。

在垃圾处置设施距离居民点的偏好上，农村居民和城市居民也存在较大差异，由于在表 7.18 两个模型的估计中，均考虑了距离的非线性效应，因此，两个区域的居民对于距离属性的支付意愿是距离的函数，随着距离属性的变化而变化。例如，当垃圾终端处置设施距离居民点距离为 1 千米时，农村居民对于增加 1 千米的支付意愿为 33.57 元/年/人，城市居民对于垃圾终端处置设施远离自己居住点的支付意愿为 299.94 元/年/人。虽然城市和农村居民对于距离的支付意愿均存在距离衰减效应，但是空间异质性很明显，农村居民的距离衰减极值为 6.95 千米，而城市居民的距离衰减极值为 25.1 千米，城市居民的距离衰减极值是农村居民的近 4 倍，也就是说，相较于农村居民而言，城市居民对于距离属性的支付意愿更高，且衰减得更慢。在 25.1 千米之前，如果垃圾终端处置设施距离居住点的距离增加 1 千米，城市居民的支付意愿都为正数。

因此，综合考虑以上城乡空间异质性，市政环卫部门在规划垃圾终端处置服务的供给时，首先，在垃圾处置设施的选址上，如果想要垃圾处置设施顺利建设，并且能够得到公众的理解和支持，要充分考虑不同区域人群的空间异质性，例如，对于距离属性的边际支付意愿并不一样，从社会福利分析的角度来看，相比农村区域，在城市规划垃圾处置设施时，距离居住点更远，带来的净福利剩余会更大。此外，考虑城乡差异，城市居民相比农村居民而言，环境污染对其带来的主观影响会更大，因此，在同等条件下，多渠道增加与城市居民的沟通，让其了解垃圾终端处置服务设施的实际环境影响，做到信息对称，会大幅度提高社会福利水平。与此同时，城市居民在垃圾分类的意识上，相对于农村居民而言更强，其在垃圾终端分拣设施的建设上持显著的积极态度，因此，垃圾分类在城市首先进行推广，其效果会比农村更好，考虑到中国农村的实际情况、农村垃圾分类制度的建设，可能需要采取不同于城市的差异化模式。

7.7.3　政策效应

在问卷的离散选择实验设计中，总共有 5 个选项属性：生活垃圾终端处置服务方式、环境污染程度、终端分拣设施规模、距离受访者当前居住点距离以及成本，其中最后 2 个属性作为连续变量处理，同时将前 3 个属性的填埋处置、轻度污染及小规模终端分拣设施作为基准参照组，因此，在数据处理中，计量模型估计的是焚烧处置、混合处置相对于填埋处置的效用，中度污染、重度污染相对于轻度污染的效用，中等规模分拣设施、大规模分拣设施相对于小规模的效用。在政策效应估计时，通过将 3 个选项中标记特征的属性做相应的变化，来估计该属性变化对该选项被选择的预测概率。因此，在政策效应估计部分，由于本书采取的是无标签的离散选择实验，将选项 1 中标记的焚烧处置、中等污染、中等规模分拣设施以及距离属性做相应的变化，来估计该变化对预测选择概率的影响，余下所有的预测概率均基于敏感性调整之后的模型 $M(12)$ 估计。

7.7.3.1　终端处置服务方式的影响效应

在受访者所面对的 3 个选项中，由于填埋处置、轻度污染及小规模终端分拣设施是基准组，因此，以焚烧处置（inci = 1）来标记该选项采用焚烧处置，以混合处置（mix = 1）来表示该选项采用混合处置。为了估计改变生活垃圾终端处置方式对受访者选择不同终端处置服务的影响，首先，将选项 1 中焚烧处置的标识变量（inci = 1）变为 0，即变为填埋处置，则受访者选择选项 1 的预测概率会发生如表 7.19 所示的变化。

表 7.19　焚烧处置变为填埋处置的预测概率变化估计

选项	预测概率	概率变化
ALT1 1	0.3921 *** (0.0200)	0.0318 ** (0.0129)
ALT1 2	0.4238 *** (0.0239)	
ALT2 1	0.4001 *** (0.0203)	− 0.0108 * (0.0065)
ALT2 2	0.3893 *** (0.0218)	

续表

选项	预测概率	概率变化
Opt – Out 1	0. 2078 *** （0. 0211）	– 0. 021 *** （0. 0069）
Opt – Out 2	0. 1868 *** （0. 0204）	

注：N 为样本观测值，括号中的数字为稳健标准误；*、**、*** 分别表示在 10%、5% 和 1% 的水平上显著。

　　由表 7. 19 可知，当生活垃圾终端处置服务的处置方式从焚烧处置变为传统的填埋处置时，公众选择该选项的预测概率会增加，同时如果其他选项属性水平保持不变，则选择另一种终端处置服务的概率以及选择"弃选选项"的概率均会下降，这与前文模型估计的参数符号一致，表明相对于焚烧处置而言，公众更偏好传统的填埋处置，图 7. 1 绘出了当处置方式发生变化时的预测概率变化。

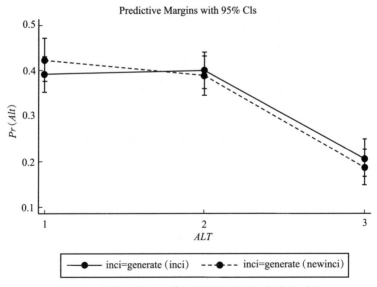

图 7.1　焚烧处置变为填埋处置的预测概率变化对比

　　在图 7. 1 中，横轴分别代表选项 1、选项 2 以及选项 3（弃选选项），纵轴表示预测概率值，实线代表初始的 3 个选项的预测概率，而虚线表示选项 1 中的处置方式由填埋变为焚烧之后的预测概率以及相应的 95% 的置信区间，可以看出，处置方式的变化会导致选项 1 被选择的概率增加，同时另外两种选项的选择概率下降，且这种变化的差异均至少在 10% 的水平上显著。

沿袭前文分析思路，如果想要估计公众对混合处置相对于基准状态——填埋处置的偏好，将选项 1 中的生活垃圾终端处置方式由混合处置（mix = 1）变成填埋处置（mix = 0），则该选项被选择的预测概率如表 7.20 所示。

表 7.20　　　　混合处置变为填埋处置的预测概率变化估计

选项	预测概率	概率变化
ALT1 1	0.3921 *** (0.0200)	-0.0252 ** (0.0121)
ALT1 2	0.3669 *** (0.0226)	
ALT2 1	0.4001 *** (0.0203)	0.0134 ** (0.0062)
ALT2 2	0.4135 *** (0.0218)	
Opt – Out 1	0.2078 *** (0.0211)	0.0118 * (0.006)
Opt – Out 2	0.2196 *** (0.0221)	

注：N 为样本观测值，括号中的数字为稳健标准误；*、**、*** 分别表示在 10%、5% 和 1% 的水平上显著。

估计结果显示，在处置方式由混合处置变为填埋处置之后，选项 1 被选择的预测概率下降了 2.52%，另一种生活垃圾终端处置服务——选项 2 被选的概率增加了 1.34%，且均在 5% 的水平上显著，说明相对于填埋处置而言，公众更偏好混合处置，在问卷调研前期的焦点小组和预调研阶段，访员也与受访者进行过深度访谈，受访者普遍了解到当前生活垃圾终端处置能力不足的困境，也清楚将来建设更多垃圾焚烧厂是难以避免的，因此，相比于填埋处置，公众会更倾向于接受既有填埋处置，又有焚烧处置的混合处置方式，这也从侧面提供了一个非常有用的信息，即如果公众能够得到足够的信息，了解当前终端垃圾处置的现状和困境，相对于仅仅传统的填埋处置方式，公众会在一定程度上接受可能会带来环境污染的新终端处置方式。图7.2给出了选项1中由混合处置变为填埋处置的预测概率。

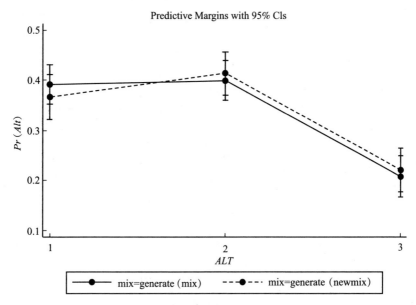

图 7.2 混合处置变为填埋处置的预测概率变化对比

7.7.3.2 环境污染的影响效应

在估计公众对于生活垃圾终端处置服务的偏好时，环境污染是影响公众偏好程度的最重要属性，在问卷调研中，我们也了解到公众对于垃圾终端处置服务最大的担忧是环境污染，例如，有受访者表示："最关键还是污染问题，烧垃圾排出来的烟肯定对身体有害""不管怎么处理垃圾，或多或少都会有污染"。因此，为了评估当垃圾终端处置服务的环境污染属性发生变化时，公众的预测概率的变化情况。

基于模型 $M(12)$ 的估计结果，将离散选择实验选择集中选项 1 的中度污染（medium $=1$）变为轻度污染（medium $=0$），从而估计当环境污染属性变化导致的公众抉择的变化，表 7.21 列示了估计的选项 1 中的中等污染变为轻度污染的相应预测概率以及概率变化情况。

表 7.21　　　　　　中度污染变为轻度污染的预测概率变化估计

选项	预测概率	概率变化
ALT1 1	0. 3921 *** （0. 0200）	0. 0511 *** （0. 0119）
ALT1 2	0. 4431 *** （0. 0236）	
ALT2 1	0. 4001 *** （0. 0203）	-0.0251 *** （0. 0067）
ALT2 2	0. 3750 *** （0. 0218）	
Opt – Out 1	0. 2078 *** （0. 0211）	-0.0259 *** （0. 0062）
Opt – Out 2	0. 1819 *** （0. 0196）	

注：N 为样本观测值，括号中的数字为稳健标准误；* 、** 、*** 分别表示在 10% 、5% 和 1% 的水平上显著。

估计结果表明，当选择集中选项 1 的环境污染程度由中度污染变为轻度污染时，受访者选择该选项的预测概率会上升 5. 11% 左右，相对应，选择实验设计中选项 2 以及放弃选择的比例均显著下降，且相对于终端处置方式属性而言，该变化导致的预测概率变化差异均在 1% 的水平上显著。具体受访者在变化前后对 3 个选项的预测概率变化如图 7.3 所示。

图 7.3 表明，如果将生活垃圾终端处置服务的污染程度从中度污染变为轻度污染，在其他选项属性不变的情况下，受访者会更偏好污染程度更低的垃圾处置服务。接下来，进一步探究，当选项 1 的环境污染程度属性从重度污染（heavy $=1$）变为轻度污染（heavy $=0$）时，则其预测选择概率分别如表 7.22 所示。

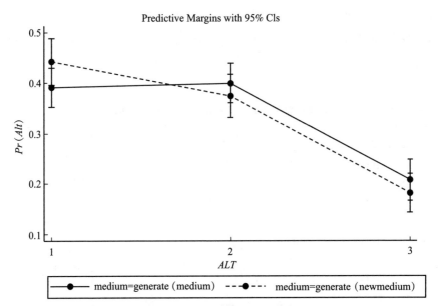

图 7.3　中度污染变为轻度污染的预测概率变化对比

表 7.22　　　　　　　重度污染变为轻度污染的预测概率变化估计

选项	预测概率	概率变化
ALT1 1	0.3921 *** (0.0200)	0.0832 *** (0.01)
ALT1 2	0.4753 *** (0.0239)	
ALT2 1	0.4001 *** (0.0203)	-0.0503 *** (0.0068)
ALT2 2	0.3498 *** 0.0218	
Opt – Out 1	0.2078 *** (0.0211)	-0.0329 *** (0.0056)
Opt – Out 2	0.1749 *** (0.0197)	

注：N 为样本观测值，括号中的数字为稳健标准误；*、**、*** 分别表示在 10%、5% 和 1% 的水平上显著。

　　表 7.22 结果表明，当生活垃圾终端处置服务的环境污染程度从重度污染变为轻度污染时，该终端处置服务被受访者选择的概率会在 1% 的水平上显著增加 8.32%，且其余属性未改变的选项被选择的概率均显著下降。结合具体数值来看，受访者在轻度污染、中度污染及重度污染三者之间存在明显的梯度偏好，也符合基本的常识逻辑推断。图 7.4 给出了选项 1 的属性从重度污染变为轻度污染时，离散选择实验中 3 个选项分别被选择的预测概率变化。从图 7.4 中可以明显看出，其概率变化幅度较中度污染往轻度污染迁移时更大。

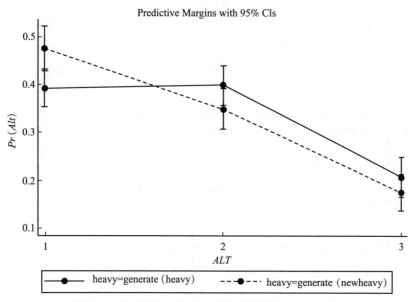

图 7.4　重度污染变为轻度污染的预测概率变化对比

7.7.3.3　终端分拣设施的影响效应

　　在本书的离散选择实验中，纳入了终端分拣设施规模作为终端处置服务的属性之一，但是在前文的模型估计中，该属性的两个标识变量并不显著，此处对终端分拣设施规模的大小对于公众选择生活垃圾终端处置服务的效应进行估计。首先，将选项 1 中的中等规模（moderate = 1）终端分拣设施属性变为小规模（moderate = 0），再估计公众在选项属性变化前后的预测选择概率以及概率的变化。表 7. 23 和图 7. 5 分别给出了该变化前后的预测概率及其变化的具体估值和相应的图示。

表 7. 23   中等规模终端分拣设施变为小规模的预测概率变化估计

选项	预测概率	概率变化
ALT1 1	0. 3921 *** (0. 0200)	−0. 0159 * (0. 0157)
ALT1 2	0. 3762 *** (0. 0239)	
ALT2 1	0. 4001 *** (0. 0203)	0. 0195 ** (0. 0094)
ALT2 2	0. 4196 *** (0. 0235)	
Opt − Out 1	0. 2078 *** (0. 0211)	−0. 0036 (0. 0077)
Opt − Out 2	0. 2042 *** (0. 0213)	

注: N 为样本观测值，括号中的数字为稳健标准误; *、**、*** 分别表示在 10%、5% 和 1% 的水平上显著。

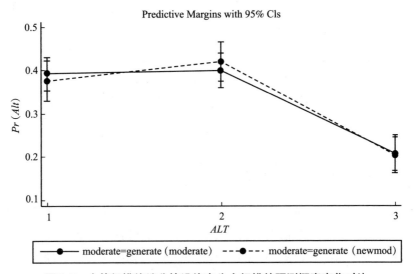

Predictive Margins with 95% Cls

图 7. 5   中等规模终端分拣设施变为小规模的预测概率变化对比

　　估计结果表明，若将终端分拣设施规模由中等规模变为小规模，该选项被选择的概率会下降 1.59%，虽然其在 5% 的水平上显著，但是数值较小、标准差较大，这也许是在前文计量模型估计时，该属性水平不显著的原因之一，在问卷调研时，访员向受访者详细解释了离散选择实验中各项属性及其水平的意义，受访者也清楚自己不分类的垃圾，最终在终端处置时，环境部门还是要进行二次分拣，也就是说，受访者清楚了解了当前我国垃圾分类的现状，即源头不分类的暂行替代方案是在终端进行二次分类的。但是从调查结果来看，受访者似乎对该属性的偏好依然模糊。

　　同时，若将离散选择实验中选项 1 的大规模（big = 1）终端分拣设施属性变为小规模（big = 0），则其变化前后的预测选择概率及其相应变化如表 7.24 所示。

表 7.24　　　　大规模终端分拣设施变为小规模的预测概率变化估计

选项	预测概率	概率变化
ALT1 1	0.3921 *** (0.0200)	−0.0017 (0.1411)
ALT1 2	0.3903 *** (0.0237)	
ALT2 1	0.4001 *** (0.0203)	0.0083 (0.0077)
ALT2 2	0.4084 *** (0.0226)	
Opt – Out 1	0.2078 *** (0.0211)	0.0065 (0.0077)
Opt – Out 2	0.2013 *** (0.0214)	

　　注：N 为样本观测值，括号中的数字为稳健标准误；*、**、*** 分别表示在 10%、5% 和 1% 的水平上显著。

　　从表 7.24 的估计结果来看，终端分拣设施规模由大规模变为小规模时，其预测概率变化不大，选项 1 被选择的概率仅下降了 0.17%，且不显著，另外两个选项的概率变化也均不显著。在具体调研时，访员在向受访者解释离散选择实验属性时，会表明当前源头不分类的替代办法是：在终端处置之前，建设分拣设施进行再分类，但是终端分拣设施规模越大，相应的财政支出也会越高。因此，相较于中等规模，大规模的终端分拣设施更不被公众所偏好，且在前文的模型估计中也均不显著。从图 7.6 的预测概率变化图示也可以看出，在终端分拣设施规模从大规模变成小规模时，3 个选项的预测概率变化均不明显，且在 95% 的置信区间有较大幅度重叠，也说明了该属性变化对于公众选择终端处置服务没有太大的影响。

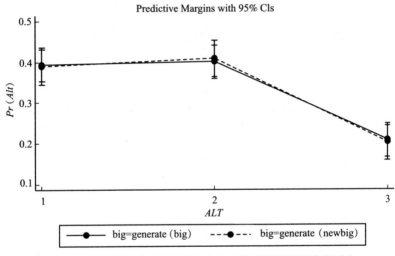

图 7.6　大规模终端分拣设施变为小规模的预测概率变化对比

7.7.3.4　距离的影响效应

在估计"邻避"运动设施的公众偏好文献中，距离因素是除环境污染程度因素之外的另一重要影响因素，在本书的离散选择实验设计中，距离是作为连续变量来进行估计的，而不是作为有序变量来标识不同的属性状态。因此，在估计距离对于公众选择生活垃圾终端处置服务的影响效应时，将选择实验中选项 1 的距离属性增加 1 千米，再估计公众愿意选择这种处置设施的概率变化，表 7.25 对此进行了估计。

表 7.25 离居住点的距离增加 1 千米的预测概率变化估计

选项	预测概率	概率变化
ALT1 1	0.3921*** (0.0200)	0.0481*** (0.0072)
ALT1 2	0.4401*** (0.0214)	
ALT2 1	0.4001*** (0.0203)	−0.0274*** (0.0046)
ALT2 2	0.3727*** (0.0203)	
Opt − Out 1	0.2078*** (0.0211)	−0.0207*** (0.0033)
Opt − Out 2	0.1871*** (0.0198)	

注：N 为样本观测值，括号中的数字为稳健标准误；*、**、*** 分别表示在 10%、5% 和 1% 的水平上显著。

如表 7.25 所示，当生活垃圾终端处置服务选项 1 中距离居民居住点的距离相对于选项 2 增加 1 千米时，公众选择该选项的概率由 0.39 增加至 0.43，增加 5% 左右。与此同时，选项 2 被选择的概率由 0.4 下降至 0.35，而弃选选项被选择的概率变化不大，3 个选项的预测概率变化均在 1% 的水平上显著，具体变化情况如图 7.7 所示。

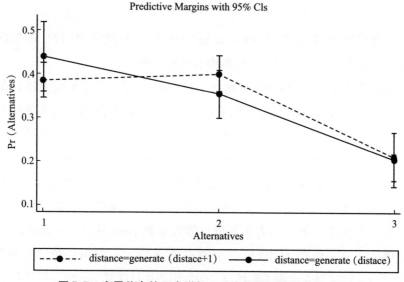

图 7.7 离居住点的距离增加 1 千米的预测概率变化对比

由图 7.7 可知，在受访者所面对的 3 个假想选择场景中，如果将选项 1 中的距离属性增加 1 千米，会导致选项 1 的选择概率增加，相应导致选项 2 的选择概率下降，从而也佐证了在前文模型估计中，公众对于距离属性的偏好，即距离越大，公众越倾向于选项该终端处置方式，且这种距离变化导致的偏好差异在 1% 的水平上显著。该估计的政策启示很明显，即如果在建设生活垃圾终端处置服务设施时，选址尽量远离居民点，则公众的接受意愿会更强些。

但是根据前文模型的估计结果，公众对于生活垃圾终端处置设施的偏好存在显著的距离衰减效应，也就是说，当距离属性增加时，公众选择该选项的效用增加，但是增加的幅度递减，依照前文模型 $M(7)$、模型 $M(8)$、模型 $M(11)$ 及模型 $M(12)$ 的参数估计值，各模型的距离衰减极值点分别如表 7.26 所示。

表 7.26 各模型的距离衰减极值点

选项	$M(7)$	$M(8)$	$M(11)$	$M(12)$
极值点（KM）	Linear	6.9089	6.9675	7.3689

依照模型 $M(7)$、模型 $M(8)$、模型 $M(11)$ 及模型 $M(12)$ 的参数估计结果，图 7.8 给出了相对应的距离衰减效应图。

在图 7.8 中，4 个模型均是随机系数 Logit 模型，其中模型 $M(8)$ 是在模型 $M(7)$ 的基础上，估计了距离对于公众选择垃圾终端处置服务的非线性效应，模型 $M(11)$ 是在模型 $M(8)$ 的基础上进行了敏感性调整，即将在离散选择问题之后，针对"你对于以上问题的回答有多确定"的选择，将回答"非常不确定"的样本选项全部变为选项 3（弃选选项）。模型 $M(12)$ 也进行了敏感性调整，是在模型 $M(8)$ 的基础上，剔除掉那些回答"非常不确定"的受访者，再进行随机系数 Logit 估计。在距离的非线性效应估计中，模型 $M(11)$ 的衰减极值点最大，即剔除掉"不确定"样本之后，这部分人群由于距离带来的效用增加量递减的最慢，但是各个模

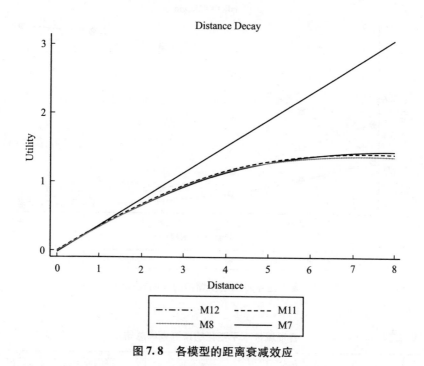

图 7.8　各模型的距离衰减效应

型中的衰减距离并不存在太大的差异，也符合在生活垃圾实证估计中其他学者的研究结论，在距离超过 6 千米之后，垃圾终端处置设施的影响可以忽略不计（Ferreira and Gallagher，2010）。

　　图 7.9 标识了如果将离散选择集中选项 1 的距离属性从 1 千米逐步增加至 6 千米，则公众分别选择 3 个选项预测概率的变化，从图 7.9 中也可以看出，选项 1 的预测概率增加曲线是明显的凹函数形态，存在距离衰减效应。

　　综上所述，如果将离散选择实验设计中选项 1 的各项属性做相应的变化，则公众选择选项 1 所表征的垃圾终端处置服务设施概率也会发生相应的变化，如表 7.27 所示。

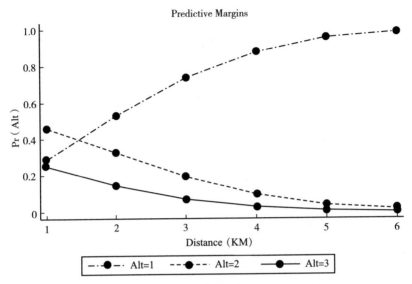

图 7.9　离居住点距离逐步增加的预测概率变化对比

表 7.27　　　　　　　　　各项属性水平变化的预测概率总结

选项	初始概率	处置方式		污染程度		终端分拣		距离
		焚烧→填埋	混合→填埋	中度→轻度	重度→轻度	中等→小规模	大规模→小规模	增加1千米
ALT1	0.3921*** (0.0200)	0.0318** (0.0129)	-0.0252** (0.0121)	0.0511*** (0.0119)	0.0832*** (0.01)	-0.0159* (0.0157)	-0.0017 (0.1411)	0.0481*** (0.0072)
ALT2	0.4001*** (0.0203)	-0.0108* (0.0065)	0.0134** (0.0062)	-0.0251*** (0.0067)	-0.0503*** (0.0068)	0.0195** (0.0094)	0.0083 (0.0077)	-0.0274*** (0.0046)
Opt-Out	0.2078*** (0.0211)	-0.021*** (0.0069)	0.0118* (0.006)	-0.0259*** (0.0062)	-0.0329*** (0.0056)	-0.0036 (0.0077)	0.0065 (0.0077)	-0.0207*** (0.0033)

注：括号中的数字为稳健标准误；*、**、***分别表示在10%、5%和1%的水平上显著。

　　表7.27显示，首先，如果将离散选择实验中选项1的初始属性状态做相应改变，将属性水平重度污染设定为轻度污染时，公众选择该选项的预测概率会增加8.32%，增加幅度最大，且在1%的水平上显著。其次，是将污染程度由中度污染设定为轻度污染，其选择该选项的预测概率值会在

1%的水平上增加5.11%。最后,则是将垃圾终端处置设施距离居民点的距离增加1千米,会带来预测概率4.81%的增加,然后才是将垃圾处置方式由焚烧处置变为填埋处置,预测概率会增加3.18%,在5%的水平上显著。而混合处置相比传统填埋处置更受公众偏好。终端分拣设施规模的增加会给受访者带来正的效用,但是由大规模变成小规模时,其预测概率变化并不显著,同时在前文估计中,终端分拣设施规模属性各变量的参数也均不显著,表明受访者对于该属性的偏好不明确。

这些预测概率的定量估计可以给我们一定的政策启示。

首先,在当今垃圾终端处置压力大、终端处置能力不足的前提下,随着垃圾产生量的持续增加,建设更多的终端处置服务设施势在必行,面对公众的NIMBY等类似反应,市政环卫部门应该主要做好垃圾处置设施的环境污染控制措施,并且做到对公众进行及时有效的信息沟通,让公众确信环境污染程度可控,并且符合国家标准,这样会增加公众的接受度。

其次,垃圾处置方式的差异要小于环境污染对公众的影响,不必要刻意隐瞒或者模糊垃圾处置的具体方式,很多城市在建设垃圾处置设施时,在向公众发布的公告中,刻意模糊垃圾处置方式,例如,广州称垃圾焚烧厂为能源热力发电厂,上海称为再生能源中心,深圳称为能源生态园。初衷可能是避免"焚烧厂""填埋场"等字眼对公众的刺激,但是这样模糊的方式,反而会让公众产生不信任感,在不清楚具体设施信息的情况下,盲目反对。

最后,由于距离对于公众选择垃圾处置服务存在距离衰减效应,政府在处置设施的选址上,应该综合考虑经济性和公众接受度。如果过于追求远离居民点,而将垃圾处置设施建设在山林和远郊,一是会大大增加前期建设费用及城市垃圾运往垃圾处置设施的距离和费用;二是也会对山林和郊区的环境造成污染,山林和郊区往往是城市的水源地和动物栖息地,对这些区域的环境污染也许会造成更大的生态影响。

7.7.4 社会福利

前文模型估计中的WTP用来度量由于供给不同生活垃圾终端处置服

务，其各项属性水平会给公众带来社会收益或损失，虽然模型中的 WTP 是生活垃圾导出区的公众对于在生活垃圾导入区供给生活垃圾终端处置服务各项属性的边际支付意愿，但是由于通常将垃圾终端处置设施的负面影响边界定义在 6 千米范围内（Ferreira and Gallagher, 2010），且导入区在选址上也会尽量远离人口聚居区，导入区的公众占比较少，所以在社会净收益计算时，将 WTP 作为整体公众对于生活垃圾终端处置服务各属性支付意愿的近似计量。

本书的主要目的是评估公众对不同生活垃圾终端处置方式的偏好，根据当前中国各城市进行生活垃圾终端处置方式的差异，将所有城市分成三组：仅仅依靠填埋（填埋处置）、仅仅依靠焚烧（焚烧处置）以及既有焚烧又有填埋的混合处置。在社会净收益的计算中，以模型 $M(12)$ 的 WTP 估计结果作为微观基础，计算社会总收益，同时以当年城市生活垃圾固定资产投资额作为投资建设成本。如果 WTP 为正，则表示终端处置方式造成了正的社会收益，社会净收益等于 $\sum_{n=1}^{N} \left[WTP_{nj}(d_j) - C_{nj}(d_j) \right]$；如果 WTP 为负，则没有社会收益，终端处置方式造成了负的社会损失，计入社会成本，社会总成本等于投资建设成本加上社会损失。

由于中国的生活垃圾终端处置方式在一定程度上取决于人口密度、经济水平等因素，存在较大的空间差异，例如，从空间区域上来看，人口密度较低的西北地区相对更加依靠传统的填埋处置，而经济相对发达、人口更加密集的东南地区以及部分大城市更加依靠焚烧或者混合处置。因此，在计算社会净收益时，需要考虑空间异质性，以 2016 年《中国城市建设统计年鉴》中设市城市的相关数据与地图文件合并之后的数据为例，得到含有地理区位信息的 288 个城市数据。基于经过敏感性调整之后的模型 $M(12)$ 估计的 WTP 值（焚烧处置 = -249.4 元/人/年，混合处置 = 176.02 元/人/年，填埋处置标准化为 0）作为每个人平均的社会收益或社会损失，乘以各个城市的人口数，得到社会总收益，然后再减去当年城市生活垃圾固定资产投资额，得到社会净收益。其中有 5 个城市关于垃圾终端处置设施的数据缺失，所以最终用于计算社会净收益的城市数总共有 283 个，按照生活垃圾终端处置方式的不同将城市分为三类，分别计算其社会净收益如表 7.28 所示。

表 7.28　按生活垃圾终端处置方式差异分类的三类城市社会净收益　单位：亿元

处置类型	城市数量	均值	标准差	最小值	最大值	社会净收益[a]
填埋处置	155	−0.5811	0.9411	−5.2231	−0.0025	−90.0632
焚烧处置	51	−11.1347	5.8167	−26.3455	−1.3623	−567.871
混合处置	77	10.9810	8.0982	1.2684	53.8096	845.5358
总社会净收益						187.6043

注：a：该列社会净收益分别按照垃圾终端处置方式的不同将城市分为三类之后，三类城市分别的社会净收益，最后一行为所有城市的总社会净收益。

从表 7.28 可以看出，2016 年，中国仅依靠填埋处置的城市社会净损失为 90.06 亿元，仅靠焚烧处置的城市社会净损失为 567.87 亿元，而混合处置的城市社会净收益是 845.54 亿元。也就是说，从公众偏好来看，以填埋处置为基准方式，焚烧处置带来的是净福利损失，混合处置会增加社会福利，而所有城市的总社会净收益为 187.6 亿元，表明如果基于本书模型估计的公众偏好无偏，则当前城市生活垃圾终端处置方式的安排增加了社会福利水平。

个人对于环境物品的偏好也会服从一定的空间分布，而个人偏好又会影响其居住选择，所以对偏好的测量会与环境质量及与相关环境设施的距离有关。在空间陈述偏好的研究中，最常用的方法是通过离散选择模型来推导个人偏好的空间分布，例如，对爱尔兰农村土地特征支付意愿的空间分布研究表明，对农村土地特征支付意愿的估计值存在着显著的全局空间集聚及空间自相关（Campbell et al.，2008）。当前，对于环境物品偏好的研究中，除了基于距离测量的距离衰减效应，也考虑了更加复杂的空间异质性、空间相关性及不可观测的空间异质性（Glenk et al.，2020）。因此，本书分别对三类城市的社会净收益空间分布计算了相应的莫兰指数 I

（Moran，1950）①，图 7.10 给出了三类城市社会净收益的相关计算结果及显著性水平。

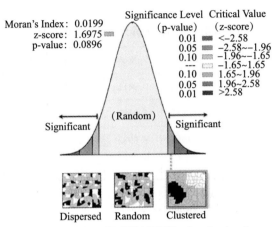

Given the z-score of 1.69754413756, there is a less than 10% likelihood that this clustered pattern could be the result of random chance.

（a）

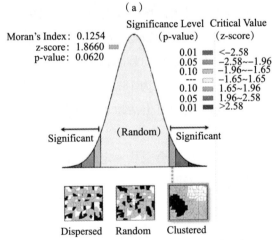

Given the z-score of 1.8660045029, there is a less than 10% likelihood that this clustered pattern could be the result of random chance.

（b）

---

① 莫兰 I 指数的统计量由如下公式给出：$I = N(e'We)/S(e'e)$，其中 N 是观测值的数量，e 是最小二乘回归残差的向量，W 是权重矩阵，S 是一个等于权重矩阵中所有要素之和的标准化因子，图 7.10 中的计算均以距离倒数权重矩阵进行计算。

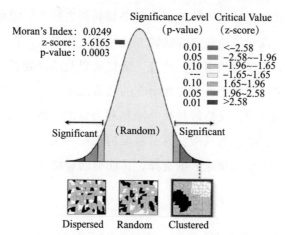

图 **7. 10** 三类城市社会净收益的空间自相关检验

注：图中（a）、（b）、（c）分别表示填埋处置、焚烧处置及混合处置三类城市的莫兰 I 指数及其显著性水平。

图 7.10 表明，填埋处置及焚烧处置的社会净收益存在空间自相关，且在 10% 的水平上显著，z 值分别是 1.7 和 1.87，但是混合处置的社会净收益则不存在明显的空间相关性（$z = 0.73$，$p = 0.47$）。这也许可以为今后的政策制定提供一定的启示，如果单纯从数据分析上来看，空间自相关意味着存在着某种程度上的空间溢出性，社会净收益的空间相关，也许是基于社会风俗、文化传播等的作用，但是空间相关的政策好处在于，在某个城市试点某个特定的生活垃圾治理政策，会在一定程度上对临近区域或者相关区域产生潜在的溢出效应，政策溢出效应所产生的福利测量是未来可能的研究方向之一。

综上所述，以模型估计的 WTP 作为微观基础计算的社会净收益变化，通过了卡尔多希克斯准则的检验，即当前生活垃圾终端处置服务的供给，得者所得大于失者所失，是潜在的帕累托改进，提高了社会福利水平。但是如果分空间区域来看，存在较大的空间差异性，仅靠填埋处置的中西部及东北地区以及南方部分地区，当前生活垃圾终端处置造成了净福利损失，同时仅仅依靠焚烧处置的地区，其净福利损失最大，因此，如何改变焚烧处置区域公众对于垃圾终端处置方式的态度和看法，提升社会福利是决策部门需要着重考虑的事情。此外，焚烧处置及填埋处置的城市，其社会净收益存在空间自相关性，存在潜在的政策溢出效应，而仅仅依靠焚烧或者依靠填埋的城市，又恰好是社会净福利为负的区域，因此，如何在这两类城市制定有针对性的政策，具有重要的理论和实践意义，既能够为福利溢出测量提供必要的理论数据支撑，又能够通过潜在的溢出效应产生额外的社会福利。

7.7.5 有效性检验

根据以上模型参数估计值以及相应的支付意愿的计算可以看出，在选择差异化生活垃圾终端处置服务时，各项属性在公众决策中所占的相对重要性程度为：环境污染程度＞终端处置服务设施距离居住点的距离＞终端处置方式＞终端分拣设施规模，为了确保问卷收集到的数据有效性，在问卷设计中，受访者在选择完所有的离散选择集之后，需要再对所有选项属性在自己刚刚做出的选择中所占的重要性程度进行打分，以李克特七级量表形式打分，分值越高，在决策中越重要。表7.29 对受访者的各项属性打分进行了描述性统计。

表 7.29 　　　　受访者对于各项属性重要性评分的描述性统计

选项属性	均值	中位数	最小值	最大值
终端处置方式	4.8095	5	1	7
环境污染程度	5.9167	7	1	7
终端分拣设施规模	4.5357	4	1	7
终端处置服务设施距离居住地点的距离	5.869	6	2	7
付费(每人每年)	3.6667	4	1	7

由表7.29 可知，环境污染程度属性的平均分最高，其次是距离属性，

再次是终端处置方式，再其次是终端分拣设施规模，最后是成本属性。这个统计信息与我们在模型估计和政策效应中的结果一致，估计结果表明，第一，如果能够将污染水平由重度污染控制在轻度污染水平，公众选择该选项的预测概率会增加8.32%；第二，将污染程度由中度污染降低为轻度污染，其预测概率值会增加5.11%；第三，将垃圾终端处置设施距离居民点的距离增加1千米，会带来预测概率4.81%的增加；第四，将垃圾处置方式由焚烧处置变为填埋处置，预测概率会增加3.18%。而终端分拣设施规模变化带来的受访者预测概率的变化并不显著，在模型参数估计中，也不显著。对于受访者最看重的三个属性：污染程度、距离及终端处置方式，从受访者评分的概率分布可以更清楚地反映其对于决策的重要程度，如图7.11所示。

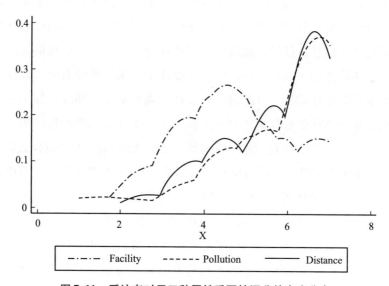

图7.11 受访者对于三种属性重要性评分的密度分布

三种属性评分的密度分布图清楚地表明，首先是受访者对于污染程度的绝大部分的评分都集中在最高分为7分；其次是距离属性，受访者的打分在3、4、5分也有一定的密度，但是多数依然集中在7分；最后是终端处置方式，打分多集中在5分。因此，从受访者在选择完所有的六个选择集之后的重要性程度评分结果来看，模型估计参数值、支付意愿计算及政策效应估计与受访者自评分数所显示的各属性相对重要程度基本一致，因此，研究的问卷设计及所采集到的受访者信息是基本有效的。

7.8　本章小结

当前，中国多地正在实施生活垃圾跨区处置生态补偿收费制度，为本章的研究设计提供了基本的背景和框架，通过离散选择实验来研究生活垃圾导出区的公众对于在垃圾导入区提供生活垃圾终端处置服务的偏好。本章以问卷调研的形式采集数据，在问卷设计时，为了尽可能多地从需求侧收集公众对于生活垃圾终端处置服务的偏好信息，首先，利用正交主效应实验设计选择集；其次，以条件 Logit 模型估计公众对于选择集中各属性水平的偏好先验信息；最后，通过最优实验设计将这些先验信息纳入最终问卷的选择集设计中。同时，在最优实验设计中，采取贝叶斯设计允许先验信息参数存在估计偏差，以此满足正交性、属性水平平衡性、最小重叠性及效用水平平衡性的选择集作为正式问卷中供受访者选择的选择集。在数据的计量分析环节，首先，运用使用最广泛的条件 Logit 模型拟合数据，其次通过检验 IIA 假设，最后选择采取随机系数 Logit 模型来考虑模型误差项之间的相关性，将除成本、距离外的所有选项特定变量作为随机变量进行估计，进而计算公众对于各属性水平的边际支付意愿。

研究结果表明，在公众明确了解到中国垃圾终端处置超负荷运转的前提下，对于焚烧、填埋及混合处置三种生活垃圾终端处置方式，公众最偏好混合处置方式，其次是传统的填埋处置，最后是焚烧处置。其中，将传统的填埋处置支付意愿标准化为零，公众对于混合处置的平均支付意愿为正数，在经过敏感性调整之后的模型中，对于混合处置的平均支付意愿为 176.02 元/年/人。然而，对于焚烧处置的平均支付意愿则是 −249.4 元/年/人，表明建设垃圾焚烧厂会给公众造成负的净福利损失。公众对于环境污染各属性水平的平均支付意愿绝对值在所有属性水平中最大，且其估计值在所有模型中均在1%的水平上显著，说明公众对于生活垃圾终端处置服务可能造成环境污染持相当负面的态度，公众在对垃圾终端处置服务进行权衡取舍时，环境污染在公众的决策中占的权重最高。在调查员向公众明确表示当前中国源头分类失效，如果在垃圾处置终端建设二次分拣设施会提高垃圾处置效率，在增加资源利用率的情况下，公众对于终端分拣设施的偏好依然不明确，说明当前公众依然没有认识到生活垃圾分类的重要性，这无疑增加了当前中国正在大力推进的生活垃圾分类政策实施的难度。

公众对于生活垃圾终端处置服务的偏好存在显著的空间异质性，城市居民相较于农村居民而言，其支付意愿绝对值在各个属性水平上均更高，也就是说，城市居民一方面愿意为自己所偏好的垃圾处置属性支付更高的费用，另一方面自己所厌恶的垃圾处置服务属性会给城市居民造成更大的净福利损失。而且城市居民比农村居民更明确偏好建设适当规模的垃圾终端分拣设施，说明在城市实施垃圾分类会比在农村更有民众基础，同时，处置设施距离居住点距离的衰减效应，在城市居民和农村居民之间也有显著差异，城市居民的距离衰减极值点远大于农村居民。

以WTP为微观基础计算的社会净收益结果表明，以2016年中国各城市的生活垃圾终端处置设施供给数量来计算其社会福利量化价值，仅依靠填埋进行生活垃圾终端处置的城市社会净损失为90.06亿元，仅靠焚烧处置的城市社会净损失为567.87亿元，而靠混合处置的城市社会净收益是845.54亿元。所有城市的总社会净收益为187.6亿元，表明当前城市生活垃圾终端处置设施供给通过了卡尔多希克斯准则的检验，是潜在的帕累托改进，增加了社会福利水平。社会公众对于处置设施距离的支付意愿存在距离衰减效用，其中城市居民的距离衰减极值是农村居民的近4倍且支付意愿更高。同时，社会净收益在空间分布上存在明显的空间异质性，部分仅依靠焚烧处置的东部地区城市，其净福利损失最大，中西部及东北地区主要依靠填埋处置，垃圾终端处置也造成了净福利损失。同时，社会净收益分布也存在空间相关性，莫兰指数I结果表明，对于焚烧处置及填埋处置，城市的社会净收益存在空间自相关，存在潜在的政策溢出效应，而这两类城市，又恰好是社会净福利为负的区域，因此，如何在这两类城市制定有针对性的政策，具有重要的理论和实践意义，既能够为福利溢出测量提供必要的理论数据支撑，又能够通过潜在的溢出效应产生额外的社会福利。

此外，对于各项属性水平发生改变的政策效应分析表明，在其他条件不变的情况下，如果想要通过外生政策改变来增加公众对于新建设垃圾终端处置服务的选择概率，首先需要做的是降低生活垃圾终端处置设施的污染程度，将属性水平中的重度污染设定为轻度污染时，公众选择该选项的预测概率会增加8.32%，增加幅度最大，增加幅度第二的是将污染程度由中度污染设定为轻度污染，其预测概率值会增加5.11%。选择实验中选项的距离属性增加1千米会带来被选择概率4.81%的增加；将垃圾处置方式由焚烧处置变为填埋处置，预测概率会增加3.18%。所以在公众的决策权重占比中，按照权重从大到小排列，依次为环境污染 > 设施离居住点的距离 > 垃圾处置方式。

由于以上政策效应分析是基于问卷中的选择集属性水平的相对变化来估计，本质上是公众的主观感知测度，在当前生活垃圾终端处置设施处置能力不足、超负荷运转的背景下，增加新的垃圾终端处置服务供给难以避免，但又面临巨大的"邻避"情绪的阻碍（Kunreuther et al.，1987），而需求侧公众的"邻避"情绪主要来自心理主观感知，因此，政府如果想要建设新的垃圾处置服务，这种测度对于政府规划建设生活垃圾处置服务设施具有重要启示，本章的分析结论为相关决策部门提供了来自生活垃圾终端处置设施需求侧的决策参考依据。

第 8 章

研究结论、政策启示与研究展望

生活垃圾问题看似微不足道，但是其本身的特性及其对自然环境、公众健康和社会福利的影响却恰恰能够勾连起经济学研究环境问题的两大主线。一方面，生活垃圾的产生流量及存量水平，集约地反映了一个社会利用资源的效率状况；另一方面，生活垃圾流量及存量积聚导致了无法忽视的严重环境污染。前者关联起了资源经济学的研究，而后者则归属于环境经济学的研究。但是后期研究表明，不仅有限的自然资源本身，而且自然资源承载人类经济生活副产品的有限能力，都会成为制约经济增长的因素（Brock and Taylor，2005），因此，从资源与环境两条路径来研究经济增长与环境的关系是经济学研究环境问题的两条主线，而生活垃圾问题与两者均高度相关。

从哪里来，到哪里去，生活垃圾的全生命周期的源头和末端其实紧密地联系在一起。随着经济的增长，如果生活垃圾源头产生量的流量巨大且不断增长，同时垃圾减量政策又难以遏制这种势头，势必会给终端处置造成巨大的压力。而生活垃圾处置设施供给又具有典型的"邻避"特征，无论是填埋处置抑或是焚烧处置，均会对自然环境及公众健康造成不同程度的负面影响，扩容现有生活垃圾终端处置设施已经很艰难，更妄论新建终端处置设施所面临的困境。当前中国的生活垃圾终端处置正面临着来自生态、财政与公众"邻避"三方面的压力，其压力从源头上来自由经济增长主要驱动的垃圾源头产生量持续高速增长，在生活垃圾产生量随着经济增长的宏观背景层面，两者呈现出怎样的耦合现状及未来趋势？当前中国可缓解终端处置压力的生活垃圾减量政策是否起到了实际的效果？如果生活垃圾终端处置设施供给必须要扩容或新建，哪些因素会影响空间异质性的各城市对于生活垃圾终端处置方式的选择？差异化的生活垃圾终端处置方式选择会给社会公众造成怎样的社会福利影响？如何匹配供需两侧来化解生活垃圾终端处置困境？

本书通过四方面层层递进的研究，尝试回答以上问题，同时在研究中力图弥补当前在生活垃圾问题研究中对于空间因素的忽视，尽量充分考虑可能会影响定量分析结果的空间相关性和空间异质性，以期能够为空间异质性的各地方政府提供优化生活垃圾终端处置供给选择的决策信息以及提升社会福利水平的量化决策参考依据，缓解当前生活垃圾终端处置压力。本章对全书的研究结果进行总结，并将供给侧与需求侧的研究结论进行匹配，给出相应的政策建议以及未来研究展望。

8.1 研 究 结 论

由于当前中国生活垃圾终端处置压力的形成，源头上来自生活垃圾产生量的持续增长，以及管理过程中的减量政策未能将垃圾产生量控制在处置设施承受范围内。本书首先在长期时间序列中对生活垃圾产生量与经济增长的耦合现状进行宏观背景性的分析和预测，然后检验了当前用于缓解垃圾终端处置压力的主要生活垃圾减量政策效果，鉴于垃圾终端处置设施的空间分布"邻避"特征，匹配生活垃圾终端处置设施的供给侧决策行为因素研究和需求侧社会福利估计，以研究如何提升社会福利水平、优化生活垃圾终端处置设施供给，化解生活垃圾终端处置压力。主要研究结论如下。

首先，源头生活垃圾产生量的绝对量在未来很长的时间内将会持续增长，终端处置设施依旧会面临巨大的处置压力；空间杜宾模型估计结果表明，中国生活垃圾产生量与经济增长之间存在着倒"N"型的 WKC 曲线动态解耦特征，当前两者之间正处于相对解耦状态，尚未达到绝对解耦状态，并且在未来相当长的时间内，生活垃圾产生量的绝对量还将持续增长。这种宏观背景性的耦合状态分析结果表明，已经处于超负荷运行状态的生活垃圾终端处置设施在未来相当长的时间中依然会存在较大的终端处置压力。

其次，当前缓解生活垃圾终端处置压力的垃圾减量政策并不能确保将垃圾产生量控制在终端处置设施的负荷范围内。基于广义嵌套空间回归模型的垃圾减量政策评估结果表明，当前生活垃圾减量政策虽然起到了缓解终端处置压力的作用，减轻了时间序列上的相对压力，但是这样的减量政策效果并不能保证将垃圾产生量遏制在终端处置设施的承受范围之内。在可预期的未来，为了应对短期和长期的生活垃圾终端处置压力，各城市地方政府也必将增加生活垃圾终端处置设施的供给。

再次，人口数量的增加会导致所有生活垃圾终端处置设施显著增加，而经济增长则仅仅会导致垃圾焚烧厂供给的增加，对填埋场供给及处置设施总量供给的影响并不显著，影响供给侧生活垃圾终端处置设施供给总量、填埋场供给量及焚烧厂供给量的因素存在空间异质性效应；采取半参地理加权泊松回归模型控制参数影响效应的空间异质性，从供给侧分析影响各城市生活垃圾终端处置设施供给的因素及其空间分布。结果表明，第一，经济增长对垃圾焚烧厂供给具有显著正向作用，但是对填埋场供给影响不显著，而人口数量的增加则会显著增加焚烧厂、填埋场及处置设施总量的供给，同时经济增长对处置设施供给影响的空间波动性不明显，而城市人口则对填埋场及处置设施总量供给的影响效应具有显著的空间异质性，其中东北部地区较西南地区城市而言，城市人口数量增加会导致除焚烧厂以外的处置设施更大幅度地增加；第二，中国城市生活垃圾终端处置供给侧呈现出逐步由填埋处置转向焚烧处置的总变化趋势，填埋处置供给逐渐减少，甚至关停，而焚烧处置供给逐渐增加，这个转变过程存在明显的空间波动性，其中东北部地区转变速度相对更慢；第三，城市化率及人口密度更高的城市，由于可能有更高的"邻避"情绪，增加垃圾终端处置设施供给越困难，其中南方地区比北方地区的"邻避"情绪更严重；第四，越依赖土地财政的城市越不愿意建设占用土地更多的垃圾填埋场，其中北方地区比南方地区更明显。

最后，需求侧的城乡差异化社会福利量化价值评估表明，相对于传统的填埋处置，纯粹依靠焚烧处置造成了净福利损失，在保留填埋处置的情况下，增加焚烧处置会增加社会福利水平，当前城市生活垃圾终端处置设施供给通过了卡尔多希克斯准则的检验，社会收益分布存在空间异质性；通过离散选择实验从需求侧评估生活垃圾导出区的公众对于在垃圾导入区供给生活垃圾终端处置设施的社会福利。结果表明，以传统填埋处置为基准水平（其支付意愿标准化为零），公众对于混合处置的支付意愿为 176.02 元/人/年，对焚烧处置的支付意愿为 −249.4 元/人/年，因而公众对于垃圾处置设施的偏好次序为混合处置＞填埋处置＞焚烧处置。也就是相对于传统的填埋处置，纯粹依靠焚烧处置给公众造成了净福利损失，而保留填埋处置的情况下，增加焚烧处置则会增加社会福利水平。另外，公众对于环境污染各属性水平的平均支付意愿绝对值在所有属性水平中最大，公众在对垃圾终端处置服务进行权衡取舍时，环境污染在公众的决策中占的权重最高。在公众的决策权重占比中，按照权重从大到小排列，依次为环境污染＞设施离居住点距离＞处置方式。此外，公众对于生活垃圾终端处置服务的偏好存在显著的空间异质性，城市居民相较于农村居民而言，其支付意愿绝对值在各个属性水平上均更高，同时，居民对于处置设施距离居住点的距离存在距离衰减效应，在城市居民和农村居民之间也有显著差异，城市居民的距离衰减极值点远大于农村居民。

以 WTP 为微观基础，结合 2016 年中国各城市的生活垃圾终端处置设施供给数量来计算其社会福利量化价值，仅依靠填埋进行生活垃圾终端处置的城市社会净损失为 90.06 亿元，仅靠焚烧处置的城市社会净损失为 567.87 亿元，而混合处置的城市社会净收益为 845.54 亿元。而所有城市的总社会净收益为 187.6 亿元，表明当前城市生活垃圾终端处置设施供给通过了卡尔多希克斯准则的检验，是潜在的帕累托改进，增加了社会福利水平。社会净收益在空间分布上存在明显的空间异质性，部分仅依靠焚烧处置的东部地区城市，其净福利损失最大，中西部及东北地区主要依靠填埋处置，垃圾终端处置也造成了净福利损失。

匹配供需两侧的研究结论，可以发现，供需两侧存在较大的错配和信息不对称现象。第一，终端处置设施由填埋向焚烧转变存在空间异质性，在缓解生活垃圾终端处置压力上，供给侧从总趋势上看，生活垃圾终端处置设施呈现出填埋处置供给逐渐减少，甚至关停，而焚烧处置供给逐渐增加，有用焚烧处置取代填埋处置的趋势，部分地区转变速度过快，例如，南京自 2014 年才开始启用焚烧来处置生活垃圾，当年焚烧率达到了 20.4%，2015 年就到了 69.82%，短短一年，焚烧处置已经成为南京市主要的垃圾终端处置方式。但是需求侧的社会公众对于焚烧处置的支付意愿为负，呈现出明显的排斥情绪。在当前的社会公众偏好下，过于快速增加垃圾焚烧处置供给会造成社会福利的净损失。第二，供需双方对于生活垃圾终端处置设施供给的关注焦点并不匹配，供给侧的市政当局在供给生活垃圾终端处置设施时，更多的是考虑垃圾处置方式的差异，例如，为了避免刺激公众，在环评书和公示文件上以类似"能源生态园""热电力厂"等模棱两可的名称来模糊垃圾终端处置设施的概念。而需求侧的社会公众相对更看重处置设施的环境污染程度，相对最不看重处置方式，其对于终端处置设施的偏好决策权重依次是：环境污染＞设施离居住点距离＞处置方式。第三，相对而言，东北部地区依然主要依靠供给传统的垃圾填埋场来应对人口增长带来的终端处置压力，但是相对于填埋处置，需求侧的社会公众更偏好混合处置方式，同时排斥纯粹的焚烧处置。第四，供给侧的生活垃圾终端处置设施选择，总是将距离因素作为主要的考虑因素，但是实际上需求侧的社会公众对于处置设施距离存在着显著的距离衰减效应。第五，当前中国正在自上而下大规模推进垃圾分类试点，但是需求侧的偏好估计结果表明，公众尚未意识到垃圾分类的重要性，垃圾源头分类如果得不到公众的配合，很难取得很好的效果。

在生活垃圾终端处置负担日益增加及来自社会公众"邻避"情绪的双重压力下，本书在为地方政府如何让垃圾终端处置设施这类"邻避"设施落地，提升社会福利水平的决策中提供了量化参考依据。

8.2 政 策 启 示

当源头产生量持续增长，且过程管控政策未能将生活垃圾产生量遏制在终端处置设施的负荷范围内，则地方政府必然要扩容或者新建生活垃圾终端处置设施。基于本书的研究结论，在为社会公众供给生活垃圾终端处置设施这类"邻避"公共物品时，需要结合生活垃圾终端处置设施供给侧与需求侧的特征，从以下几方面进行考虑。

第一，实时信息公开，严格控制污染。鉴于相对于处置方式而言，需求侧的社会公众更在乎生活垃圾终端处置设施的环境污染水平，如果想要建设新的垃圾处置设施来缓解终端处置压力，首要政策目标是要控制垃圾终端处置设施的污染水平，不仅要在符合国家排放标准的前提下，客观上控制生活垃圾终端处置服务对环境污染的潜在影响，还要从处置设施的规划、招标、建设、运营及后期监管等流程尽量降低对环境的影响，而且要做到信息对称。让公众了解、参与到生活垃圾终端处置服务供给能力建设事务中来。如果垃圾处置方式符合国家标准，且能够做到信息对称，明确表明采用何种垃圾处置方式也许会让公众更容易接受。由于焚烧处置位于公众偏好的末端，可以借鉴当前在治理大气污染中对于空气质量检测数据实时公开的经验，例如，在垃圾焚烧厂排放端安放实时检测设备，实时向公众公开，既有助于消除公众对于焚烧处置的心理性恐慌，也便于学者或者第三方公益组织进行研究和监督，同时也会最大程度提升公众的接受度。此外，高城市化率的地区对于生活垃圾终端处置设施的"邻避"情绪更严重，因此，率先在高城市化率地区控制终端处置设施污染水平且做到信息实时公开，这样不仅可以进一步提升公众对于终端处置设施的接受度，而且可以提升社会福利水平。

第二，保留必要的填埋处置，适度逐步增加焚烧处置。当前生活垃圾终端处置设施供给的趋势表明，供给侧更偏好焚烧处置来缓解终端处置压力，尤其被经济相对发达地区所青睐，虽然其建设成本较高，但是其占地面积小，处置能力更高，且其理论上的服务时间较填埋场更具有弹性。但是过度快速发展焚烧处置厂，会对需求侧的社会公众造成净福利损失。因此，在保留传统填埋方式的同时，逐步增加垃圾焚烧场供给，可以缓解终端处置压力，同时增加社会福利。不能过于迅速过渡到完全依靠焚烧处置，不仅会导致更多的社会福利损失，在当前技术水平不成熟及垃圾分类效果不明显，导致垃圾焚烧组成成分复杂的情况下，也会造成其他的环境污染后果。

第三，处置设施选址距离适中，兼顾生态与经济效应。在规划垃圾处置服务的选址上，并不需要单纯追求在距离上远离公众聚集点，在污染可控、信息透明的情况下，可以适度考虑经济性，寻找最优的垃圾处置设施建设地点。既要考虑到离居住点太近造成的心理影响和社会福利损失，也要考虑到距离衰减效应。城市的水源地和动物栖息地通常在远离居民点的地方，过于追求远离居住点而建设在这些远郊，其环境污染造成的生态影响也许会更大，也会大大增加运营成本。

第四，建立城乡差异化垃圾分类宣传教育的长效机制。中国当前最主要的生活垃圾管理政策是正在大力推广的垃圾分类政策，但是从本书估计结果来看，公众垃圾分类的意识不强，在明确了解到源头垃圾分类失效的前提下，对于在终端建设二次分拣设施的偏好依然不明确。缺乏公众积极参与的垃圾分类制度，难以取得实质性的效果，这也已经得到学者的验证，这对中国当前的垃圾分类政策实施是很大的挑战。垃圾分类是一项庞大的系统工程，其实施成功周期会相当长，需要几代人的努力，如何有效地进行垃圾分类知识宣传是需要政府考虑的重要课题，垃圾分类知识的宣传和普及任重道远。同时，在制定和规划生活垃圾管理政策时，要考虑到空间异质性和空间相关性，例如，根据本书所估计的城乡差异，在城市实施垃圾分类的政策效果可能会好于农村，但在城市规划垃圾终端处置设施也可能造成较农村而言更大的社会福利净损失。

第五，考虑区域差异，开展区域生活垃圾协同治理。制定相应的缓解生活垃圾终端处置压力政策应该充分考虑区域间的经济、地域和文化差异，比如，西部省份地广人稀，但是人均生活垃圾产生量较高，居民实际消费水平却相对较低，也就是说，在未来很长的一段时间内，这些省份的人均生活垃圾会随着居民实际消费水平的增加而继续上升，而且上升周期将会比其他居民消费水平高的省份更长。此外，城市化率更高的区域"邻避"情绪更高，在这些区域，更加需要综合考虑社会公众的偏好，因此，及时在这些地区优先采取生活垃圾减量化、资源化和无害化策略，鼓励资源效率的提升，试点实施生活垃圾终端处置设施的排放污染数据实时公开，不仅可以缓解这些地区的终端处置压力，保护这些地区的人居生态环境，而且由于潜在的空间相关性导致可能的政策空间溢出，良好的垃圾管理政策可能会产生政策上的乘数效应。研究结论为各区域或者各国家之间在生活垃圾管理上开展多边合作提供了潜在的量化依据。

8.3　研　究　展　望

囿于笔者精力和能力的约束，在研究过程中有许多的不足与遗憾，但是希望这些研究能够成为未来漫长学术生涯的开端和起点，基于本书的研究，列出了以下几方面可能的研究方向。

第一，在对生活垃圾终端处置压力巨大的宏观背景性耦合现状分析理论框架中，构建了生活垃圾产生流量及存量积累与经济增长之间关系的动态经济增长模型，但是基本假设是技术外生和规模报酬不变，对于内生技术进步、规模报酬非递增的研究也许是将来理论建模的分析方向之一，实际上，很多学者已经对于技术进步，包括外生政策如何导致动态偏向清洁环境技术的路径进行了研究（Acemoglu et al.，2016）。

第二，在基于离散选择实验的需求侧偏好研究中，虽然经过多种方法控制可能的偏差，但是依旧未能识别出个体异质效应，个体特定变量大多数不显著，这也许是社会调查所面临的较普遍问题，收集准确真实的个体特征变量信息，仅仅依靠问卷调查，恐怕有其瓶颈，但是很多个人信息数据由于隐私问题很难获取。此外，本书虽然考虑了地理范围的空间相关和空间异质，但是微观层面的空间因素尚未考虑，例如，社会网络分析

（Borgatti et al.，2009），在未来的研究中，构思精巧的准随机对照试验，同时考虑微观层面的空间因素，来识别行为选择的因果机制或许是方向之一，一方面，有助于更加精确地识别因果机制；另一方面，有助于拓展个体层面微观异质性的认识。

附录 1

生活垃圾终端处置服务方式调查问卷
（Block1）

生活垃圾终端处置服务方式调查 – V1

尊敬的女士/先生：

您接下来的意见将会对我国未来垃圾填埋场及焚烧厂建设选址决策起到重要的决策参考作用，我们是浙江工商大学的调查员，本课题的目的是为了评估社会公众对于生活垃圾终端处置服务方式（填埋场或焚烧厂）的感知与偏好，帮助政府决策，预计需要耽误您大概 20~30 分钟时间，希望得到您的支持。每个问题并没有对错之分，只要您把真实情况和想法告诉我们即可。本课题是国家自然科学基金资助的独立研究项目，访谈所获得的数据，将仅被用于学术研究，并严格遵守保密原则，衷心感谢您的支持。

背景介绍：由于我国生活垃圾产生量持续高速增长，导致各地垃圾终端处置服务能力严重不足，虽然当前各地采取了垃圾分类的方法试图从源头上遏制垃圾产生量，但是收效甚微，课题组分析发现，很多城市的垃圾处置设施处于超负荷运转状态，因此，预期未来建设更多的生活垃圾填埋场或焚烧厂难以避免。同时，鉴于当前生活垃圾源头分类效果不明显，居民的不分类行为会直接导致垃圾终端处置设施运转的低效和资源浪费，因此，许多城市在建设垃圾填埋场或焚烧厂的同时，配套建设终端二次分拣设施，在垃圾进入填埋场或焚烧厂之前对垃圾进行二次分类，从而提升资源回收率和垃圾终端处置设施运转效率。

研究表明，填埋及焚烧作为当今世界范围内主要的生活垃圾终端处置服务方式，从收集、运输及最终处置各阶段均会在不同程度上对空气、土壤、水体、植被、气候、公众健康及社会福利造成负面影响，因此，各地也采取了经济措施来抑制垃圾产生量，同时也可以对垃圾终端处置设施所在区域的居民进行生态补偿，例如，生活垃圾跨区转运生态补偿收费制度，即垃圾输出区的居民需要对垃圾输入区的居民进行经济补偿，补偿款用于改善当地的生态环境和基础设施建设。

第一部分　对所居住环境及垃圾终端处置服务设施的看法

1. 您当前所居住的周边 6 千米范围内有垃圾焚烧厂吗？（单选题）

○ 有

○ 没有

○ 不确定

2. 您当前所居住的周边 6 千米范围内有垃圾填埋场吗？（单选题）

○ 有

○ 没有

○ 不确定

3. 您当前所居住的周边 6 千米范围内有以下哪些设施？（多选题）

□ 垃圾回收站

□ 垃圾中转站

□ 垃圾填埋场

□ 垃圾焚烧厂

□ 其他＿＿＿＿＿＿

4. 第三题中的设施是否对您造成了负面的影响？（单选题）

○ 是

○ 否

○ 不确定

5. 第 3 题中哪项设施对您造成的负面影响最大？（单选题）

○ 垃圾回收站

○ 垃圾中转站

○ 垃圾填埋场

○ 垃圾焚烧厂

○ 其他＿＿＿＿＿

6. 您对当前所居住周边的环境满意吗？（打分题请填 1~7 数字打分）

环境满意度＿＿＿＿＿

7. 如果在您当前所居住周边 6 千米范围内建设垃圾填埋厂，您的满意度将是（打分题请填 1~7 数字打分）

建设垃圾填埋厂后的环境满意度＿＿＿＿＿

8. 如果在您当前所居住周边 6 千米范围内建设垃圾焚烧厂，您的满意度将是（打分题请填 1~7 数字打分）

建设垃圾焚烧厂后的环境满意度＿＿＿＿＿

9. 您有听过或看到过有关"对生活垃圾导入区进行生态补偿"的政策吗？（单选题）

○ 有

○ 没有

○ 不确定

10. 您认为应该对居住在垃圾填埋场附近的居民进行补偿吗？（单选题）

○ 应该补偿

○ 不应该补偿

○ 其他＿＿＿＿＿

11. 您认为应该对居住在垃圾焚烧厂附近的居民进行补偿吗？（单选题）

○ 应该补偿

○ 不应该补偿

○ 其他＿＿＿＿＿

12. 在过去的一年中，您是否根据当地的垃圾分类标准将丢弃的垃圾进行了分类？（单选题）

○ 进行了分类

○ 没有分类

13. 您不进行垃圾分类的原因是？（多选题）

□ 分类是环卫部门的责任

□ 没有对应的分类垃圾桶

□ 不知道怎么分类

□ 分类太麻烦

□ 大家都不分类

□ 即使我分类，垃圾运输车又会混合到一起

□ 其他_____

14. 通常不分类的垃圾会影响垃圾终端处置服务设施的运转效率，需要专门的设备和人员进行二次分拣，您知道这个情况吗？（单选题）

○ 知道

○ 不知道

15. 在过去的一年中，以下哪项最能够描述您的垃圾回收行为？（单选题）

○ 我回收了几乎所有的可回收垃圾

○ 我回收了多数的可回收垃圾

○ 我回收了一些可回收垃圾

○ 我回收了很少的可回收垃圾

○ 我没有回收可回收垃圾

16. 在过去的三年中，以下哪项最能够描述您参与环境保护的行为？（单选题）

○ 我是环保公益组织的主要发起人之一

○ 我参加了环保公益组织，会定期参与环保公益组织的活动

○ 我参与了环保公益组织，会偶尔参与环保公益组织的活动

○ 我没有参加环保公益组织，但会偶尔参与环保活动

○ 我没有参加环保公益组织，也不会参与环保活动

第二部分　为您支持的方案投票

示例：

指标	选项1	选项2
终端处置方式	混合处理	填埋
环境污染程度	重度污染	中度污染
终端分拣设施规模	小规模	小规模
终端处置设施与您所居住地点的距离	1千米	6千米
付费（每人每年）	30元	45元

投票时，请注意：

您将看到如上表所示的投票实验，请在经济能力可接受的范围内，权衡不同生活垃圾终端处置服务（焚烧、填埋、既有焚烧又有填埋的混合处理）的各项指标给您带来的环境收益和相应的人均付费，投票给性价比最高的选项。由于生活垃圾终端处置服务设施建设的必然性，请您谨慎投票，投票结果将被用于核算不同生活垃圾终端处置服务的环境价值，并与政府建设生活垃圾终端处置服务设施提供参考。

请您朗读本段内容：

如果我为其中一个方案投了票，为我所居住区域的生态环境带来了改善的同时，我个人也需要支付一定的费用（通过税费水平的提高等），而且这项费用，每年都要支付。

B1Q1

	选项1	选项2
终端处置方式	混合处理	填埋
环境污染程度	重度污染	中度污染
终端分拣设施规模	小规模	小规模
终端处置设施与您所居住地点的距离	1千米	6千米
付费（每人每年）	30元	45元

17. 第一次投票（单选题）

○ 选项1

○ 选项2

○ 以上两项都不选

B1Q2

	选项1	选项2
终端处置方式	焚烧	填埋
环境污染程度	轻度污染	中度污染
终端分拣设施规模	小规模	小规模
终端处置设施与您所居住地点的距离	6千米	1千米
付费（每人每年）	30元	30元

18. 第二次投票（单选题）

○ 选项1

○ 选项2

○ 以上两项都不选

B1Q3

	选项1	选项2
终端处置方式	混合处理	焚烧
环境污染程度	轻度污染	中度污染
终端分拣设施规模	中等规模	大规模
终端处置设施与您所居住地点的距离	6千米	6千米
付费（每人每年）	15元	15元

19. 第三次投票（单选题）

○ 选项1

○ 选项2

○ 以上两项都不选

B1Q4

	选项 1	选项 2
终端处置方式	焚烧	填埋
环境污染程度	重度污染	轻度污染
终端分拣设施规模	中等规模	小规模
终端处置设施与您所居住地点的距离	1 千米	1 千米
付费(每人每年)	15 元	15 元

20. 第四次投票（单选题）

　　○ 选项 1

　　○ 选项 2

　　○ 以上两项都不选

B1Q5

	选项 1	选项 2
终端处置方式	混合处理	焚烧
环境污染程度	轻度污染	轻度污染
终端分拣设施规模	大规模	大规模
终端处置设施与您所居住地点的距离	3 千米	1 千米
付费(每人每年)	30 元	45 元

21. 第五次投票（单选题）

　　○ 选项 1

　　○ 选项 2

　　○ 以上两项都不选

B1Q6

	选项 1	选项 2
终端处置方式	混合处理	填埋
环境污染程度	重度污染	重度污染
终端分拣设施规模	大规模	大规模
终端处置设施与您所居住地点的距离	6 千米	3 千米
付费（每人每年）	45 元	15 元

22. 第六次投票（单选题）

○ 选项 1

○ 选项 2

○ 以上两项都不选

23. 在做上述投票时，备选项中的各个属性对您做出选择有多重要？
（打分题请填 1~7 数字打分）

终端处置方式_____

环境污染程度_____

终端分拣设施规模_____

终端处置设施与您所居住地点的距离_____

付费（每人每年）_____

24. 您对于以上问题的回答有多确定？（打分题请填 1~7 数字打分）

1 分为非常不确定，7 分为非常确定，您的评分是_____分

第三部分　基本人口统计信息

25. 您的性别是？（单选题）

○ 男

○ 女

26. 您的年龄是？（多项填空题）

_____

27. 您的最高学历（含目前在读）是？（单选题）

○ 小学及以下

○ 初中

○ 高中/中专/技校

○ 大学专科

○ 大学本科

○ 硕士

○ 博士

28. 您目前的职业是?（单选题）

○ 在校学生

○ 政府/机关干部/公务员

○ 企业管理者（包括基层及中高层管理者）

○ 普通职员（办公室/写字楼工作人员）

○ 专业人员（如医生/律师/文体/记者/老师等）

○ 普通工人（如工厂工人/体力劳动者等）

○ 商业服务业职工（如销售人员/商店职员/服务员等）

○ 个体经营者/承包商

○ 自由职业者

○ 农林牧渔劳动者

○ 退休

○ 家庭主妇/全职太太

○ 暂无职业

○ 其他职业人员（请注明）_____

29. 您目前的职业状态是?（单选题）

○ 全职工作

○ 兼职工作

○ 退休

30. 请问您个人去年的年总收入（含工资奖金津贴及其他各项收入）大约是?（单位：万元）（填空题）

_____

31. 您目前的婚姻状况是？（单选题）

○ 未婚

○ 已婚

○ 同居

○ 离婚

○ 丧偶

32. 您目前是否有小孩？（单选题）

○ 有

○ 没有

33. 您有几个小孩？（多项填空题）

_____

34. 您家庭当前所居住的区域是？（单选题）

○ 城市

○ 农村

35. 您当前所居住的现有住房产权状态属于以下哪一类？（单选题）

○ 家庭成员拥有完全产权

○ 家庭成员拥有部分产权

○ 公房（单位提供的房子）

○ 廉租房

○ 公租房

○ 市场上租的商品房

○ 亲戚、朋友的房子

○ 其他（请注明）_____

36. 您家庭居住在当前住所的时长是？（多项填空题）

_____

附录2

最优实验设计选择集

Block 1

Question 1

	选项 1	选项 2
终端处置方式	"混合处置"	"填埋"
环境污染程度	"重度污染"	"中度污染"
终端分拣设施规模	"小规模"	"小规模"
垃圾处置设施与您所居住地点的距离	"1 千米"	"6 千米"
年支付费用	"30 元"	"45 元"

Question 2

	选项 1	选项 2
终端处置方式	"焚烧"	"填埋"
环境污染程度	"轻度污染"	"中度污染"
终端分拣设施规模	"小规模"	"大规模"
垃圾处置设施与您所居住地点的距离	"6 千米"	"1 千米"
年支付费用	"30 元"	"30 元"

Question 3

	选项 1	选项 2
终端处置方式	"混合处置"	"焚烧"
环境污染程度	"轻度污染"	"中度污染"
终端分拣设施规模	"中等规模"	"大规模"
垃圾处置设施与您所居住地点的距离	"6 千米"	"6 千米"
年支付费用	"15 元"	"15 元"

Question 4

	选项 1	选项 2
终端处置方式	"焚烧"	"填埋"
环境污染程度	"重度污染"	"轻度污染"
终端分拣设施规模	"中等规模"	"小规模"
垃圾处置设施与您所居住地点的距离	"1 千米"	"1 千米"
年支付费用	"15 元"	"15 元"

Question 5

	选项 1	选项 2
终端处置方式	"混合处置"	"焚烧"
环境污染程度	"轻度污染"	"轻度污染"
终端分拣设施规模	"大规模"	"大规模"
垃圾处置设施与您所居住地点的距离	"3 千米"	"1 千米"
年支付费用	"30 元"	"45 元"

Question 6

	选项 1	选项 2
终端处置方式	"混合处置"	"填埋"
环境污染程度	"重度污染"	"重度污染"
终端分拣设施规模	"大规模"	"大规模"
垃圾处置设施与您所居住地点的距离	"6 千米"	"3 千米"
年支付费用	"45 元"	"15 元"

Block 2

Question 1

	选项 1	选项 2
终端处置方式	"填埋"	"填埋"
环境污染程度	"轻度污染"	"重度污染"
终端分拣设施规模	"中等规模"	"中等规模"
垃圾处置设施与您所居住地点的距离	"3 千米"	"6 千米"
年支付费用	"45 元"	"30 元"

Question 2

	选项 1	选项 2
终端处置方式	"填埋"	"混合处置"
环境污染程度	"重度污染"	"轻度污染"
终端分拣设施规模	"中等规模"	"中等规模"
垃圾处置设施与您所居住地点的距离	"千米"	"6 千米"
年支付费用	"30 元"	"15 元"

Question 3

	选项 1	选项 2
终端处置方式	"焚烧"	"混合处置"
环境污染程度	"中度污染"	"中度污染"
终端分拣设施规模	"大规模"	"中等规模"
垃圾处置设施与您所居住地点的距离	"6 千米"	"1 千米"
年支付费用	"15 元"	"45 元"

Question 4

	选项 1	选项 2
终端处置方式	"混合处置"	"焚烧"
环境污染程度	"中度污染"	"重度污染"
终端分拣设施规模	"中等规模"	"中等规模"
垃圾处置设施与您所居住地点的距离	"1 千米"	"1 千米"
年支付费用	"45 元"	"15 元"

Question 5

	选项 1	选项 2
终端处置方式	"焚烧"	"混合处置"
环境污染程度	"重度污染"	"重度污染"
终端分拣设施规模	"小规模"	"大规模"
垃圾处置设施与您所居住地点的距离	"3 千米"	"6 千米"
年支付费用	"45 元"	"45 元"

Question 6

	选项 1	选项 2
终端处置方式	"填埋"	"混合处置"
环境污染程度	"轻度污染"	"中度污染"
终端分拣设施规模	"小规模"	"小规模"
垃圾处置设施与您所居住地点的距离	"1 千米"	"3 千米"
年支付费用	"15 元"	"15 元"

Block 3

Question 1

	选项 1	选项 2
终端处置方式	"焚烧"	"混合处置"
环境污染程度	"中度污染"	"重度污染"
终端分拣设施规模	"中等规模"	"小规模"
垃圾处置设施与您所居住地点的距离	"3 千米"	"1 千米"
年支付费用	"30 元"	"30 元"

Question 2

	选项 1	选项 2
终端处置方式	"焚烧"	"焚烧"
环境污染程度	"轻度污染"	"重度污染"
终端分拣设施规模	"大规模"	"小规模"
垃圾处置设施与您所居住地点的距离	"1 千米"	"3 千米"
年支付费用	"45 元"	"45 元"

Question 3

	选项 1	选项 2
终端处置方式	"混合处置"	"混合处置"
环境污染程度	"中度污染"	"轻度污染"
终端分拣设施规模	"小规模"	"大规模"
垃圾处置设施与您所居住地点的距离	"3 千米"	"3 千米"
年支付费用	"15 元"	"30 元"

Question 4

	选项 1	选项 2
终端处置方式	"填埋"	"焚烧"
环境污染程度	"中度污染"	"中度污染"
终端分拣设施规模	"大规模"	"中等规模"
垃圾处置设施与您所居住地点的距离	"1 千米"	"3 千米"
年支付费用	"30 元"	"30 元"

Question 5

	选项 1	选项 2
终端处置方式	"填埋"	"焚烧"
环境污染程度	"中度污染"	"轻度污染"
终端分拣设施规模	"小规模"	"小规模"
垃圾处置设施与您所居住地点的距离	"6 千米"	"6 千米"
年支付费用	"45 元"	"30 元"

Question 6

	选项 1	选项 2
终端处置方式	"填埋"	"填埋"
环境污染程度	"重度污染"	"轻度污染"
终端分拣设施规模	"大规模"	"中等规模"
垃圾处置设施与您所居住地点的距离	"3 千米"	"3 千米"
年支付费用	"15 元"	"45 元"

参 考 文 献

[1] 曹海艳，葛新权，李晓非. 城市居民收入水平与生活垃圾产生量关系研究 [J]. 统计与决策，2017 (6)：93 – 96.

[2] 陈绍军，李如春，马永斌. 意愿与行为的悖离：城市居民生活垃圾分类机制研究 [J]. 中国人口·资源与环境，2015，25 (9)：168 – 176.

[3] 范子英，刘冲，彭飞. 政治关联与经济增长——基于卫星灯光数据的研究 [J]. 经济研究，2016，51 (1)：114 – 126.

[4] 冯林玉，秦鹏. 生活垃圾分类的实践困境与义务进路 [J]. 中国人口·资源与环境，2019，29 (5)：121 – 129.

[5] 高军波，乔伟峰，刘彦随等. 超越困境：转型期中国城市邻避设施供给模式重构——基于番禺垃圾焚烧发电厂选址反思 [J]. 中国软科学，2016 (1)：98 – 108.

[6] 韩峰，李玉双. 产业集聚、公共服务供给与城市规模扩张 [J]. 经济研究，2019，54 (11)：149 – 164.

[7] 韩洪云，张志坚，朋文欢. 社会资本对居民生活垃圾分类行为的影响机理分析 [J]. 浙江大学学报（人文社会科学版），2016 (3)：164 – 179.

[8] 黄福义，安新丽，李力等. 生活垃圾填埋场对河流抗生素抗性基因的影响 [J]. 中国环境科学，2017，37 (1)：203 – 209.

[9] 黄开兴，王金霞，白军飞等. 农村生活固体垃圾排放及其治理对策分析 [J]. 中国软科学，2012 (9)：72 – 79.

[10] 江源. 中国城市环境管理的可持续发展对策——生活垃圾管理中新政策的可导入性分析 [J]. 管理世界，2002 (2)：65 – 73.

[11] 康晓梅. 何处是"田园净土"？农业污染已超工业 [J]. 生态经济（中文版），2015，31（6）：6-9.

[12] 孔令强，田光进，柳晓娟. 中国城市生活固体垃圾排放时空特征 [J]. 中国环境科学，2017，37（4）：1408-1417.

[13] 李晓东，陆胜勇，徐旭等. 中国部分城市生活垃圾热值的分析 [J]. 中国环境科学，2001，21（2）：156-160.

[14] 李艳，张巧良，王正军. 熵权 TOPSIS 法在垃圾渗滤液处理方案优选中的应用 [J]. 统计与决策，2017（10）：85-87.

[15] 廖传惠. 中国城市生活垃圾 EKC 曲线特征及其成因分析 [J]. 城市发展研究，2013，20（12）：143-146.

[16] 吕彦昭，伍晓静，阎文静. 公众参与城市生活垃圾管理的影响因素研究 [J]. 干旱区资源与环境，2017，31（11）：21-25.

[17] 曲英，朱庆华. 城市居民生活垃圾源头分类行为意向研究 [J]. 管理评论，2009，21（9）：108-113.

[18] 宋国君，孙月阳，赵畅等. 城市生活垃圾焚烧社会成本评估方法与应用——以北京市为例 [J]. 中国人口·资源与环境，2017，27（8）：17-27.

[19] 王伟，葛新权，徐颖. 城市垃圾分类回收多元主体利益博弈与差别责任分析 [J]. 中国人口·资源与环境，2017（S2）：41-44.

[20] 吴晓林，邓聪慧. 城市垃圾分类何以成功？——来自台北市的案例研究 [J]. 中国地质大学学报（社会科学版），2017（6）：117-126.

[21] 徐康宁，陈丰龙，刘修岩. 中国经济增长的真实性：基于全球夜间灯光数据的检验 [J]. 经济研究，2015（9）：17-29.

[22] 徐林，凌卯亮，卢昱杰. 城市居民垃圾分类的影响因素研究 [J]. 公共管理学报，2017（1）：142-153.

[23] 徐林，凌卯亮. 居民垃圾分类行为干预政策的溢出效应分析——一个田野准实验研究 [J]. 浙江社会科学，2019（11）：65-75，157-158.

[24] 杨超，何小松，席北斗等. 填埋初期水溶性有机物结构受电子

转移的影响 [J]. 中国环境科学, 2017, 37 (1): 229 - 237.

[25] 叶岚, 陈奇星. 城市生活垃圾处理的政策分析与路径选择——以上海实践为例 [J]. 上海行政学院学报, 2017, 18 (2): 69 - 77.

[26] 张莉萍, 张中华. 城市生活垃圾源头分类中居民集体行动的困境及克服 [J]. 武汉大学学报 (哲学社会科学版), 2016, 69 (6): 50 - 56.

[27] 赵威, 席北斗, 赵越等. 简易填埋场垃圾渗滤液水溶性有机物对 Pb (Ⅱ) 迁移转化特性的影响 [J]. 环境科学研究, 2014, 27 (5): 527 - 533.

[28] 邹剑锋. 城市生活垃圾的解耦分析——来自空间计量模型的新证据 [J]. 商业经济与管理, 2019, 39 (6): 57 - 69.

[29] ABBASI M, ABDULI M A, OMIDVAR B, BAGHVAND A. Forecasting Municipal Solid Waste Generation by Hybrid Support Vector Machine and Partial Least Square Model [J]. Int. J. Environ. Res. , 2013, 7 (1): 27 - 38.

[30] ACEMOGLU D, AKCIGIT U, HANLEY D, et. al. Transition to Clean Technology [J]. Journal of Political Economy, University of Chicago Press Chicago, IL, 2016, 124 (1): 52 - 104.

[31] AFROZ R, HANAKI K, TUDDIN R. The Role of Socio - Economic Factors on Household Waste Generation: A Study in a Waste Management Program in Dhaka City, Bangladesh [J]. Research Journal of Applied Sciences, 2010, 5 (3): 183 - 190.

[32] AGHAJANI MIR M, TAHEREI GHAZVINEI P, SULAIMAN N M N, et. al. Application of TOPSIS and VIKOR Improved Versions in a Multi Criteria Decision Analysis to Develop an Optimized Municipal Solid Waste Management Model [J]. Journal of Environmental Management, 2016 (166): 109 - 115.

[33] AGOVINO M, CROCIATA A, SACCO P L. Location Matters for Pro - environmental Behavior: A Spatial Markov Chains Approach to Proximity Effects in Differentiated Waste Collection [J]. Annals of Regional Science, Springer Berlin Heidelberg, 2016, 56 (1): 295 - 315.

[34] AGOVINO M, D'UVA M, GAROFALO A, et. al. Waste Management Performance in Italian Provinces: Efficiency and Spatial Effects of Local Governments and Citizen Action [J]. Ecological Indicators, Elsevier, 2018 (89): 680 –695.

[35] AGOVINO M, MUSELLA G. Separate Waste Collection in Mountain Municipalities. A Case Study in Campania [J]. Land Use Policy, 2020, 91 (12): 104408.

[36] AKERLOF G A. Social Distance and Social Decisions [J]. Econometrica, 1997, 65 (5): 1005 –1028.

[37] ANDERSON K P. Optimal Growth When the Stock of Resources is Finite and Depletable [J]. Journal of Economic Theory, Elsevier, 1972, 4 (2): 256 –267.

[38] ANGRIST J D, PISCHKE J – S. Mostly Harmless Econometrics: An Empiricist's Companion [M]. Princeton: Princeton University Press, 2008.

[39] ANSELIN L, SYABRI I, KHO Y. An Introduction to Spatial Data Analysis [J]. Geographical Analysis, 2006 (38): 5 –22.

[40] ANSELIN L. Estimation Methods for Spatial Autoregressive Structures: A Study in Spatial Econometrics [M]. Ithaca (N. Y.): Cornell University. Program in Urban and Regional Studies, 1980.

[41] ANSELIN L. Spatial Effects in Econometric Practice in Environmental and Resource Economics [J]. American Journal of Agricultural Economics, 2001, 83 (3): 705 –710.

[42] ANSELIN L. Thirty Years of Spatial Econometrics [J]. Papers in Regional Science, 2010, 89 (1): 3 –25.

[43] APHALE O, THYBERG K L, TONJES D J. Differences in Waste Generation, Waste Composition, and Source Separation Across Three Waste Districts in a New York Suburb [J]. Resources, Conservation and Recycling, 2015 (99): 19 –28.

[44] ATKINSON G, MOURATO, SUSANA. Environmental Cost – Benefit

Analysis [J]. Annual Review of Environment and Resources, 2008 (33): 317 - 344.

[45] ATRI S, SCHELLBERG T. Efficient Management of Household Solid Waste: A General Equilibrium Model [J]. Public Finance Review, 1995, 23 (1): 3 - 39.

[46] AZOMAHOU T, LAISNEY F, NGUYEN VAN P. Economic Development and CO_2 Emissions: A Nonparametric Panel Approach [J]. Journal of Public Economics, 2006, 90 (6 - 7): 1347 - 1363.

[47] BACH H, MILD A, NATTER M, et. al. Combining Socio - demographic and Logistic Factors to Explain the Generation and Collection of Waste Paper [J]. Resources, Conservation and Recycling, 2004, 41 (1): 65 - 73.

[48] BECKERMAN W. Economic Growth and the Environment: Whose Growth? Whose Environment? [J]. World Development, 1992, 20 (4): 481 - 496.

[49] BEDATE A M, HERRERO L C, SANZ J A. Economic Valuation of a Contemporary Art Museum: Correction of Hypothetical Bias Using a Certainty Question [J]. Journal of Cultural Economics, Springer, 2009, 33 (3): 185 - 199.

[50] BEEDE D N, BLOOM D E. The Economics of Municipal Solid Waste [J]. The World Bank Research Observer, 1995, 10 (2 (August 1995)): 113 - 150.

[51] BEIGL P, LEBERSORGER S, SALHOFER S. Modelling Municipal Solid Waste Generation: A Review [J]. Waste Management, 2008, 28 (1): 200 - 214.

[52] BEKKER - GROB E W, HOL L, DONKERS B, et. al. Labeled Versus Unlabeled Discrete Choice Experiments in Health Economics: An Application to Colorectal Cancer Screening [J]. Value in Health, Wiley Online Library, 2010, 13 (2): 315 - 323.

[53] BELOTTI F, MORTARI A P, HUGHES G. Spatial Panel Data Mod-

els Using Stata ［J］. Stata Journal, 2017, 17 (1): 139 – 180.

［54］ BENÍTEZ S O, LOZANO – OLVERA G, MORELOS R A, et. al. Mathematical Modeling to Predict Residential Solid Waste Generation ［J］. Waste Management, 2008, 28 (SUPPL. 1): S7 – S13.

［55］ BERRENS R P, BOHARA A K, GAWANDE K. Testing the Inverted – U Hypothesis for US Hazardous Waste ［J］. Economics Letters, 1997, 55 (3): 435 – 440.

［56］ BERTRAND M, DUFLO E, MULLAINATHAN S. How Much Should We Trust Differences – in – differences Estimates? ［J］. Quarterly Journal of Economics, 2004, 119 (1): 249 – 275.

［57］ BESAG J E, MORAN P A P. On the Estimation and Testing of Spatial Interaction in Gaussian Lattice Processes ［J］. Biometrika, 1975, 62 (3): 555 – 562.

［58］ BESAG J. Spatial Interaction and the Statistical Analysis of Lattice Systems ［J］. Journal of the Royal Statistical Society: Series B (Statistical Methodology), 1974, 36 (2): 192 – 225.

［59］ BESLEY T, CASE A. Unnatural Experiments? Estimating the Incidence of Endogenous Policies ［J］. The Economic Journal, 2000, 110 (467): 672 – 694.

［60］ BILITEWSKI B. From Traditional to Modern Fee Systems ［J］. Waste Management, Elsevier Ltd. , 2008, 28 (12): 2760 – 2766.

［61］ BIVAND R. Implementing Representations of Space in Economic Geography ［J］. Journal of Regional Science, 2010, 48 (1): 1 – 27.

［62］ BLOOM D E, BEEDE D N. The Economics of Municipal Solid Waste ［J］. The World Bank Research Observer, 1995, 10 (2 (August 1995)): 113 – 150.

［63］ BLUMENSCHEIN K, BLOMQUIST G C, JOHANNESSON M, et. al. Eliciting Willingness to Pay Without Bias: Evidence from a Field Experiment ［J］. The Economic Journal, Oxford University Press Oxford, UK, 2007,

118 (525): 114 – 137.

[64] BOCKSTAEL N E. Modeling Economics and Ecology: The Importance of a Spatial Perspective [J]. American Journal of Agricultural Economics, 1996, 78 (5): 1168 – 1180.

[65] BORGATTI S P, MEHRA A, BRASS D J, et. al. Network Analysis in the Social Sciences [J]. Science, American Association for the Advancement of Science, 2009, 323 (5916): 892 – 895.

[66] BOUCEKKINE R, EL OUARDIGHI F. Optimal Growth with Polluting Waste and Recycling [G]//Dynamic Perspectives on Managerial Decision Making. Springer, 2016: 109 – 126.

[67] BOUCEKKINE R, POMMERET A, PRIEUR F. Technological vs. Ecological Switch and the Environmental Kuznets Curve [J]. American Journal of Agricultural Economics, Oxford University Press, 2012, 95 (2): 252 – 260.

[68] BOXALL P C, ADAMOWICZ W L, SWAIT J, et. al. A Comparison of Stated Preference Methods for Environmental Valuation [J]. Ecological Economics, 1996, 18 (3): 243 – 253.

[69] BOYCE C, CZAJKOWSKI M, HANLEY N. Personality and Economic Choices [J]. Journal of Environmental Economics and Management, 2019 (94): 82 – 100.

[70] BOYLE K J. Contingent Valuation in Practice [G]//A Primer on Nonmarket Valuation. Dordrecht: Springer, 2017: 83 – 131.

[71] BREFFLE W S, ROWE R D. Comparing Choice Question Formats for Evaluating Natural Resource Tradeoffs [J]. Land Economics, University of Wisconsin Press, 2002, 78 (2): 298 – 314.

[72] BRISSON I. Packaging Waste and the Environment: Economics and Policy [J]. Resources, Conservation and Recycling, 1993, 8 (3 – 4): 183 – 192.

[73] BROCK W A, TAYLOR M S. Economic Growth and the Environ-

ment: A Review of Theory and Empirics [G]//Handbook of Economic Growth. Elsevier, 2005 (1): 1749 – 1821.

[74] BROCK W A, TAYLOR M S. The Green Solow Model [J]. Journal of Economic Growth, 2010, 15 (2): 127 – 153.

[75] BROMLEY D W. The Handbook of Environmental Economics [M]. Oxford: Blackwell Publishers, 1995.

[76] BRUECKNER J K. Strategic Interaction among Governments: An Overview of Empirical Studies [J]. International Regional Science Review, 2003, 26 (2): 175 – 188.

[77] BRUNNER P H, FELLNER J. Setting Priorities for Waste Management Strategies in Developing Countries [J]. Waste Management and Research, 2007, 25 (3): 234 – 240.

[78] BRUNSDON C, FOTHERINGHAM A S, CHARLTON M. Some Notes on Parametric Significance Tests for Geographically Weighted Regression [J]. Journal of Regional Science, Wiley Online Library, 1999, 39 (3): 497 – 524.

[79] BUDZIŃSKI W, CAMPBELL D, CZAJKOWSKI M, et. al. Using Geographically Weighted Choice Models to Account for the Spatial Heterogeneity of Preferences [J]. Journal of Agricultural Economics, Wiley Online Library, 2018, 69 (3): 606 – 626.

[80] CALIENDO M, KOPEINIG S. Some Practical Guidance for the Implementation of Propensity Score Matching [J]. Journal of Economic Surveys, 2008, 22 (1): 31 – 72.

[81] CAMPBELL D, SCARPA R, HUTCHINSON W G. Assessing the Spatial Dependence of Welfare Estimates Obtained from Discrete Choice Experiments [J]. Letters in Spatial and Resource Sciences, Springer, 2008, 1 (2 – 3): 117 – 126.

[82] CAPLAN A, GRIJALVA T, JACKSON – SMITH D. Using Choice Question Formats to Determine Compensable Values: The Case of a Landfill – si-

ting Process [J]. Ecological Economics, 2007, 60 (4): 834 –846.

[83] CARLSSON F, MARTINSSON P. Design Techniques for Stated Preference Methods in Health Economics [J]. Health Economics, Wiley Online Library, 2003, 12 (4): 281 –294.

[84] CASE A. Neighborhood Influence and Technological Change [J]. Regional Science and Urban Economics, 1992, 22 (3): 491 –508.

[85] CASS D. Optimum Growth in an Aggregative Model of Capital Accumulation [J]. The Review of Economic Studies, 1965, 32 (3): 233 –240.

[86] CERULLI G. Econometric Evaluation of Socio – economic Programs [M]. Berlin, Heidelberg: Springer, 2015.

[87] CHAMP P A, BISHOP R C, BROWN T C, et. al. Using Donation Mechanisms to Value Nonuse Benefits from Public Goods [J]. Journal of Environmental Economics and Management, 1997, 33 (2): 151 –162.

[88] CHANG N BIN, LIN Y T. An Analysis of Recycling Impacts on Solid Waste Generation by Time Series Intervention Modeling [J]. Resources, Conservation and Recycling, 1997, 19 (3): 165 –186.

[89] CHENG H, ZHANG Y, MENG A, et. al. Municipal Solid Waste Fueled Power Generation in China: A Case Study of Waste – to – energy in Changchun City [J]. Environmental Science and Technology, 2007, 41 (21): 7509 –7515.

[90] CHIFARI R, LO PIANO S, MATSUMOTO S, et. al. Does Recyclable Separation Reduce the Cost of Municipal Waste Management in Japan? [J]. Waste Management, Elsevier Ltd. , 2017 (60): 32 –41.

[91] CHOE C, FRASER L. The Economics of Household Waste Management: A Review [J]. Australian Journal of Agricultural and Resource Economics, 1998, (Issue3): 1 –34.

[92] COASE R H. The Problem of Social Cost [J]. Journal of Law and Economics, 1960, 3 (4): 1 –44.

[93] COHEN G, JALLES J T, LOUNGANI P, et. al. The Long – run De-

coupling of Emissions and Output: Evidence from the Largest Emitters [J]. Energy Policy, 2018 (118): 58 – 68.

[94] COLE M A, RAYNER A J, BATES J M. The Environmental Kuznets Curve: An Empirical Analysis [J]. Environment and Development Economics, 1997, 2 (4): 401 – 416.

[95] CONLEY T G. GMM Estimation with Cross Sectional Dependence [J]. Journal of Econometrics, 1999, 92 (1): 1 – 45.

[96] COPELAND B R, TAYLOR M S. Trade, Growth, and the Environment [J]. Journal of Economic Literature, 2004, 42 (1): 7 – 71.

[97] CROCIATA A, AGOVINO M, SACCO P L. Neighborhood Effects and Pro – environmental Behavior: The Case of Italian Separate Waste Collection [J]. Journal of Cleaner Production, 2016 (135): 80 – 89.

[98] D'ARGE R C, KOGIKU K C. Economic Growth and the Environment [J]. The Review of Economic Studies, 1973, 40 (1): 61 – 77.

[99] DE TILLY S. Waste Generation and Related Policies – Broad Trends over the Last Ten Years [G]//Addressing the Economics of Waste, 2004: 23 – 38.

[100] DEFRA. A Study to Estimate the Disamenity Costs of Landfill in Great Britain Final Report [R]. London: The Department for Environment, Food and Rural Affairs, 2003.

[101] DEFRA. Valuation of the External Costs and Benefits to Health and Environment of Waste Management Options Final Report for Defra by Enviros Consulting Limited in Association with EFTEC [R]. London: The Department for Environment, Food and Rural Affairs, 2004 (December).

[102] DEMSETZ H. Toward a Theory of Property Rights [G]//Classic Papers in Natural Resource Economics. Springer, 1974: 163 – 177.

[103] DENNISON G J, DODD V A, WHELAN B. A Socio – economic Based Survey of Household Waste Characteristics in the City of Dublin, Ireland. II. Waste Quantities [J]. Resources, Conservation and Recycling, 1996, 17

(3): 245 –257.

[104] DIJKGRAAF E, VOLLEBERGH H R J. Burn or bury? A Social Cost Comparison of Final Waste Disposal Methods [J]. Ecological Economics, 2004 (50): 233 –247.

[105] DINAN T M. Economic Efficiency Effects of Alternative Policies for Reducing Waste Disposal [J]. Journal of Environmental Economics and Management, 1993, 25 (3): 242 –256.

[106] DIRECTIVE 2008/98/EC. Directive 2008/98/EC of the European Parliament and of the Council of 19 November 2008 on Waste and Repealing Certain Directives [J]. Official Journal of the European Union, 2008: 3 –30.

[107] DUMMER T J B, DICKINSON H O, PARKER L. Adverse Pregnancy Outcomes near Landfill Sites in Cumbria, Northwest England, 1950 – 1993 [J]. Archives of Environmental Health, 2003, 58 (11): 692 –698.

[108] EEA. Municipal Waste Management across European Countries [R]. Brussels: European Environment Agency, 2017.

[109] EEA. Annual European Community Greenhouse Gas Inventory 1990 –2005 and Inventory Report 2007. Submission to the UNFCCC Secretariat [R]. Brussels: European Environment Agency, 2007.

[110] EKMEKÇIOĞLU M, KAYA T, KAHRAMAN C. Fuzzy Multicriteria Disposal Method and Site Selection for Municipal Solid Waste [J]. Waste Management, 2010, 30 (8 –9): 1729 –1736.

[111] ELHORST J P. Specification and Estimation of Spatial Panel Data Models [J]. International Regional Science Review, 2003, 26 (3): 244 – 268.

[112] ELHORST P, PIRAS G, ARBIA G. Growth and Convergence in a Multiregional Model with Space – time Dynamics [J]. Geographical Analysis, 2010, 42 (3): 338 –355.

[113] ELLIOTT P, BRIGGS D, MORRIS S, et. al. Risk of Adverse Birth Outcomes in Populations Living near Landfill Sites [J]. BMJ, 2001, 323

(7309): 363 - 368.

[114] ELLIOTT P, SHADDICK G, KLEINSCHMIDT I, et. al. Cancer Incidence near Municipal Solid Waste Incinerators in Great Britain [J]. British Journal of Cancer, 1996 (73): 702 - 710.

[115] EPA. Decision Maker' Guide to Solid Waste Management [R]. Washington, DC: Environmental Protection Agency, 1995.

[116] ESHET T, AYALON O, SHECHTER M. Valuation of Externalities of Selected Waste Management Alternatives: A Comparative Review and Analysis [J]. Resources, Conservation and Recycling, 2006, 46 (4): 335 - 364.

[117] EUROPEAN COMMISSION. A Study on the Economic Valuation of Environmental Externalities from Landfill Disposal and Incineration of Waste Final Main Report [R]. Brussels: European Commission, 2000.

[118] FERREIRA S, GALLAGHER L. Protest Responses and Community Attitudes Toward Accepting Compensation to Host Waste Disposal Infrastructure [J]. Land Use Policy, 2010, 27 (2): 638 - 652.

[119] FISCHER - KOWALSKI M, AMANN C. Beyond IPAT and Kuznets Curves: Globalization as a Vital Factor in Analysing the Environmental Impact of Socio - economic Metabolism [J]. Population and Environment, 2001, 23 (1): 7 - 47.

[120] FISHBEIN B K. Germany, Garbage, and the Green Dot: Challenging the Throwaway Society [M]. DIANE Publishing, 1996.

[121] FISHER W D. Econometric Estimation with Spatial Dependence [J]. Regional and Urban Economics, 1971, 1 (1): 19 - 40.

[122] FLORES N E, THACHER J. Money, Who Meeds It? Natural Resource Damage Assessment [J]. Contemporary Economic Policy, Wiley Online Library, 2002, 20 (2): 171 - 178.

[123] FODHA M, MAGRIS F. Recycling Waste and Endogenous Fluctuations in an OLG Model [J]. International Journal of Economic Theory, Wiley Online Library, 2015, 11 (4): 405 - 427.

[124] FORSTER B A. Optimal Energy Use in a Polluted Environment [J]. Journal of Environmental Economics and Management, Elsevier, 1980, 7 (4): 321 –333.

[125] FOTHERINGHAM A S, BRUNSDON C, CHARLTON M. Geographically Weighted Regression: The Analysis of Spatially Varying Relationships [M]. New York: John Wiley and Sons, 2003.

[126] FOTHERINGHAM A S, CHARLTON M E, BRUNSDON C. Geographically Weighted Regression: A Natural Evolution of the Expansion Method for Spatial Data Analysis [J]. Environment and Planning A, 1998, 30 (11): 1905 –1927.

[127] FOTHERINGHAM A S, CRESPO R, YAO J. Geographical and Temporal Weighted Regression (GTWR) [J]. Geographical Analysis, Wiley Online Library, 2015, 47 (4): 431 –452.

[128] FOTHERINGHAM A S, YANG W, KANG W. Multiscale Geographically Weighted Regression (mgwr) [J]. Annals of the American Association of Geographers, Taylor and Francis, 2017, 107 (6): 1247 –1265.

[129] FOWLIE M, HOLLAND S P, MANSUR E T. What do Emissions Markets Deliver and to Whom? Evidence from Southern California's NO X Trading Program [J]. American Economic Review, 2012, 102 (2): 965 –993.

[130] FREEMAN III A M, HERRIGES J A, KLING C L. The Measurement of Environmental and Resource Values: Theory and Methods [M]. London: Routledge, 2014.

[131] FREY B S, OBERHOLZER – GEE F, EICHENBERGER R. The Old Lady Visits Your Backyard: A Tale of Morals and Markets [J]. Journal of political economy, 1996, 104 (6): 1297 –1313.

[132] FREY B S, OBERHOLZER – GEE F. The Cost of Price Incentives: An Empirical Analysis of Motivation Crowding – out [J]. The American Economic Review, 1997, 87 (4): 746 –755.

[133] FUJITA M KRUGMAN, P VENABLES A. The Spatial Economy: Cities, Regions and International Trade [M]. Cambridge, MA: MIT Press, 1999.

[134] FUJITA M, THISSE J F. New Economic Geography: An Appraisal on the Occasion of Paul Krugman's 2008 Nobel Prize in Economic Sciences [J]. Regional Science and Urban Economics, 2009.

[135] FULLERTON D, KINNAMAN T C. Household Responses to Pricing Garbage by the Bag [J]. American Economic Review, 1996, 86 (4): 971 – 984.

[136] FULLERTON D, RAUB A. Economic Analysis of Solid Waste Management Policies [G]//Adressing the Economics of Waste, 2004: 39 – 62.

[137] FULLERTON D, WENBO WU. Policies for Green Design [J]. Journal of Environmental Economics and Management, 1998 (36): 131 – 148.

[138] FULLTERTON D, C KINNAMAN T. Garbage, Recycling, and Ilicit Burning or Dumping [J]. Journal of Environmental Economics and Management, 1995 (29): 78 – 91.

[139] GALLOWAY T S, COLE M, LEWIS C. Interactions of Microplastic Debris Throughout the Marine Ecosystem [J]. Nature Ecology and Evolution, Macmillan Publishers Limited, 2017, 1 (5): 1 – 8.

[140] GERTLER P J, MARTINEZ S, PREMAND P, et. al. Impact Evaluation in Practice, Second Edition [M]. Impact Evaluation in Practice, Second Edition, Washington, DC: World Bank Publications, 2016.

[141] GETIS A. Spatial Filtering in a Regression Framework: Examples Using Data on Urban Crime, Regional Inequality, and Government Expenditures [G]//New Directions in Spatial Econometrics. Advances in Spatial Science. Berlin, Heidelberg: Springer, 1995: 172 – 185.

[142] GIUSTI L. A Review of Waste Management Practices and Their Impact on Human Health [J]. Waste Management, 2009, 29 (8): 2227 – 2239.

[143] GLAESER E L, SACERDOTE B, SCHEINKMAN J A. Crime and Social Interactions [J]. The Quarterly Journal of Economics, 1996, 111 (2): 507 – 548.

[144] GLENK K, JOHNSTON R J, MEYERHOFF J, et. al. Spatial Dimensions of Stated Preference Valuation in Environmental and Resource Economics: Methods, Trends and Challenges [J]. Environmental and Resource Economics, 2020, 75 (2): 215 – 242.

[145] GOLLEDGE R G, BERRY B J L, MARBLE D F. Spatial Analysis: A Reader in Statistical Geography (Review) [J]. Economic Geography, 1969, 45 (3): 281 – 282.

[146] GOODCHILD M F, ANSELIN L, APPELBAUM R P, et. al. Toward Spatially Integrated Social Science [J]. International Regional Science Review, 2000, 23 (2): 139 – 159.

[147] GRANGER C W J. Aspects of the Analysis and Interpretation of Temporal and Spatial Data [J]. Journal of the Royal Statistical Society, 1975, 24 (3): 197 – 210.

[148] GREBITUS C, LUSK J L, NAYGA JR R M. Explaining Differences in Real and Hypothetical Experimental Auctions and Choice Experiments with Personality [J]. Journal of Economic Psychology, 2013 (36): 11 – 26.

[149] GREENSTONE M, B K JACK. Envirodevonomics: A Research Agenda for a Young Field [J]. NBER Working Paper, 2013. 09 (19426).

[150] GRIFFITH D A, ANSELIN L. Spatial Econometrics: Methods and Models [J]. Economic Geography, 1989, 65 (2): 160 – 162.

[151] GROSSMAN G M, KRUEGER A B. Economic Growth and the Environment [J]. The Quarterly Journal of Economics, 1995, 110 (2): 353 – 377.

[152] GUI S, ZHAO L, ZHANG Z. Does Municipal Solid Waste Generation in China Support the Environmental Kuznets Curve? New Evidence from Spatial Linkage Analysis [J]. Waste Management, 2019 (84): 310 – 319.

[153] GUPTA S. Decoupling: A Step toward Sustainable Development

with Reference to OECD Countries [J]. International Journal of Sustainable Development and World Ecology, 2015, 22 (6): 510 - 519.

[154] GUSTAFSSON - WRIGHT E, ASFAW A, VAN DER GAAG J. Willingness to Pay for Health Insurance: An Analysis of the Potential Market for New Low - cost Health Insurance Products in Namibia [J]. Social Science and Medicine, Elsevier, 2009, 69 (9): 1351 - 1359.

[155] HAGE O, SANDBERG K, SÖDERHOLM P, et. al. The Regional Heterogeneity of Household Recycling: A Spatial - econometric Analysis of Swedish Plastic Packing Waste [J]. Letters in Spatial and Resource Sciences, Springer Berlin Heidelberg, 2018, 11 (3): 245 - 267.

[156] HAGE O, SÖDERHOLM P. An Econometric Analysis of Regional Differences in Household Waste Collection: The Case of Plastic Packaging Waste in Sweden [J]. Waste Management, 2008, 28 (10): 1720 - 1731.

[157] HAINING R, ZHANG J. Spatial Data Analysis: Theory and Practice [M]. London: Cambridge University Press, 2003.

[158] HALKOS G E, PAIZANOS E A. The Effect of Government Expenditure on the Environment: An Empirical Investigation [J]. Ecological Economics, 2013 (91): 48 - 56.

[159] HAN H, ZHANG Z, XIA S. The Crowding - out Effects of Garbage Fees and Voluntary Source Separation Programs on Waste Reduction: Evidence from China [J]. Sustainability, 2016, 8 (7): 678.

[160] HAN H, ZHANG Z, XIA S, et. al. The Carrot or the Stick: Individual Adaption Against Varying Institutional Arrangements [J]. Journal of Environmental Planning and Management, 2018, 61 (4): 568 - 596.

[161] HAN H, ZHANG Z. The Impact of the Policy of Municipal Solid Waste Source - separated Collection on Waste Reduction: A Case Study of China [J]. Journal of Material Cycles and Waste Management, 2017, 19 (1): 382 - 393.

[162] HAN Z, LIU Y, ZHONG M, et. al. Influencing Factors of Domes-

tic Waste Characteristics in Rural Areas of Developing Countries [J]. Waste Management, 2017 (72): 45 - 54.

[163] HANLEY N, FENTON R. Economic Instruments and Waste Minimization: The Need for Discard - relevant and Purchase - relevant Instruments [J]. Discussion Papers in Ecological Economics, 1994, 27 (8): 1317 - 1328.

[164] HAO Y, LIU Y, WENG J - H, et. al. Does the Environmental Kuznets Curve for Coal Consumption in China Exist? New Evidence from Spatial Econometric Analysis [J]. Energy, 2016 (114): 1214 - 1223.

[165] HARBAUGH W T, LEVINSON A, WILSON D M. Reexamining the Empirical Evidence for an Environmental Kuznets Curve [J]. Review of Economics and Statistics, 2002, 84 (3): 541 - 551.

[166] HAUSMAN J, MCFADDEN D. Specification Tests for the Multinomial Logit Model [J]. Econometrica, 1984 (52): 1219 - 1240.

[167] HECKMAN J J, VYTLACIL E. Structural Equations, Treatment Effects, and Econometric Policy Evaluation [J]. Econometrica, 2005, 73 (3): 669 - 738.

[168] HICKS J R. The Foundations of Welfare Economics [J]. The Economic Journal, 1939, 49 (196): 696.

[169] HOCKETT D, LOBER D J, PILGRIM K. Determinants of Per Capita Municipal Solid Waste Generation in the Southeastern United States [J]. Journal of Environmental Management, 1995, 45 (3): 205 - 217.

[170] HOLTZ - EAKIN D, SELDEN T. Stoking the Fires? CO_2 Emissions and Economic Growth [J]. Journal of Public Economics, 1995 (57): 85 - 101.

[171] HOORNWEG D, BHADA - TATA P. What a Waste: A Global Review of Solid Waste Management [R]. Washington, DC: World Bank, 2012.

[172] HOORNWEG D, LAM P, CHAUDHRY M. Waste Management in China: Issues and Recommendations [R]. Washington, DC: World Bank,

2005.

[173] HOPPER J R, YAWS C L, HO T C, et. al. Waste Minimization by Process Modification [J]. Waste Management, 1993, 13 (1): 3-14.

[174] HOTELLING H. The Economics of Exhaustible Resources [J]. Journal of Political Economy, the University of Chicago Press, 1931, 39 (2): 137-175.

[175] HUANG B, WU B, BARRY M. Geographically and Temporally Weighted Regression for Modeling Spatio-temporal Variation in House Prices [J]. International Journal of Geographical Information Science, 2010, 24 (3): 383-401.

[176] HUBER J, ZWERINA K. The Importance of Utility Balance in Efficient Choice Designs [J]. Journal of Marketing Research, SAGE Publications Sage CA: Los Angeles, CA, 1996, 33 (3): 307-317.

[177] HUERTA LWANGA E, MENDOZA VEGA J, KU QUEJ V, et. al. Field Evidence for Transfer of Plastic Debris along a Terrestrial Food Chain [J]. Scientific Reports, 2017, 7 (1): 14071.

[178] HULTKRANTZ L, LINDBERG G, ANDERSSON C. The Value of Improved Road Safety [J]. Journal of Risk and Uncertainty, Springer, 2006, 32 (2): 151-170.

[179] HURLEY R, WOODWARD J, ROTHWELL J J. Microplastic Contamination of River Beds Significantly Reduced by Catchment-wide Flooding [J]. Nature Geoscience, 2018, 11 (4): 251-257.

[180] IM K S, PESARAN M H, SHIN Y. Testing for Unit Roots in Heterogeneous Panels [J]. Journal of Econometrics, 2003, 115 (1): 53-74.

[181] IRWIN E, BOCKSTAEL N. Endogenous Spatial Externalities: Empirical Evidence and Implications for the Evolution of Exurban Residential Land Use Patterns [G]//Advances in Spatial Econometrics. Advances in Spatial Science. Springer, Berlin, Heidelberg, 2004: 359-380.

[182] ITO K, ZHANG S. Willingness to Pay for Clean Air: Evidence

from Air Purifier Markets in China [J]. Journal of Political Economy, 2020, 128 (5): 1627 –1672.

[183] JAMBECK J R, GEYER R, WILCOX C, et. al. Plastic Waste Inputs from Land into the Ocean [J]. Science, 2015, 347 (6223): 768 –771.

[184] JENKINS R R, MARTINEZ S A, PALMER K, et. al. The Determinants of Household Recycling: A Material – specific Analysis of Recycling Program Features and Unit Pricing [J]. Journal of Environmental Economics and Management, 2003, 45 (2): 294 –318.

[185] JENKINS R R. The Economics of Solid Waste Reduction [M]. Hants, England: Edward Elgar Publishing Limited, 1993.

[186] JOHNSON F R, KANNINEN B, BINGHAM M, et. al. Experimental Design for Stated – choice Studies [G]//Valuing Environmental Amenities Using Stated Choice Studies. Springer, 2007: 159 –202.

[187] JOHNSTONE N, LABONNE J. Generation of Household Solid Waste in OECD Countries: An Empirical Analysis Using Macroeconomic Data [J]. Land Economics, 2004, 80 (4): 529 –538.

[188] KAHNEMAN D, TVERSKY A. Prospect Theory: An Analysis of Decision under Risk [J]. Econometrica, 1979, 47 (2): 363 –391.

[189] KAHN M E, WALSH R P. Cities and the Environment [G]// Handbook of Regional and Urban Economics. Oxford: North – Holland, 2015 (5): 405 –465.

[190] KAHN M E. The Silver Lining of Rust Belt Manufacturing Decline [J]. Journal of Urban Economics, 1999, 46 (3): 360 –376.

[191] KALDOR N. Welfare Propositions of Economics and Interpersonal Comparisons of Utility [J]. The Economic Journal, 1939, 49 (195): 549 –552.

[192] KANNINEN B J. Design of Sequential Experiments for Contingent Valuation Studies [J]. Journal of Environmental Economics and Management, Elsevier, 1993, 25 (1): S1 –S11.

[193] Kanya L, Sanghera S, Lewin A, et al. The Criterion Validity of Willingness to Pay Methods: A Systematic Review and Meta – analysis of the Evidence [J]. Social Science and Medicine, 2019, 232 (4): 238 – 261.

[194] KAROUSAKIS K. The Drivers of MSW Generation, Disposal and Recycling: Examining OECD Inter – country Differences [G]//Waste and Environmental Policy, 2009: 91 – 104.

[195] KELEJIAN H H, PRUCHA I R. A Generalized Moments Estimator for the Autoregressive Parameter in a Spatial Model [J]. International Economic Review, 1999, 40 (2): 509 – 533.

[196] KIEL K A, MCCLAIN K T. House Prices during Siting Decision Stages: The Case of an Incinerator from Rumor through Operation [J]. Journal of Environmental Economics and Management, 1995, 28 (2): 241 – 255.

[197] KIJIMA M, NISHIDE K, OHYAMA A. Economic Models for the Environmental Kuznets Curve: A Survey [J]. Journal of Economic Dynamics and Control, 2010, 34 (7): 1187 – 1201.

[198] KIM G S, CHANG Y J, KELLEHER D. Unit Pricing of Municipal Solid Waste and Illegal Dumping: An Empirical Analysis of Korean Experience [J]. Environmental Economics and Policy Studies, 2008, 9 (3): 167 – 176.

[199] KINNAMAN T C, FULLERTON D. Garbage and Recycling with Endogenous Local Policy [J]. Journal of Urban Economics, 2000 (48): 419 – 442.

[200] KINNAMAN T C. The Economics of Municipal Solid Waste Management [J]. Waste Management, 2009, 29 (10): 2615 – 2617.

[201] KOLSTAD J R. How to Make Rural Jobs More Attractive to Health Workers. Findings from a Discrete Choice Experiment in Tanzania [J]. Health economics, Wiley Online Library, 2011, 20 (2): 196 – 211.

[202] KOOPMANS T C. On the Concept of Optimal Economic Growth [R]. Cowles Foundation for Research in Economics, Yale University, 1963.

[203] KOVANDA J, HAK T. What are the Possibilities for Graphical

Presentation of Decoupling? An Example of Economy – wide Material Flow Indicators in the Czech Republic [J]. Ecological Indicators, 2007, 7 (1): 123 – 132.

[204] KOZAK G K, BOERLIN P, JANECKO N, et. al. Antimicrobial Resistance in Escherichia Coli of Swine and Wild Small Mammals in the Proximity of Swine Farms and in Natural Environments in Ontario [J]. Appl Environ Microbiol, 2008, 75 (3): 559 – 566.

[205] KUHFELD W F, TOBIAS R D, GARRATT M. Efficient Experimental Design with Marketing Research Applications [J]. Journal of Marketing Research, 1994, 31 (4): 545 – 557.

[206] KUNREUTHER H, KLEINDORFER P R. A Sealed – bid Auction Mechanism for Siting Noxious Facilities [J]. The American Economic Review, 1986, 76 (2): 295 – 299.

[207] KUNREUTHER H, KLEINDORFER P, KNEZ P J, et. al. A Compensation Mechanism for Siting Noxious Facilities: Theory and Experimental Design [J]. Journal of Environmental Economics and Management, 1987, 14 (4): 371 – 383.

[208] KUZNETS S. Economic Growth and Income Inequality [J]. The American Economic Review, 1955, 45 (1): 1 – 28.

[209] L ANDERSON T, J HILL P. Environmental Federalism [M]. Washington, D C: Rowman and Littlefield Publishers, 1997.

[210] LANCASTER K J. A New Approach to Consumer Theory [J]. Journal of Political Economy, the University of Chicago Press, 1966, 74 (2): 132 – 157.

[211] LANER D, CREST M, SCHARFF H, et. al. A Review of Approaches for the Long – term Management of Municipal Solid Waste Landfills [J]. Waste Management, Elsevier Ltd. , 2012, 32 (3): 498 – 512.

[212] LANG J C. Zero Landfill, Zero Waste: The Greening of Industry in Singapore [J]. International Journal of Environment and Sustainable Develop-

ment, 2005, 4 (3): 331 – 351.

[213] LEBRETON L, SLAT B, FERRARI F, et. al. Evidence that the Great Pacific Garbage Patch is Rapidly Accumulating Plastic [J]. Scientific Reports, Springer US, 2018, 8 (1): 1 – 15.

[214] LEE L fei, YU J. Estimation of Spatial Autoregressive Panel Data Models with Fixed Effects [J]. Journal of Econometrics, 2010, 154 (2): 165 – 185.

[215] LEE D S, LEMIEUX T. Regression Discontinuity Designs in Economics [J]. Journal of Economic Literature, 2010, 48 (2): 281 – 355.

[216] LESAGE J P. A Spatial Econometric Examination of China's Economic Growth [J]. Geographic Information Sciences, 1999, 5 (2): 143 – 153.

[217] LESAGE J P. An Introduction to Spatial Econometrics [J]. Revue d'économie Industrielle, 2008 (123): 19 – 44.

[218] LESAGE J P. Bayesian Estimation of Spatial Autoregressive Models [J]. International Regional Science Review, 1997, 20 (1 – 2): 113 – 129.

[219] LESAGE J, PACE R K. Introduction to Spatial Econometrics [M]. CRC Press, Boca Raton, FL, 2009.

[220] LEVIN A, LIN C F, CHU C S J. Unit Root Tests in Panel Data: Asymptotic and Finite – sample Properties [J]. Journal of Econometrics, 2002, 108 (1): 1 – 24.

[221] LEVITT S D. Understanding Why Crime Fell in the 1990s: Four Factors that Explain the Decline and Six that Do Not [J]. Journal of Economic Perspectives, 2004, 18 (1): 163 – 190.

[222] LIEB C M. The Environmental Kuznets Curve and Flow Versus Stock Pollution: The Neglect of Future Damages [J]. Environmental and Resource Economics, 2004, 29 (4): 483 – 506.

[223] LIU C, WU X. Factors Influencing Municipal Solid Waste Generation in China: A Multiple Statistical Analysis Study [J]. Waste Management and

Research, 2011, 29 (4): 371 – 378.

[224] LLORCA M, OREA L, POLLITT M G. Efficiency and Environmental Factors in the US Electricity Transmission Industry [J]. Energy Economics, 2016 (55): 234 – 246.

[225] LOBER D J, GREEN D P. NIMBY or NIABY: A Logit Model of Opposition to Solid – waste – disposal Facility Siting [J]. Journal of Environmental Management, 1994, 40 (1): 33 – 50.

[226] LONG J S, FREESE J. Regression Models for Categorical Dependent Variables Using Stata [M]. Texas: Stata Press, 2006.

[227] LOUVIERE J J, HENSHER D A. Design and Analysis of Simulated Choice or Allocation Experiments in Travel Choice Modeling [J]. Transportation Research Record, 1982, 890 (1): 158 – 169.

[228] LOUVIERE J J, WOODWORTH G. Design and Analysis of Simulated Consumer Choice or Allocation Experiments: An Approach Based on Aggregate Data [J]. Journal of Marketing Research, 1983, 20 (4): 350 – 367.

[229] LOUVIERE J J. Analyzing Decision Making: Metric Conjoint Analysis [M]. Newbury Park, CA: Sage, 1988.

[230] LOZANO S, IRIBARREN D, MOREIRA M T, et. al. The Link between Operational Efficiency and Environmental Impacts. A Joint Application of Life Cycle Assessment and Data Envelopment Analysis [J]. Science of the Total Environment, 2009, 407 (5): 1744 – 1754.

[231] MACAULEY M, PALMER K, SHIH J S. Dealing with Electronic Waste: Modeling the Costs and Environmental Benefits of Computer Monitor Disposal [J]. Journal of Environmental Management, 2003, 68 (1): 13 – 22.

[232] MARKANDYA A, GOLUB A, PEDROSO – GALINATO S. Empirical Analysis of National Income and SO_2 Emissions in Selected European Countries [J]. Environmental and Resource Economics, 2006, 35 (3): 221 – 257.

[233] MARQUES S, LIMA M L. Living in Grey Areas: Industrial Activity

and Psychological Jealth [J]. Journal of Environmental Psychology, 2011, 31 (4): 314 – 322.

[234] MAZZANTI M, ZOBOLI R. Delinking and Environmental Kuznets Curves for Waste Indicators in Europe Evidence on Municipal Solid Waste and Packaging Waste [G]//Waste and Environmental Policy, 2009: 15 – 33.

[235] MAZZANTI M, ZOBOLI R. Waste Generation, Waste Disposal and Policy Effectiveness: Evidence on Decoupling from the European Union [J]. Resources Conservation and Recycling, 2008, 52 (10): 1221 – 1234.

[236] MCFADDEN D, TRAIN K. Mixed MNL Models for Discrete Response [J]. Journal of Applied Econometrics, 2000, 15 (5): 447 – 470.

[237] MCFADDEN D. Conditional Logit Analysis of Qualitative Choice Behavior [G]//Frontiers in Econometrics, New York: Zarembka P (ed.), Academic Press, 1974: 105 – 142.

[238] MENELL P S. Beyond the Throwaway Society: An Incentive Approach to Regulating Municipal Solid Waste [J]. Ecology Law Quarterly, 1990, 17 (4): 655.

[239] MIAN M M, ZENG X, NASRY A al N Bin, et. al. Municipal Solid Waste Management in China: A Comparative Analysis [J]. Journal of Material Cycles and Waste Management, 2017, 19 (3): 1127 – 1135.

[240] MIEDEMA A K. Fundamental Economic Comparisons of Solid Waste Policy Options [J]. Resources and Energy, 1983, 5 (1): 21 – 43.

[241] MILLER I, LAUZON A, WATTLE B, et. al. Determinants of Municipal Solid Waste Generation and Recycling in Western New York Communities [J]. Journal of Solid Waste Technology and Management, 2009, 35 (4): 209 – 236.

[242] MIRANDA M L, ALDY J E. Unit Pricing of Residential Municipal Solid Waste: Lessons from Nine Case Study Communities [J]. Journal of Environmental Management, 1998, 52 (1): 79 – 93.

[243] MIRANDA M L, HALE B. Waste not, Want not: The Private and

Social Costs of Waste – to – energy Production [J]. Energy Policy, 1997, 25 (6): 587 – 600.

[244] MISHAN E J. The Costs of Economic Growth [M]. London: Staples Press, 1967.

[245] MITCHELL R C, CARSON R T. Property Rights, Protest, and the Siting of Hazardous Waste Facilities [J]. The American Economic Review, JSTOR, 1986, 76 (2): 285 – 290.

[246] MIYAKE Y, YURA A, MISAKI H, et. al. Relationship between Distance of Schools from the Nearest Municipal Waste Incineration Plant and Child Health in Japan [J]. European Journal of Epidemiology, 2005, 20 (12): 1023 – 1029.

[247] MOH Y C, ABD MANAF L. Solid Waste Management Transformation and Future Challenges of Source Separation and Recycling Practice in Malaysia [J]. Resources, Conservation and Recycling, 2017, 116 (2017): 1 – 14.

[248] MORAN P A P. Notes on Continuous Stochastic Phenomena [J]. Biometrika, 1950, 37 (1 – 2): 17 – 23.

[249] MOSCONE F, KNAPP M. Exploring the Spatial Pattern of Mental Health Expenditure [J]. The Journal of Mental Health Policy and Economics, 2005, 8 (4): 205 – 217.

[250] MOSCONE F, TOSETTI E, VITTADINI G. Social Interaction in Patients' Hospital Choice: Evidence from Italy [J]. Journal of the Royal Statistical Society: Series A (statistics in Society), 2012, 175 (2): 453 – 472.

[251] MOUGANIE P, AJEEB R, HOEKSTRA M. The Effect of Open – Air Waste Burning on Infant Health: Evidence from Government Failure in Lebanon [J]. NBER Working Paper, 2020: No. 26835.

[252] NAKAYA T, FOTHERINGHAM A S, BRUNSDON C, et. al. Geographically Weighted Poisson Regression for Disease Association Mapping [J]. Statistics in Medicine, Wiley Online Library, 2005, 24 (17): 2695 – 2717.

[253] NICHOLS A. Causal Inference with Observational Data [J]. Stata

Journal, 2007, 7 (4): 507 – 541.

[254] NOORI R, ABDOLI M A, FAROKHNIA A, et. al. Results Uncertainty of Solid Waste Generation Forecasting by Hybrid of Wavelet Transform – ANFIS and Wavelet Transform – neural Network [J]. Expert Systems with Applications, 2009, 36 (6): 9991 – 9999.

[255] NORDHAUS W D, STAVINS R N, WEITZMAN M L. Lethal Model 2: The Limits to Growth Revisited [J]. Brookings Papers on Economic Activity, JSTOR, 1992, 1992 (2): 1 – 59.

[256] O'HARE BACOW L, SANDERSON D. Facility Siting and Public Opposition [M]. United States: Van Nostrand Reinhold, 1983.

[257] OECD. Indicators to Measure Decoupling of Environmental Pressure from Economic Growth [R]. Paris: OECD, 2002.

[258] ORD K. Estimation Methods for Models of Spatial Interaction [J]. Journal of the American Statistical Association, 1975, 70 (349): 120 – 126.

[259] ORIBE – GARCIA I, KAMARA – ESTEBAN O, MARTIN C, et al. Identification of Influencing Municipal Characteristics Regarding Household Waste Generation and Their Forecasting Ability in Biscay [J]. Waste Management, 2015 (39): 26 – 34.

[260] OSKAMP S, HARRINGTON M J, EDWARDS T C, et. al. Factors Influencing Household Recycling Behavior [J]. Environment and Behavior, 1991, 23 (4): 494 – 519.

[261] OUARDIGHI F El, KOGAN K, BOUCEKKINE R. Optimal Recycling under Heterogeneous Waste Sources and the Environmental Kuznets Curve [J]. Essec Working Paper 1711, 2017 (12).

[262] OWUSU V, ADJEI – ADDO E, SUNDBERG C. Do Economic Incentives Affect Attitudes to Solid Waste Source Separation? Evidence from Ghana [J]. Resources, Conservation and Recycling, Elsevier B V, 2013 (78): 115 – 123.

[263] OZAWA T. Hotelling Rule and the Landfill Exhaustion Problem:

Case of Tokyo City [J]. Studies in Regional Science, 2005, 35 (1): 215 –
230.

[264] ÖZOKCU S, ÖZDEMIR Ö. Economic Growth, Energy, and Environmental Kuznets Curve [J]. Renewable and Sustainable Energy Reviews, Elsevier Ltd. , 2017, 72 (April 2016): 639 – 647.

[265] PALMER K, WALLS M. Optimal Policies for Solid Waste Disposal Taxes, Subsidies, and Standards [J]. Journal of Public Economics, 1997, 65 (2): 193 – 205.

[266] PANAYOTOU T. Empirical Tests and Policy Analysis of Environmental Degradation at Different Stages of Economic Development [R]. 1993 (January).

[267] PEK C – K, JAMAL O. A Choice Experiment Analysis for Solid Waste Disposal Option: A Case Study in Malaysia [J]. Journal of Environmental Management, 2011, 92 (11): 2993 – 3001.

[268] PORTA D, MILANI S, LAZZARINO A I, et. al. Systematic Review of Epidemiological Studies on Health Effects Associated with Management of Solid Waste [J]. Environmental Health, 2009, 8 (1): 60.

[269] PRIEUR F. The Environmental Kuznets Curve in a World of Irreversibility [J]. Economic Theory, Springer, 2009, 40 (1): 57 – 90.

[270] RABL A, SPADARO J V. , DESAIGUES B. Usefulness of Damage Cost Estimates Despite Uncertainties: The Example of Regulations for Incinerators [R]. 1998.

[271] RABL A, SPADARO J V, ZOUGHAIB A. Environmental Impacts and Costs of Solid Waste: A Comparison of Landfill and Incineration [J]. Waste Management and Research, 2008, 26 (2): 147 – 162.

[272] RAMSEY F P. A Mathematical Theory of Saving [J]. The Economic Journal, JSTOR, 1928, 38 (152): 543 – 559.

[273] REN Y, YU M, WU C, et. al. A Comprehensive Review on Food Waste Anaerobic Digestion: Research Updates and Tendencies [J]. Bioresource

Technology, 2018 (247): 1069 – 1076.

[274] REPETTO R C, DOWER R C, JENKINS R, et. al. Green Fees: How a Tax Shift can Work for the Environment and the Economy [M]. Washington, DC: World Resources Institute, 1992.

[275] REVELLI F. On Spatial Public Finance Empirics [J]. International Tax and Public Finance, 2005, 12 (4): 475 – 492.

[276] RICHARDSON R A, HAVLICEK J. Economic Analysis of the Composition of Household Solid Wastes [J]. Journal of Environmental Economics and Management, 1978, 5 (1): 103 – 111.

[277] RIMAITYTE I, RUZGAS T, DENAFAS G, et. al. Application and Evaluation of Forecasting Methods for Municipal Solid Waste Generation in an Eastern – European City [J]. Waste Management and Research, 2012, 30 (1): 89 – 98.

[278] ROGERS G O. Siting Potentially Hazardous Facilities: What Factors Impact Perceived and Acceptable Risk? [J]. Landscape and Urban Planning, 1998, 39 (4): 265 – 281.

[279] ROGGE N, DE JAEGER S. Evaluating the Efficiency of Municipalities in Collecting and Processing Municipal Solid Waste: A Shared Input DEA – model [J]. Waste Management, 2012, 32 (10): 1968 – 1978.

[280] ROSEN S. Markets and Diversity [J]. American Economic Review, 2002, 92 (1): 1 – 15.

[281] ROSEN S. Hedonic Prices and Implicit Markets: Product Differentiation in Pure Competition [J]. Journal of Political Economy, 1974, 82 (1): 34 – 55.

[282] ROTHMAN D S. Environmental Kuznets Curves – Real Progress or Passing the buck?: A Case for Consumption – based Approaches [J]. Ecological Economics, 1998, 25 (2): 177 – 194.

[283] ROUSTA K, BOLTON K, LUNDIN M, et. al. Quantitative Assessment of Distance to Collection Point and Improved Sorting Information on Source

Separation of Household Waste [J]. Waste Management, 2015 (40): 22 – 30.

[284] ROY J, ADHIKARY K, KAR S. Credibilistic TOPSIS Model for Evaluation and Selection of Municipal Solid Waste Disposal Methods [J]. arXiv: Artificial Intelligence, 2016 (8): 243 – 261.

[285] RUBIN D B. Bayesian Inference for Causal Effects [J]. Annals of Statistics, 1978, 6 (1): 34 – 58.

[286] RUBIN D B. Estimating Causal Effects of Treatment in Randomized and Nonrandomized Studies [J]. Journal of Educational Psychology, 1974, 66 (5): 688 – 701.

[287] RYAN M, GERARD K, AMAYA – AMAYA M. Using Discrete Choice Experiments to Value Health and Health Care [M]. Springer Science and Business Media, 2007.

[288] SAKATA Y. A Choice Experiment of the Residential Preference of Waste Management Services – The Example of Kagoshima City, Japan [J]. Waste Management, 2007, 27 (5): 639 – 644.

[289] SANDOR Z, WEDEL M. Designing Conjoint Choice Experiments Using Managers' Prior Beliefs [J]. Journal of Marketing Research, SAGE Publications Sage CA: Los Angeles, CA, 2001, 38 (4): 430 – 444.

[290] SASAO T. An Estimation of the Social Costs of Landfill Siting Using a Choice Experiment [J]. Waste Management, Elsevier, 2004, 24 (8): 753 – 762.

[291] SCHEINBERG A, SPIES S, SIMPSON M H, et. al. Assessing Urban Recycling in Low – and Middle – income Countries: 'Building on Modernised Mixtures [J]. Habitat International, 2011, 35 (2): 188 – 198.

[292] SCHUHMACHER M, DOMINGO J L, LLOBET J M, et. al. Temporal Variation of PCDD/F Concentrations in Vegetation Samples Collected in the Vicinity of a Municipal Waste Incinerator (1996 – 1997) [J]. Science of the Total Environment, Elsevier, 1998, 218 (2 – 3): 175 – 183.

[293] SELDEN T M, SONG D. Environmental Quality and Development:

Is there a Kuznets Curve for Air Pollution Emissions? [J]. Journal of Environmental Economics and Management, 1994, 27 (2): 147 – 162.

[294] SEMBIRING E, NITIVATTANANON V. Sustainable Solid Waste Management toward an Inclusive Society: Integration of the Informal Sector [J]. Resources, Conservation and Recycling, 2010, 54 (11): 802 – 809.

[295] SHAFIK N, BANDYOPADHYAY S. Economic Growth and Environmental Quality: Time Series and Cross – country Evidence [J]. Policy Research Working Paper Series, 1992, 18 (5): 55.

[296] SHAFIK N. Economic Development and Environmental Quality: An Econometric Analysis [J]. Oxford Economic Papers, 1994 (46): 757 – 773.

[297] SHARMA R, SHARMA M, SHARMA R, et. al. The Impact of Incinerators on Human Health and Environment [J]. Reviews on Environmental Health, 2013, 28 (1): 67 – 72.

[298] SHI H, ZHANG L, LIU J. A New Spatial – attribute Weighting Function for Geographically Weighted Regression [J]. Canadian Journal of Forest Research, 2006, 36 (4): 996 – 1005.

[299] SMITH V L. Control Theory Applied to Natural and Environmental Resources an Exposition [J]. Journal of Environmental Economics and Management, Elsevier, 1977, 4 (1): 1 – 24.

[300] SMITH V L. Dynamics of Waste Accumulation: Disposal Versus Recycling [J]. The Quarterly Journal of Economics, 1972, 86 (4): 600 – 616.

[301] SOBHEE, SANJEEV. K. The Environmental Kuznets Curve (EKC): A Logistic Curve? [J]. Applied Economics Letters, 2004, 11 (7): 449 – 452.

[302] SOLOW R M. A Contribution to the Theory of Economic Growth [J]. Quarterly Journal of Economics, MIT Press, 1956, 70 (1): 65 – 94.

[303] STERN D I, COMMON M S, BARBIER E B. Economic Growth and Environmental Degradation: The Environmental Kuznets Curve and Sustainable Development [J]. World Development, 1996, 24 (7): 1151 – 1160.

[304] STERN D I. Progress on the Environmental Kuznets Curve? [J]. En-

vironment and Development Economics, 1998, 3 (2): 173 – 196.

[305] STOKEY N L. Are There Limits to Growth? [J]. International Economic Review, JSTOR, 1998: 1 – 31.

[306] STONE R, NICHOLAS A A. Package Deal: The Economic Impacts of Recycling Standards for Packaging in Massachusetts [R]. Boston: Massachusetts Institute of Technology, 1991.

[307] SUKHOLTHAMAN P, SHARP A. A System Dynamics Model to Evaluate Effects of Source Separation of Municipal Solid Waste Management: A Case of Bangkok, Thailand [J]. Waste Management, 2016 (52): 50 – 61.

[308] SWALLOW S K, OPALUCH J J, WEAVER T F. Siting Noxious Facilities: An Approach that Integrates Technical, Economic, and Political Considerations [J]. Land Economics, 1992, 68 (3): 283 – 301.

[309] TAI J, ZHANG W, CHE Y, et. al. Municipal Solid Waste Source – Separated Collection in China: A Comparative Analysis [J]. Waste Management, Elsevier Ltd. , 2011, 31 (8): 1673 – 1682.

[310] TANAKA K, TAKADA H. Microplastic Fragments and Microbeads in Digestive Tracts of Planktivorous Fish from Urban Coastal Waters [J]. Scientific Reports, Nature Publishing Group, 2016, 6 (3): 1 – 8.

[311] THANH N P, MATSUI Y, FUJIWARA T. Household Solid Waste Generation and Characteristic in a Mekong Delta City, Vietnam [J]. Journal of Environmental Management, 2010, 91 (11): 2307 – 2321.

[312] THURSTONE L L. A Law of Comparative Judgment [J]. Psychological Review, Psychological Review Company, 1927, 34 (4): 273 – 286.

[313] TIAN L, WANG H H, CHEN Y. Spatial Externalities in China Regional Economic Growth [J]. China Economic Review, 2010, 21 (SUPPL. 1): S20 – S31.

[314] TIEBOUT C M. A Pure Theory of Local Expenditures [J]. Journal of Political Economy, 1956, 64 (5): 416 – 424.

[315] TOBLER W R. A Computer Movie Simulating Urban Growth in the

Detroit Region [J]. Economic Geography, 1970 (46): 234 – 240.

[316] TONG H, YAO Z, LIM J W, et. al. Harvest Green Energy through Energy Recovery from Waste: A Technology Review and an Assessment of Singapore [J]. Renewable and Sustainable Energy Reviews, 2018 (98): 163 – 178.

[317] TONG X, TAO D. The Rise and Fall of a "Waste City" in the Construction of an "Urban Circular Economic System": The Changing Landscape of Waste in Beijing [J]. Resources, Conservation and Recycling, 2016 (107): 10 – 17.

[318] TONSOR G T, WOLF C A. On Mandatory Labeling of Animal Welfare Attributes [J]. Food Policy, Elsevier, 2011, 36 (3): 430 – 437.

[319] TRIPATHI S. Organized and Optimized Composting of Agro – waste Some Important Considerations and Approaches [J]. Journal of environmental science and engineering, 2013, 55 (1): 120 – 126.

[320] TRUELOVE H B, CARRICO A R, WEBER E U, et. al. Positive and Negative Spillover of Pro – environmental Behavior: An Integrative Review and Theoretical Framework [J]. Global Environmental Change, Elsevier, 2014 (29): 127 – 138.

[321] USUI T, TAKEUCHI K. Evaluating Unit – Based Pricing of Residential Solid Waste: A Panel Data Analysis [J]. Environmental and Resource Economics, 2014, 58 (2): 245 – 271.

[322] VAN HOUTVEN G L, MORRIS G E. Household Behavior under Alternative Pay – as – you – throw Systems for Solid Waste Disposal [J]. Land Economics, 19199, 75 (4): 515 – 537.

[323] VISCUSI W K, HUBER J, BELL J. Promoting Recycling: Private Values, Social Norms, and Economic Incentives [J]. American Economic Review, 2011, 101 (3): 65 – 70.

[324] WAGNER M, LAMBERT S, CONTAMINANTS E E. Freshwater Microplastics: Emerging Environmental Contaminants? [M]. Cham: Springer

Nature, 2018.

[325] WANG P, BOHARA A K, BERRENS R P, et. al. A Risk – based Environmental Kuznets Curve for US Hazardous Waste Sites [J]. Applied Economics Letters, 1998, 5 (12): 761 –763.

[326] WEI Y, LI J, SHI D, et. al. Environmental Challenges Impeding the Composting of Biodegradable Municipal Solid Waste: A Critical Review [J]. Resources, Conservation and Recycling, 2017 (122): 51 –65.

[327] WERTZ K L. Economic Factors Influencing Households' Production of Refuse [J]. Journal of Environmental Economics and Management, 1976, 2 (4): 263 –272.

[328] WHITTLE P. On Stationary Processes in the Plane [J]. Biometrika, 1954, 41 (3/4): 434 –449.

[329] WITT J, SCOTT A, OSBORNE R H. Designing Choice Experiments with Many Attributes. An Application to Setting Priorities for Orthopaedic Waiting Lists [J]. Health Economics, Wiley Online Library, 2009, 18 (6): 681 –696.

[330] WOOLDRIDGE J M. Econometric Analysis of Cross Section and Panel Data [M]. Cambridge, MA: MIT Press, 2001.

[331] WORLD BANK. Urban Solid Waste Management [EB/OL]. (2011). http://web. worldbank. org/WBSITE/EXTERNAL/TOPICS/EXTUR-BANDEVELOPMENT/EXTUSWM/0, menuPK: 463847 ~ pagePK: 149018 ~ piPK: 149093 ~ theSitePK: 463841, 00. html.

[332] WORLD BANK. Waste Management in China: Issues and Recommendations May 2005 [J]. Urban Development Working Papers, 2005 (9): 156.

[333] XU L, GAO P, CUI S, et. al. A Hybrid Procedure for MSW Generation Forecasting at Multiple Time Scales in Xiamen City, China [J]. Waste Management, 2013, 33 (6): 1324 –1331.

[334] YANG H L, INNES R. Economic Incentives and Residential Waste

Management in Taiwan: An Empirical Investigation [J]. Environmental and Resource Economics, 2007, 37 (3): 489 – 519.

[335] ZHAO L, ZOU J, ZHANG Z. Does China's Municipal Solid Waste Source Separation Program Work? Evidence from the Spatial – Two – Stage – Least Squares Models [J]. Sustainability, 2020, 12 (4): 1664.

[336] ZHAO P, NI G, JIANG Y, et. al. Destruction of Inorganic Municipal Solid Waste Incinerator Fly Ash in a DC Arc Plasma Furnace [J]. Journal of Hazardous Materials, 2010, 181 (1 – 3): 580 – 585.

[337] ZWERINA K, HUBER J, KUHFELD W F. A General Method for Constructing Efficient Choice Designs [EB/OL]. (1996). Working Paper, Fuqua School of Business, Duke University, http://support. sas. com/techsup/technote/mr2010e. pdf.